Certificate of
BUSINESS
ANALYTICS
SKILLS

データ分析実務スキル検定
公式テキスト

株式会社データミックス［著］

インプレス

■サンプルデータや解答、正誤表について

本書のサンプルデータや解答の入手については、下記URLのページをご覧ください。

また、正誤表を掲載した場合は、このページに表示されます。

https://book.impress.co.jp/books/1120101020

インプレスの書籍ホームページ

書籍の新刊や正誤表など最新情報を随時更新しております。

https://book.impress.co.jp/

「データ分析実務スキル検定（CBAS）」について

▶ 目的

データ分析実務スキル検定（CBAS：Certificate of Business Analytics Skills）プロジェクトマネージャー級（PM級）は、「データ分析を実務に活用するための最低限の知識と技能」を測るための検定です。

▶ 対象者

データ分析を実務で行っている方、データ分析プロジェクトを指揮するマネジメント職の方を主な対象としています。

▶ 試験問題

シラバス（要綱）に定義された試験範囲は、データ分析をビジネスで活用するうえで最低限必要と判断された内容になっています。詳しくは「1-2 CBAS 試験の概要」をご覧ください。

▶ 特徴

試験の問題は実際に想定できるケースに基づいており、実践力を判定できるという特徴があります。

▶ 試験方式

- 問題数：60問（単一または複数選択）
- 試験方法：コンピューター上で実施するCBT（Computer Based Testing）形式
- 試験時間：90分
- 合格ライン：97点満点で64点以上
- 受検料（個人）：11,000円（税込）
- 試験日時・会場：下記URLで日時・会場の選択と申し込みが可能です。

  https://cbt.odyssey-com.co.jp/cbas-exam.html

▶ 本検定の Web サイト

CBAS データ分析実務スキル検定事務局

URL：https://cbas-exam.jp/

本書について

　本書は、データ分析実務スキル検定（CBAS）プロジェクトマネージャー級（PM級）の合格を目指す方のための書籍であり、唯一の公式テキストです（2021年9月時点）。

　本書の内容は検定のシラバス（要綱）をすべてカバーしており、この内容を理解し確実に習得することで、CBAS PM級の合格へと大きく飛躍することができます。それと同時に、データ分析の基礎力が身につくようになります。

　また、最後の章では、模擬試験の1回分を掲載しています。各テーマについて自身の習得度をチェックすることでさらに理解を深めたり、検定本番に向けた準備として活用することができます。以下、本書の構成を示します。

　それでは本書でCBAS PM級の合格に向けた学習を始めましょう。

CONTENTS 目次

Part4　理解しておくべき技術

Part 1

検定の概要

第 1 章

CBASへようこそ

データ分析実務スキル検定（CBAS）は、ビジネスの現場で求められる「データ分析スキル」を証明する検定試験です。本章では、CBASについて、試験方式や出題内容、難易度など試験の概要を紹介します。また、本書の各章の構成を大まかに説明します。

1-1 CBAS について

データ分析実務スキル検定（CBAS[1]：Certificate of Business Analytics Skills）プロジェクトマネージャー級（PM級）は、データ分析を実務で行っている方や、データ分析プロジェクトを指揮するマネジメント職の方を主な対象とし、**「データ分析を実務に活用するための最低限の知識と技能」を測る**ことを目的にしています。

「ビジネス実務に使えるデータ分析スキルを測る仕組みが欲しい」という企業からのリクエストに応えるために、データ分析業務の実務家たちがこの試験を作成しており、すでに大手企業で社員のスキル評価に利用されています。

CBASの**問題検討委員会**は、さまざまな企業でデータ分析業務に携わっている実務家たちで構成され、シラバス（要綱）の作成と問題作成・監修を行っています。問題検討委員会には、データアナリストやデータサイエンティストなどを肩書きとするデータ分析の専門職もいれば、データ分析を実務で活用しているコンサルタントや営業職など、必ずしもデータ分析の専門職とは言えないメンバーも含まれています。また、役職としても、実際に手を動かして分析を行う立場から、データ分析の専門職をディレクションする立場のメンバーまで、幅広く参加しています。

シラバスに定義された試験範囲は、データ分析をビジネスで活用するうえで最低限必要と判断された内容になっています。試験問題は、シラバス全体から網羅的に出題されます。また、実際に想定できるケースを用いた問題となっており、実践力の有無を判定できるという特徴があります。単なる知識テストとの違いが、企業より好評を得ています。

CBASの試験問題は、データ分析の実務スキルを測るためのものであると同時に、シラバスの内容を学習することで、データ分析における基礎的な力が自然と身に付くようにデザインされています。

本書が対象としている検定は、CBAS プロジェクトマネージャー級（PM 級）です。2022年12月開始の CBAS シチズン・データサイエンティスト級（Citizen 級）は対象としていません。2021年9月発売の本書では、CBAS という表記は基本的に CBAS PM 級を指しています。

---

[1] 著者の間ではシーバスと呼ぶことが多いです。

1-2 CBAS試験の概要

1-2-1 試験範囲

　試験では、データ分析の一般的な流れに沿って、各分析ステップの基本的な知識と技能を問う問題が出題されます（次の図を参照）。初めてデータ分析を学ぶ状況であれば、ここで書かれている各用語についてわからなくても現状では問題ありません。本書での学習中、全体像を確認したくなったときに参照してください。

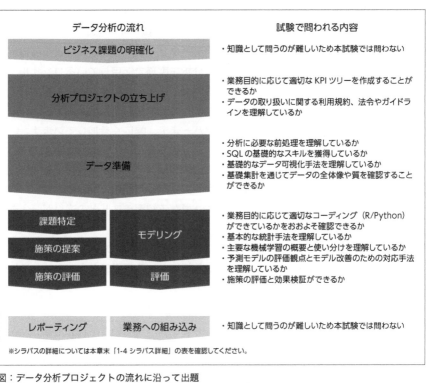

図：データ分析プロジェクトの流れに沿って出題
　　（「データ分析実務スキル検定（CBAS）」公式Webより）

1-2-2　試験方式

　試験は筆記ではなく、コンピュータ上で受験します（CBT：Computer Based Test）。Microsoft Excelを用いた演習問題を除いて「選択式」の問題となります。詳細は以下のとおりです。

試験方式

問題数：60 問（単一または複数選択式）

試験方法：コンピューター上で実施する CBT 等のオンライン形式

時間：90 分

合格ライン：97 点満点で 64 点以上

受検方法：

〈個人様向け〉

全国のオデッセイコミュニケーションズ CBT テストセンターにて申込できます：受検料金 11,000 円（税込）。

〈企業様向け〉

オンライン団体受験を用意しています。運営団体のデータミックス HP より、お気軽にお問い合わせください。

https://datamix.co.jp/inquiry/corporation

図：試験方式（「データ分析実務スキル検定（CBAS）」公式 Web より）

1-2-3　受験申し込みの流れ

　受験申し込みまでの流れは、オデッセイコミュニケーションズの Web ページを参照してください。

・オデッセイコミュニケーションズ（CBAS のページ）：
　https://cbt.odyssey-com.co.jp/cbas-exam.html

1-2-4　試験の難易度について

　CBASは、ビジネスにデータ分析を活用するにあたり、最低限必要とされる知識と技能を測る試験です。データ分析の各手法に関する理論的な詳細や、Python や R などを用いた高度なプログラミング・テクニックは問われません。

　試験内容のうち、「分析手法」では、各分析手法を使ったアウトプットや、レポー

トを誤解なく読み解ける力が問われます。「RやPythonなどのプログラミング言語」では、それらを用いてごく簡単な分析を行えるレベルが基準となっています。

　以下では、難易度や、出題内容についての詳細および設定背景を補足します。

1-2-5　試験内容と難易度の補足

▶ 数学や数式について：数学的問題は出題されません

　統計学や機械学習の理論的な基礎付けは、数学（特に解析学・線形代数・確率論・数理統計など）によって行われます。統計学や機械学習の理論を「厳密に」「1から」理解するには、本来その基礎となる数学をまず理解して、数学によって記述された形で統計学や機械学習を学んでいく必要があります。

　たとえば、自動車を「普通に」運転するのに力学や電子回路を学ぶ必要がないのと同様、データ分析が活用できる実務シーンの多くでは、数学的知識は必要とされません。もちろん、高度な運転技術を身に付けるためには力学的な知識が必要であるように、データ分析の技術を高度化していく過程では高度な数学的知識が必要となりますが、目指すのは、一般的なビジネスでの分析ができるようになることです。

　ちょうど自動車免許の試験が力学ではなく「運転方法」と「運転ルール」について確認するのと同じように、CBASの問題は、高校数学以上の数学についての知識は極力問わず、データ分析の各理論を実務で「正しく」「使える」ことを確認する出題となっています。

▶ プログラミング言語について：最低限の基本操作が出題されます

　データ分析を実務で活用するためには、実際に手を動かしてデータ分析を実施する機会が必要です。データ分析の技能は、机上で学んでいるだけでは身に付けることができません。また、いざデータ分析を始めるとなると、プログラミング言語の壁があります。

　プログラミング言語は、多くの人にとって、決して取り組みやすいものとは言えません。しかし、実際に手を動かして学んでみると、初めに考えていたような難しさはない、というのがプログラミングを始めた多くの人の感想です。

　CBASでは、資格試験の勉強をきっかけにして、プログラミング言語を学ぶうえで最も大きな障害である「初めの一歩」を超えてもらうことを意図しています。

　自ら手を動かしてコーディングを行う立場ではなかったとしても、一度もプログラミングを行ったことがない人と、ある程度プログラミングを行ったことがある人では、エンジニアとのコミュニケーションや、データ分析担当者への分析指示における質が大きく異なってきます。

このような観点から、CBASでは、Python、R、SQLの3言語については最低限「動かした経験があるかどうか」を確認する入門的なレベルの問題が出題されます。

Excel について：ワークシート関数を用いた集計作業が出題されます

Microsoft社のExcelやGoogle社の提供するスプレッド・シートなどの**表計算ソフト**は、オフィスワークにおける事務作業に欠かせないソフトです。また、データ分析の非専門職の人がデータ分析を行うにあたり最もよく使用する分析ソフトでもあります。

表計算ソフトは、PythonやRなどのプログラミング言語と違って、マウス操作と項目選択により直感的な操作ができる点で優れています。統計学や機械学習の基礎的な分析手法であれば多くの場合、表計算ソフトでも実現可能です。このようなことから、データ分析ではプログラミング言語を一切用いず、表計算ソフトしか使わないという人も多いです。

PythonやRを使わない現場はあっても、表計算ソフトを使わない現場はほぼないことから、表計算ソフトの扱いは基本的技能と考え、CBASでは、表計算ソフト（Microsoft Excel）については、実際にソフトを扱って簡単な集計作業を行う問題も出題の範囲となっています。

出題内容としては、データを集計して分布を確かめたり、データの平均値を求めたりするなど、ごく基本的なセル操作とワークシート関数についての理解を測る問題のみが出題されます。VBAや、データ分析アドインの活用を前提とした問題は出題範囲ではありません。

1-3　本書の内容

　本書はCBASの公式テキストです。CBASの試験範囲に該当する内容を、以下の章立てで解説しています。

第1章 CBASへようこそ
第2章 ビジネス課題とKPIツリー
第3章 データ分析の活用とプロジェクト
第4章 データの準備
第5章 リサーチとレポーティング
第6章 予測モデルを使ったデータ分析
第7章 データ可視化の基本
第8章 統計学の基本
第9章 統計手法の基本
第10章 機械学習の基本
第11章 Excelでできるデータ分析
第12章 SQLの基本
第13章 Pythonの基本
第14章 Rの基本
第15章 模擬試験

　第2章から第6章までは、実際のデータ分析の流れに沿って各ステップを丁寧に説明しています。

　第7章以降は、データ分析の技術をテーマに分けて解説しています。SQLはデータベースを扱うためのコンピュータ言語で、PythonやRはデータ分析でよく用いられるプログラミング言語です。

　データ分析を実務で活用するためには、データ分析のプロセス全体を理解しておく必要があります。そのため本書では、CBASの試験範囲から外れる（試験問題としては出題されない）箇所であっても、データ分析のプロセスに欠かすことができない内容については解説を行っています。

　また、難易度的にCBASの想定を超える内容や、補足的な内容については「コラム」の形でまとめました。

　本書では読者にデータ分析の前提知識を仮定せず、ゼロベースを想定して内容を

構成しています。これからデータ分析の学習を始められる方でも、前の章から順序どおりに読んでいただくことで、全章を読み通せるようにしています。もちろん「わかりにくい」「難しい」と感じられる箇所があれば、それは読者の能力不足ではなく、執筆陣に責任がありますが、一部スキップしたからといって、その先がまったくわからなくなる内容ではないので、難解な箇所はまずは飛ばして通読したのち、読み返していただけると理解が進むと思います。

　最後の章（第15章）には模擬試験を1セット用意しました。学習がある程度進んだ段階で、理解度を確認するときに使用してください。また、CBAS の公式 Web（https://cbas-exam.jp/）にも別の模擬試験の案内があります。併せてご活用ください。

1-4　シラバス詳細

CBAS の公式 Web によるシラバスの詳細は以下の表のとおりです。

データ分析実務スキル検定【プロジェクトマネージャー級】シラバスと問題数

[ステップ1] 分析プロジェクトの立ち上げ				
	知識・スキル	詳細	本試験問題数（目安）	サンプル問題数
①	業務目的に応じて適切な KPI ツリーを作成することができる	KPI ツリーの作成 変数のコントローラビリティ	3	1
②	データの取り扱いに関する利用規約、法令やガイドラインを理解している	個人情報の適切な扱い データ利用規約に応じたデータの適切な扱い 情報漏洩のリスクとデータ保管場所の選定	2	1

[ステップ 2] データの準備				
	知識・スキル	詳細	本試験問題数（目安）	サンプル問題数
①	データ分析に必要な前処理を理解している	データの基本的な前処理 - データ型の確認と変更 - 欠損処理 - 再カテゴリ化 - 標準化 - 対数変換 - 外れ値・異常値の処理 - One-Hot Encoding（ダミー変数）	2	1
②	SQL の基礎的なスキルを習得している	SQL の基本操作（標準 SQL） - データベースから指定した列の値を抽出できる - ユニークな値の抽出ができる - 列の値ごとの集計ができる - 複数のデータベースを特定の列をキーとして結合できる 対象句： - SELECT, FROM, WHERE, GROUP BY, DISTINCT - ORDER BY, COUNT - INNER JOIN, L/R OUTER JOIN	5	1
③	基本的なデータ可視化手法を理解している	グラフの解釈と選択 - 基礎グラフ（円グラフ、棒グラフ、折れ線グラフ） - 統計グラフ（ヒストグラム、累積ヒストグラム、箱ひげ図、散布図） グラフの作成における基本的な注意点（例：バイアスをかけないグラフ作り）	5	1
④	基礎集計を通じてデータの全体像や質を確認することができる	基礎集計の読み取り 集計値（最大値、最小値、合計値） 要約統計量（代表値、散布度） 　- 代表値（平均値、中央値、最頻値） 　- 散布度（分散、標準偏差） 分布の型（右左に裾の長い分布、単峰性の分布、二峰性の分布） クロス表の作成と解釈 　- Excel の基礎関数（FREQUENCY, IF, SUM, AVERAGE など） 　- ピボットテーブル	8	3

知識・スキル		詳細	本試験問題数（目安）	サンプル問題数
		[ステップ3] 課題特定～施策提案～施策評価～モデリング～評価		
①	業務目的に応じて適切なコーディング（R/Python）ができているかをおおよそ確認できる	短いコードの読み取りができる = データの読み込みからモデリングまでのコーディング - データの読み込み - データ構造とデータ型の確認 - データの要約統計量や概観の確認 - 前処理 - モデリング・可視化 = プログラミングの基礎知識 - 制御構文の基礎（for 文と if-elif-else 文） - 関数定義（def） 対象例 Python：range, print, append, remove, describe, dtype, pandas(module), scikit-learn(module) など、read_csv, str, summary, mean, sd, plot など	13	2
②	基本的な統計手法を理解している	クロス表解析（リフト値、期待度数表） 2 変数解析（相関係数） 確率分布の利用（正規分布、二項分布、ポアソン分布） 仮説検定の構造（帰無仮説、対立仮説、有意水準、P 値） 回帰分析（回帰係数、決定係数、自由度調整済み決定係数、標準誤差、回帰係数の検定、多重共線性、VIF、ダミー変数） ロジスティック回帰（オッズ、オッズ比）	4	1
③	主要な機械学習の概要と使い分けを理解している	教師あり学習 - 回帰モデルと分類モデル - モデルの概要と使い分け（ロジスティック回帰、決定木、アンサンブルモデル、ニューラルネットワーク、深層学習など） - ビジネスシーンでよく使われるモデルのアウトプット解釈（ロジスティック回帰、決定木、アンサンブルモデル） 教師なし学習 - 次元圧縮（主成分分析）の概要と使い方・アウトプット解釈 - クラスタリング（k-means）の概要と使い方・アウトプット解釈	10	1

	知識・スキル	詳細	本試験問題数（目安）	サンプル問題数
④	予測モデルの評価観点とモデル改善のための対応手法を理解している	予測モデルの基本的な作成手順 予測モデルの性質 - 学習データとテストデータ - 汎化性能とオーバーフィッティング さまざまな精度指標の概要と用途 - MSE、RMSE、MAE、決定係数 - 混合行列（正解率、偽 / 真陽性率、偽 / 真陰性率） - ROC 曲線と AUC	4	1
⑤	施策の評価と効果検証ができる	仮説検定 - 仮説検定の構造（帰無仮説、対立仮説、有意水準、P 値） - 基本的な仮説検定（検定、カイ二乗検定） - 中心極限定理の概念 AB テストの設計 - 適切なテスト指標の選択 - サンプルサイズの見積（有意水準、検出力、効果量） モデル運用 - モデル展開の計画と実施 - モデル保守の計画（モデル利用中止・改善の判断）	4	1

合計問題数	60	14

　なお、試験についての情報は本書執筆の2021年8月現在での情報です。受験にあたっては必ず、CBASの公式Webを確認してください。

・ CBAS 公式 Web：https://cbas-exam.jp/
　（運営団体：株式会社データミックス）

　データ分析の基礎的知識と技能を修得し、ビジネス実務の現場でデータ分析をうまく活用できるようにするために、本書とCBASを利用していただけましたら幸いです。

Part 2

プロジェクトマネジメント

第 2 章

ビジネス課題とKPIツリー

　本章では、ビジネスの現状把握や施策の検討を行ううえで非常に有用なツールである「KPI ツリー」を紹介します。

　データ分析をビジネスに活かすには最低限、**①当該ビジネスについてよく理解していること**と、**②データ分析の基礎的知識があること**が求められます。本章で扱う KPI ツリーは①のビジネスをよく理解することをサポートする道具として広く使われています。②のデータ分析の基礎知識については第 4 章以後で詳しく扱います。

　また本章の後半では、データ分析を用いた課題解決の概要も扱います。データ分析自体の詳細には踏み込まずに、一般的なビジネス課題とデータ分析課題の違いを解説します。

2-1　ビジネス課題の明確化

　ビジネス課題を解決するためには、現状把握を行うことで自社が抱える課題の整理と特定を行い、各課題に対して解決につながる施策を検討したのち、優先順位を付けて着手していく、というプロセスが必要になります。この一連のプロセスを本書では**ビジネス課題の明確化**と呼ぶことにしましょう。本章で扱う**KPIツリー**は、このようなプロセスの中で一貫して役立つ強力なツールです。

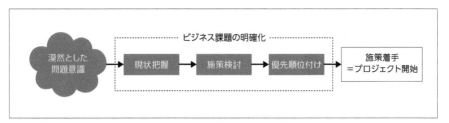

図 2-1：KPI ツリーによる現状把握

　ビジネスにおいて改善施策を考える場合、まずは現状把握を行うことが必要となります。現状把握の段階でKPIツリーを用いると、売上・客単価・客数……など自社のビジネスを語るうえで登場するさまざまな要素について構造的に整理し、ビジネス全体の見通しを良くすることができます。それによって、たとえば自社ビジネスの売上が下がった**要因**や改善すべき部分の特定がしやすくなります。

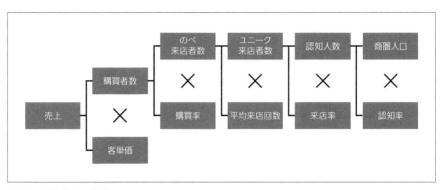

図 2-2：KPI ツリーの例

▶ KPIツリーによる施策検討

　現状把握によって特定されたさまざまな課題にどのような優先順位で着手するか
は、その課題を解決した場合の「**ビジネスインパクト**」と、課題解決のために提案
された施策の「**実現可能性**」によって決められます。ビジネスインパクトが大きい
課題に対する実現可能性の高い施策は取り組むべき価値のあるものとみなされ、優
先的に実行されますが、解決してもビジネスインパクトが低い課題あるいはそもそ
も実現する可能性が低い施策は通常プロジェクトにはなりません。KPIツリーは施
策検討の段階で、課題が解決できた場合のビジネスインパクトを定量的に見積もる
ために利用されます。

　以上のように、KPIツリーはビジネス課題を解決するプロセスの初期段階におい
て、たびたび用いられる有用なツールです。次節では、KPIツリーの作り方や利用
方法を具体的に学んでいきます。

2-2　KPIツリーとは

　KPIツリーとは、売上や費用などの経営指標を**ツリー**状に分解したものです。た
とえば、「売上＝客数×客単価」という分解を行ったKPIツリーは、次の図2-3の
ようになります。

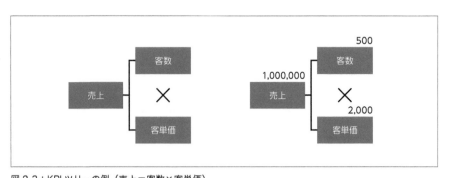

図2-3：KPIツリーの例（売上＝客数×客単価）

　図2-3の「×」は**掛け算**記号を表します。各要素には具体的数値を記載する場合
もあります。

　分解は、掛け算（×）だけではなく**足し算**（＋）で行われる場合もあります。次
の図2-4の右の分解は、売上＝男性客の売上＋女性客の売上という関係を表現した
ものです。

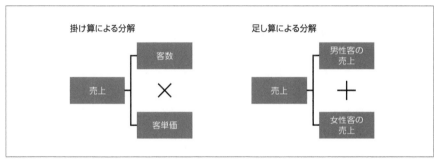

図2-4：KPIツリーでの分解方法

　ただし、理由は後述しますが、KPIツリー作成のほとんどの場面において、**掛け算による分解が主役**となります。

　図2-4のKPIツリーはシンプルですが、このような分解でも、実際のデータを当てはめてみることによってビジネスの構造を一段階、明確にすることができます。たとえば、以下の図2-5では、売上が下がったのは客数が下がったためである、ということがKPIツリーの作成によって明らかになっています。

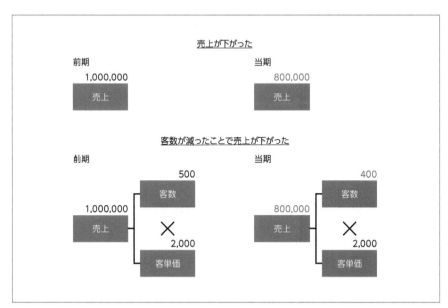

図2-5：KPIツリーを用いた要因分析

「売上が下がった」というような1つの指標の変化だけで現状を把握するよりも、

「客数が下がったことによって売上が下がった」というように、複数の指標によって「要因→結果」の形で状況を把握できたほうがビジネスを深く理解でき、また検討すべき施策の着想を得やすいでしょう。このように、数値変化を要因→結果という関係で記述していくことを**要因分析**と呼びます。

　KPIツリーを用いた要因分析は、ビジネスの理解を深めるだけでなく、検討すべき施策を絞り込むことにも有用です。「売上を上げるための施策」というテーマで施策を検討すると、状況が漠然としているため、さまざまな施策案が挙がってきてしまい、施策の整理や優先順位付けに多大な労力が必要となります。

　他方、「客数を上げるための施策」というテーマで施策を検討する場合には、状況が限定されているために施策の範囲も限られたものになり、施策の案出しや比較・検討プロセスが効率化されるでしょう。

KPIとは

　ビジネスでは売上や利益、入会率や入会者数などさまざまな指標に対して数値目標が設定されて、継続的にモニターされています。これらの指標のうち最も重要な指標は**KGI（Key Goal Indicator）**と呼ばれます。KGIはビジネスシーンでは「売上」や「利益」などが設定されることが多いです。KGIを分解した要素の中で、各施策単位で数値目標が設定されモニターされる指標は**KPI（Key Performance Indicator）**と呼ばれます。KPIは複数あってもかまいません。

　KGIとKPIという言葉を使うと、KPIツリーは「KGIを最上位としてツリーの形で要素分解を行い、ツリーの内部にKPIを含むもの」と表現することもできます。

2-2-1　KPIツリーの深さと要素の定義

　もう少し**深い**KPIツリーを確認してみましょう（KPIツリーの「深さ」とは、構成要素の分解が何段目まで行われているかを示す表現です。たとえば以下の図2-6のツリーの深さは「2」となります）。

　図2-6-1は、まず**売上＝購買者数×客単価**という分解が行われ、続いて購買者数について**購買者数＝のべ来店者数×購買率**という分解が行われています。

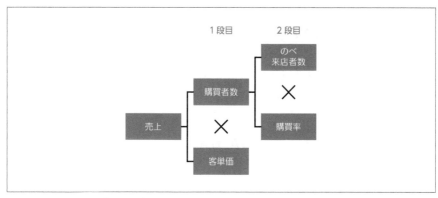

図 2-6-1：KPI ツリー（深さが 2）

図2-6-1のKPIツリーを図2-3と比べてみると、図2-3における「客数」の部分が図2-6-1において「購買者数」に変わっています。

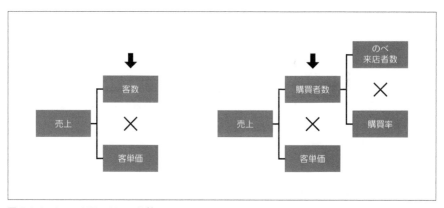

図 2-6-2：2 つの KPI ツリーの比較

このように比較して見ると、図2-3における「客数」が「来店者数」の意味だったのか、「購買者数」の意味だったのか、あらためて疑問に思う人もいるでしょう。KPIツリーの**構成要素の定義**が曖昧なままになっているケースは、実務でもしばしば観察されます。このような曖昧さは、実際に数値データを当てはめていく段階になれば自ずと明らかになりますが、当初から明確化しておくに越したことはありません。

このように、KPIツリーを深く分解していくことは、分解対象となる各要素について、明確な定義付けを行うきっかけを与えてくれます。

2

ビジネス課題とKPIツリー

2-3　KPI ツリー作成の発想法

　本節では、KPI ツリーを作成するための基本的な発想法として「**顧客行動**」や「**顧客属性**」に注目する方法を紹介します。

2-3-1　顧客行動に注目した分解

　顧客行動に注目して分解を行う場合、売上を生み出す「購買」行動から**時間をさかのぼる**形で顧客行動をイメージしていきます。たとえば、コンビニエンス・ストアのような小売店舗における顧客行動を考えてみましょう。購買の前には「来店」があり、来店の前には「認知」があります（まずはその店舗の存在を認知しなければ、来店はできません）。このように取り上げた要素をツリーにまとめると、図2-7のようになります。

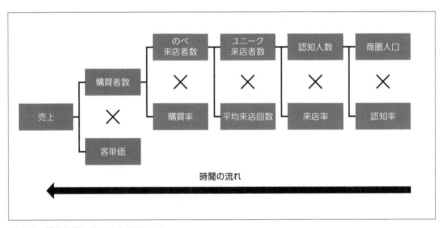

図 2-7：顧客行動に注目した KPI ツリー

　なお、図2-7においては、「来店」という行動が、「のべ来店者数」と「ユニーク来店者数」という2種類の要素を用いて表現されています。これは、同じ顧客が何度か来店することを考慮したものです。1人の顧客が2回来店した場合に、「のべ来店者数」は「2」であり、「ユニーク来店者数」は「1」となります。

顧客行動に注目して作った KPI ツリーの特徴

顧客行動に注目して作った KPI ツリーでは、ツリーの最も深いところから最上位にある売上に向けて、顧客行動が進展していく様子（認知→来店→再来店→購買）がわかりやすく可視化されます。来店率や認知率など、顧客行動の各ステップがどの程度の割合なのかを把握しておくことは、顧客理解や店舗比較のために重要でしょう。

また、ツリーが、**人数×行動率**あるいは**人数×1人あたり平均値**のいずれかの**掛け算による分解**によって構成されていることも、顧客行動に注目した分解の特徴と言えます。図2-8では、行動率を表している要素を点線の矩形、1人あたり平均値を表している要素を二重線の矩形で示しています。

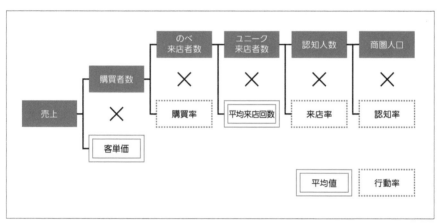

図 2-8：行動率と平均値に注目する

2-3-2 顧客属性に注目した分解

続いて「顧客属性」に注目した分解を考えてみます。引き続き、コンビニエンス・ストアのような小売店舗をイメージしてください。

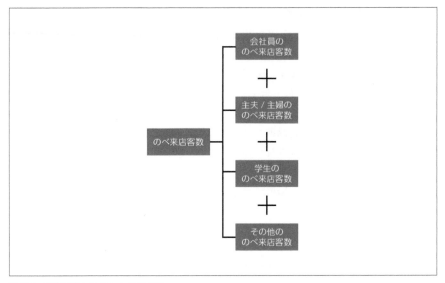

図 2-9：顧客属性に注目した KPI ツリー

　図2-9は「のべ来店客数」について顧客属性に注目して分解した例です。会社員・主夫/主婦・学生・その他の属性に分けて、それぞれの来店客数を合計したものがのべ来店客数になっています。顧客行動に注目した分解が、掛け算による分解によって構成されるのに対して、顧客属性に注目した分解は**足し算による分解**によって構成されます。

　このような分解方法の例としては、性別による分解（男性ののべ来店客数＋女性ののべ来店客数＋……）や年代による分解（20代ののべ来店客数＋30代ののべ来店客数＋……）など多数挙げることができるでしょう。

顧客属性に注目した分解の注意点

　顧客属性に注目した分解において、注意しなければいけないのは、顧客属性による分解を複数回行わないようにする、ということです。簡単な例で確認してみましょう。

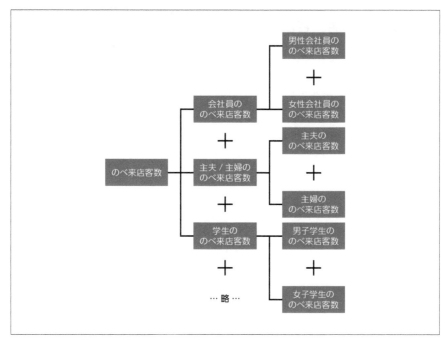

図2-10：顧客属性による分解は細かくしすぎない

　図2-10では、職業という顧客属性に続いて、性別という顧客属性による分解を行っています。間違ってはいませんが、一見して分解が細かく見通しが悪いです。また、このような分解では、性別という顧客属性に対する単独の知見は得られにくいでしょう。男性ののべ来店客数（合計）や女性ののべ来店客数（合計）が直感的に判断できないからです。

　このように顧客属性に注目して分解を行う場合、1つのKPIツリーに対して1つの属性に注目するにとどめる、もしくは（どうしても複数の属性に注目したい場合は）、KPIツリー自体を複数作るというような工夫が必要となってきます。

　顧客属性を詳しく分析したい場合、たとえば男女での購買行動の違いや年齢の影響などを見たい場合、複数の顧客属性の関連性を調べたい場合は、後の章で扱う「**クロス表**」（第5章）や「**散布図**」（第7章）などを利用するほうがよいでしょう。

2-3-3　その他、さまざまな視点からの分解

　KPIツリーを用いてビジネス課題を明確にする場合には、さまざまな「**視点**」から KPIツリーを作成するのが望ましいでしょう。それによってビジネスの構造を立体的に捉えることができるからです。たとえば、顧客行動や顧客属性に注目した KPIツリーはどちらも「顧客」を中心としたKPIツリーですが、ここでも仮に小売店舗を想定して、「商品」に注目したKPIツリーを作成してみると、以下のようになります。

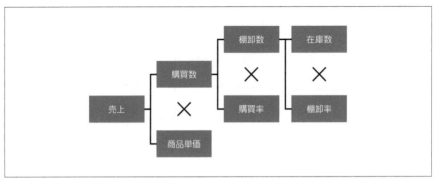

図2-11：「商品」に注目したKPIツリー

　「商品」に注目した分解により、倉庫→棚卸→購買という商品の流れがわかりやすく可視化されました。
　どのような視点からKPIツリーを作成できるかは、ビジネスの内容や問題意識によってさまざまでしょう。ご自身の携わっているビジネスを想定していろいろ考えてみてください。

2-3-4　掛け算と足し算

　これまで見てきたとおり、KPIツリーの分解には足し算と掛け算が使われます。本項では、足し算による分解と掛け算による分解のそれぞれの特徴と注意点をまとめておきます。

▶ 掛け算による分解

　掛け算による分解の特徴は、下位の要素の**変化率（増加率/減少率）**が上位の要素にそのまま反映される、ということです。

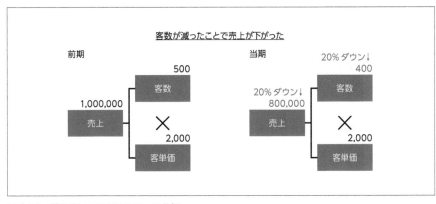

図 2-12：掛け算による KPI ツリーの分解

　図2-12においては、客数が500→400と減ったことによって、売上が
1,000,000→800,000と減少しています。変化率から見れば、売上の減少率は客数
の減少率と同様20%となっています。この状況を**式**で表現すると以下のようにな
ります。

売上＝客数×客単価　→　売上×0.8＝(客数×0.8)×客単価

　KPIツリーが掛け算による分解のみで構成されている場合には、どれだけ深い要
素の変化であっても、最上位の要素まで同じ変化率が伝播していきます。

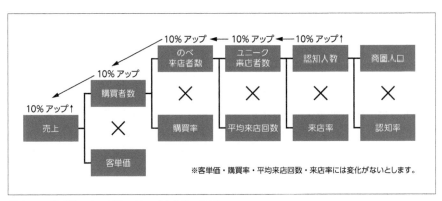

図 2-13：掛け算による KPI ツリー（変化率の伝播）

$$110\% \times 認知人数 \times 来店率 \times 平均来店回数 \times 購買率 \times 客単価$$
$$=110\% \times ユニーク来店者数 \times 平均来店回数 \times 購買率 \times 客単価$$
$$=110\% \times のべ来店客数 \times 購買率 \times 客単価$$
$$=110\% \times 購買者数 \times 客単価$$
$$=110\% \times 売上$$

複数の要素が変化した場合についても見ておきましょう。

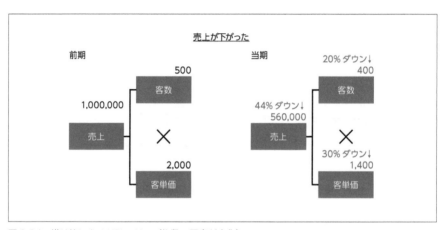

図 2-14：掛け算による KPI ツリー（複数の要素が変化）

　掛け算による分解で構成された KPI ツリーでは、上位の変化率を計算するには、単に複数要素の変化率を掛け算すればよいので簡単です。

売上の変化率＝客数の変化率 × 客単価の変化率＝80% × 70%＝56%

　以上のように、掛け算によって構成された KPI ツリーは「ある要素を○％変化させると、最上位の要素（売上）も○％変化する」、「複数の要素に変化がある場合は変化率を掛け算するだけで最上位の要素（売上）の変化率も計算できる」というような性質を持つため、売上の増加・減少の要因分析や施策のインパクトの見積もりなどを直感的に行うことができます。

　このような性質から、KPI ツリーの作成では、掛け算による分解を主役とすべきである、と考えられています（絶対ではありません）。

▶ 足し算による分解

足し算による分解では、下位の要素の**変化量（増加量/減少量）**が上位の要素に
そのまま反映されます。

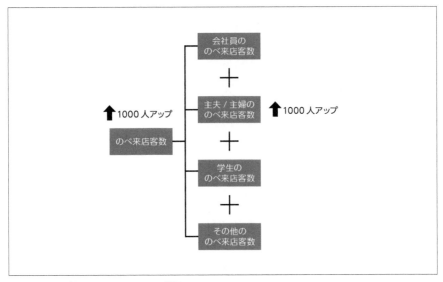

図 2-15：足し算による KPI ツリーの分解

もっとも、KPI ツリーが掛け算を主役として成り立っている場合、足し算によっ
て構成された要素の変化が最上位の要素に与える影響は明瞭ではありません。

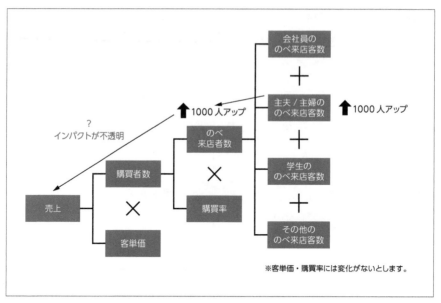

図2-16：足し算によるKPIツリー（変化の影響は不透明）

　図2-16では、「主夫/主婦ののべ来店客数」が1000人増加した結果、「のべ来店客数」も1000人増加しています。「主夫/主婦ののべ来店客数」の増加量がそのまま「のべ来店客数」の増加量に伝播していますが、売上への影響は判然としません（売上が上がる、ということはわかります）。売上への効果を正しく捉えるには、「のべ来店客数」の1000人増加が、割合で表現して何％の増加にあたるのかを別途調べるか、先に購買率・客単価の具体的数値を求めておくことで**数値シミュレーション**を行う必要があります。そのようなシミュレーションは**感度分析**と呼ばれます。

▶ 足し算による分解の注意点

　足し算による分解では、**もれなく・重複なく**分解を行わなければいけないということに注意が必要です。

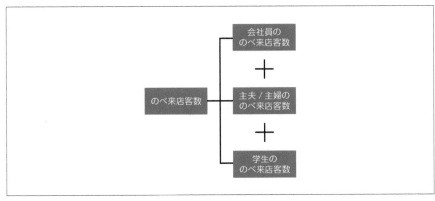

図2-17：足し算によるKPIツリーでは「もれ」が起きやすい

　たとえば、図2-17の分解では、個人事業主や無職の人などがどこにも該当せず、職業という顧客属性による分解としては**もれ**のある分解になっています。

　また、会社に勤めながら専門学校の学生でもあるような顧客は、図2-17のような分解では会社員と学生の両方の要素として**重複**してカウントされてしまうという点にも注意する必要があります。

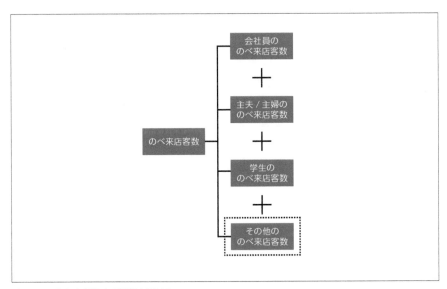

図2-18：もれを吸収する要素を設ける

　顧客属性をもれなく挙げるためには、あらかじめ注意深く検討するとともに「そ

の他」のような、例外を吸収する要素を作っておくとよいでしょう。また、重複してカウントしてしまうことを防ぐためには、複数属性に該当した場合にどちらに割り振るかを**ルール**として作成しておくとよいでしょう。

2-4　KPI ツリーとデータ

　KPIツリーを用いて現状把握や施策検討を行う場合には、ツリーの各構成要素について具体的な数値を取得できたほうが、より客観的な議論ができるため望ましいでしょう。数値が取得できるのであれば、たとえば**数値目標**を設定し、設定した目標の達成度合いを客観的に把握することができます。また、日々の状況変化を数値によりモニタリングできると、業績への影響も判断しやすくなります。

▶ 数値の取得ができない場合

　KPIツリーの各構成要素について、具体的な数値が取得できないという場合もあります。そのような場合であっても、KPIツリーの作成は有用であり、自社のビジネスを語るうえでのさまざまな要素を構造的に整理することができます。

　ただし、施策の効果を評価するうえでは、限られた情報の中から施策効果の度合いを**事後的に推定**する必要があります。たとえば、認知率が計測不可（数値化できない）という状況はよくあることですが、そのような状況で、「チラシ広告を配布する」という施策による認知率の上昇をどのように推定するかを考えてみましょう。

　図2-19のような状況で、チラシ配布の後（前月あるいは前年同月などと比較して）売上が**20%**上がった場合、その他の要素（客単価、購買率、平均来店回数、来店率など）が変化しなかったと仮定すると、売上の増加は認知率が**20%**上がったためであると推定できます。

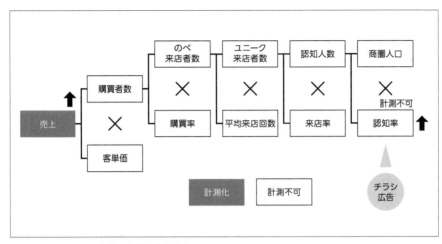

図 2-19：チラシ配布施策の効果を事後推定

　もちろん、状況が明確になればなるほど、チラシの効果の推定もより正確なものになっていくでしょう。図2-20のように2段階目までの分解に対して数値取得ができた場合、<u>その他の要素（平均来店回数と来店率）に変化がないと仮定すると、</u>チラシ広告によって認知率が**25%**程度上がったと推定できます（のべ来店者数の増加率から推定されます）。状況が明らかになった分、推定に用いている仮定（下線で示した部分）の要素が少なくなっていることに注意してください。

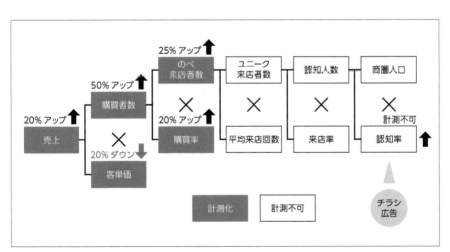

図 2-20：チラシ配布施策の効果（数値取得の場合）

　もちろん、数値取得ができない要素の数値を（やや強引に）見積もることの意味は限定的であり、可能であれば数値取得できるように工夫をすることが望ましいでしょう。

KPI のデータ取得

　本文で使われているような KPI ツリーの各要素について、実際はどのようにデータを取得しているのか、不思議に思った方もいるかもしれません。また、数値取得できるように工夫をする、と言われてもピンと来ない方もいるでしょう。このコラムでは、以下の KPI ツリーをもとに数値取得の例を紹介します。状況を明確にするために、データは**あるひと月の値**とし、店舗は 24 時間営業（24h）型のコンビニエンス・ストアとしましょう（たとえば購買者数であれば、ある月におけるコンビニエンス・ストアの購買者数をイメージしてください）。

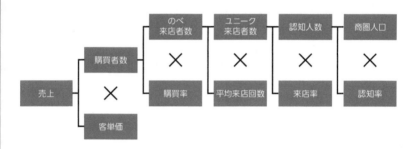

・「購買者数」と「客単価」
　「購買者数」は、現代であれば通常 POS レジに記録されています。また「客単価」を求めるには、「売上」÷「購買者数」を計算すればよいでしょう。

・「のべ来店者数」と「購買率」
　「のべ来店者数」は**来客数カウンター**（人感センサー）を入り口に設置することで原理的には**計測可能**ですが、センサーの設置まで行う店舗はまれでしょう。計測ができないのであれば「のべ来店者数」については**推定**を行うことが必要となります。
　推定は、複数回の**標本調査**をすることで行います。たとえば何度かの調査により 1 時間あたり 10 人〜 30 人が来店するという調査結果が得られれ

ば、15人×24h×30日というような計算によってひと月の来店者数を（一応）推定はできます。ただし、来店者数は一般に時間帯や曜日に**強く**依存するため、このような簡易的な推定では、正確な値にはほど遠いでしょう。時間帯や曜日など、推定対象の変数に強く影響する要因を考慮した推定を行うには、**標本調査計画**が必要となります。複雑な標本調査計画には相応の統計学の知識が必要となるため、簡単には実行できません。

一方「購買率」については、来店者数に比べると時間帯や曜日の影響が**相対的に弱い**と考えられます。そこで、来店した人が買うか買わないかを適当なタイミングで適当な人数分調査し、購買率の推定値を計算した後に、その推定値を用いて「購買者数」÷「購買率の推定値」を計算することで「のべ来店者数」を推定するのがよいでしょう。

以上のように、推定する対象が複数候補ある場合には、**推定しやすい要素**を見極めることが大切です。

また、標本調査を行って求めた推定値がどの程度**信頼**できるのか、あるいは十分信頼できる推定値を取得するにはどの程度のデータ数（**サンプルサイズ**）が必要になるのか、に答えるには推測統計の知識が必要となります。推測統計やサンプルサイズについては第9章で扱います。

・「ユニーク来店者数」と「平均来店回数」

「ユニーク来店者数」と「平均来店回数」も推定対象となります。ここでは**会員カード（会員アプリ）**を導入している店舗という想定をして、ユニーク来店者数を推定してみます。**会員カード**があると一般に、各購買者が会員なのかどうかや、会員ごとに期間内に何回購買しているのか、などの会員の「購買」行動に関するデータを取得することができます（一方、会員カードが捕捉できる顧客行動は「購買」だけなので、会員の来店回数などは取得できません）。ユニーク来店者数推定のプロセスは以下のとおりです。

① 会員カードによる情報とPOSデータを用いると、たとえばひと月の購買者数における会員の購買者数の割合を求めることができます。これを**会員率**（＝会員の購買者数÷購買者数）と呼ぶことにします。
② 次に「ユニーク来店者数≒ユニーク購買者数」と仮定をします。これはコンビニエンス・ストアのような地域密着の小売店舗では、そこまで現実離れした仮定ではありません。

③ そのうえで、会員のユニーク購買者数÷会員率＝ユニーク購買者数という式を使い、ユニーク購買者数（≒ユニーク来店者数）を推定します。

　たとえば、ある月の会員のユニーク購買者数が100人、カードの所持率（会員率）が20％の場合、ユニーク購買者数の推定値＝ユニーク来店者数の推定値＝100÷0.2=500人となります。

・「認知人数」と「来店率」、「商圏人口」と「認知率」
　残りの推定ステップでは、まず「商圏人口」と「認知率」から推定します。「商圏人口」については、商圏を適当に定義したのち、国勢調査のオープンデータを利用して取得することができます。政府統計のWebサイトである「地図で見る統計（統計GIS）」（https://www.e-stat.go.jp/gis）などを利用しましょう。
　「認知率」は、定義した商圏内で標本調査を行えば推定することができます。「認知率」の値を仮定すると「認知人数」が求まり、「認知人数」と先に推定してある「ユニーク来店者数」を使えば「来店率」が計算できます。
　このことを利用して、「認知率」と「来店率」についてはさまざまな値の組み合わせの中から現実的な値を選ぶという形で推論してもよいでしょう。

KPIツリーとファネル分析

顧客行動に注目したKPIツリーでは、顧客数を**ユニーク数**で捉えると、商圏人口→認知人数→ユニーク来店者数→ユニーク購買者数と、購買までのステップを進むにつれて人数が**単調**に減少していきます。

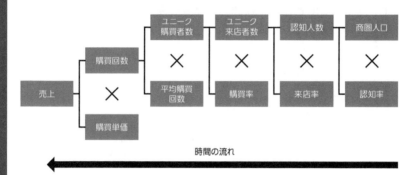

このような人数の推移は、漏斗（ファネル）に似た形で可視化できることから、各ステップにおけるユニーク顧客数の減少度合いを可視化しその原因を考察することを**ファネル分析**と呼びます。

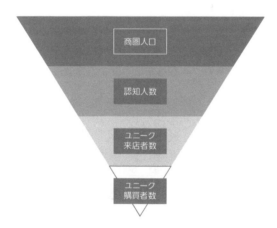

ファネルによる可視化は、各ステップにおける離脱の程度を直感的に表現するのに優れています。

KPI ツリーとカスタマージャーニー

　マーケティング施策を検討するうえでKPIツリーとともによく使われる考え方として「カスタマージャーニー」と呼ばれるものがあります。カスタマージャーニーとは、ターゲットとなる顧客像（**ペルソナ**と呼ばれます）を決定し、その購買までの行動や心理・感情を時系列で整理したものです。

名前：X
年齢：20 代～ 30 代
交際ステータス：独身
職業：ベンチャー企業 M の従業員
通勤方法：電車
昼食の購入：少し高級な弁当のデリバリーを注文
昼食の過ごし方：昼食は美味しいものを食べたいと思っているが、
　　　　　　　　仕事が忙しく、外食している時間がない。
　　　　　　　　昼休み中も弁当を食べながら調べものをすることが多い。

図：ペルソナの例

　具体的なペルソナを想定して顧客行動の各ステップにおける心理を想像することは、施策案を発想するために便利な方法であるばかりでなく、提案された施策の有効性や現実性を、数値ではなく、定性的に評価する方法としても役立ちます。

　カスタマージャーニーを作るには、顧客行動で整理したKPIツリーをもとにして「状態」と「行動」の組み合わせを作り、ペルソナとして想定した人物が「状態」→「行動」へ遷移する心理を書きこんでいきます。

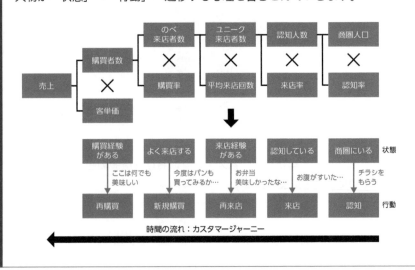

2-5 KPI ツリーの利用

　ここまで、KPIツリーにおける要素分解の発想方法や、掛け算による分解と足し算による分解の特徴など、KPIツリー作成における基本的な事項を学んできました。本節からはKPIツリーを利用する方法に踏み込んでいきます。

2-5-1 分割要素と非分割要素

　KPIツリーの構成要素には、図2-21で示されているとおり、売上や購買者数のように分割が行われている要素（**分割要素**）と、客単価や購買率のように分割が行われていない要素（**非分割要素**）があります。

　KPIツリーを作成して施策案を検討する場合、ツリーに含まれる**非分割**要素を改善するような施策案を検討していきます。分割要素に対する施策は、結局は**非分割**要素に対する施策として表現されるからです。

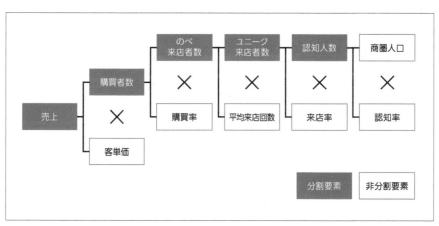

図 2-21：KPI ツリーの分割要素と非分割要素

　たとえば、ユニーク来店者数を増加させるような施策とは、認知人数あるいは来店率（またはその両方）を増加させる施策のはずであり、もし認知人数を増加させる施策なのであれば、それは商圏人口あるいは認知率（またはその両方）を増加させる施策であるはずです。

　以上をまとめると、ユニーク来店者数を増加させる施策とは、**非分割要素である来店率・認知率・商圏人口のいずれか1つ以上を増加させる施策**、となります。

　同様に考えると、購買者数を増加させる施策とは、購買率・平均来店回数・来店率・認知率・商圏人口のいずれか1つ以上を増加させる施策となり、認知人数を増加させる施策とは認知率・商圏人口のいずれか1つ以上を増加させる施策、となります。

　このように、分割要素に対する施策は、非分割要素に対する施策として最終的に表現されるため、施策の案出しは最初から非分割要素ごとに注目して行っていきます。

▶ 施策と要素のコントローラビリティ

　今回のKPIツリーにおける非分割要素に対する施策案としては、図2-22に挙げたものが考えられます。

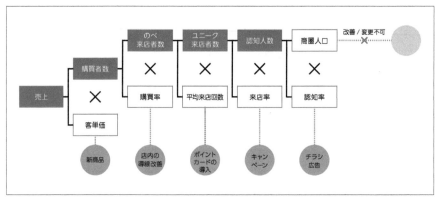

図2-22：非分割要素に対する施策案

　ここで、非分割要素の中でも商圏人口については、施策案がないことに注意してください。当然かもしれませんが、商圏人口はビジネス上の施策によって改善できるような要素ではありません。そのため施策の案出しも行われないのです。

　このようにKPIツリーの要素の中には、施策によって変化させることが可能な要素とそうではない要素があります。施策検討の段階では、各要素について、施策によって変化させることができるかどうか（**コントローラビリティ**）に注目して、施策の案出しを行っていきます。また、KPIツリー作成の段階でも、各要素の分割のたびにその要素が改善可能なものかどうかを考えながら分割すると、施策の着想につながらないようなKPIツリーの作成を回避することができるでしょう。

2-5-2　施策効果の検討

　作成したKPIツリーをもとに施策検討を行う場合、施策が影響を与える範囲を的確に特定することが重要です。検討している施策案が、単独の要素にだけ影響を与えることはまれでしょう。

▶ トレードオフ

　たとえば、ある商品の「値下げ」のようなシンプルな施策を考えてみます（ここでも小売店舗を想定して読み進めてください）。値下げは、当然販売数を上げる効果がありますが、同時に商品単価を下げることにもつながります。このように1つの要素を改善する施策が同時に別の要素を悪化させる場合、その施策にとって、2つの要素は**トレードオフ**の関係にあると表現されます。

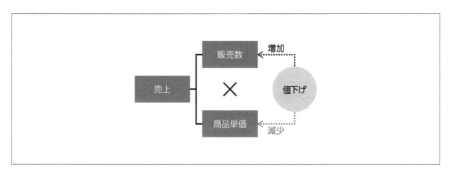

図 2-23：施策とトレードオフ

　トレードオフを発生させる施策のような、複数要素に関係する施策についてビジネスインパクトを見積もるためには、関係する要素すべてについて、変化量／変化率の見積もりをすることが必要になります。

▶ 収益ベースで考える

　今度は、人気商品の「値上げ」を行う場合を考えてみましょう。商品は大変人気なため、月次の購入数は毎月純増（+8% 〜 +12%）しているとします。このような状況では多少の「値上げ」（話をわかりやすくするため10%程度とします）を行っても、次月の購入数は当月水準には到達すると仮定できるでしょう。一方「値上げ」を行わなければ当月より10%程度は購入数が増えると予想されます。さて、このような状況で「値上げ」を行うべきと言えるでしょうか？

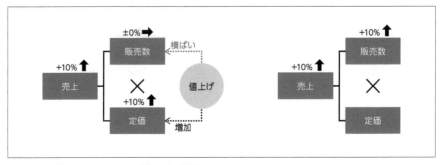

図 2-24：施策とトレードオフ（値上げの場合）

　図2-24を見ると、どちらの場合でも次月売上は10%増加する見込みです。しかし実際のところ、次月に限れば有効な（総合的なインパクトが大きい）施策は「値上げ」のほうとみることができます。「値上げ」という施策は、**売上インパクト**の点では現状維持と変わりませんが、**収益インパクト**の点において優れていると考えられるからです。この状況を理解するには費用のKPIツリーを準備するとわかりやすいでしょう。

▶ 売上の KPI ツリーと費用の KPI ツリー

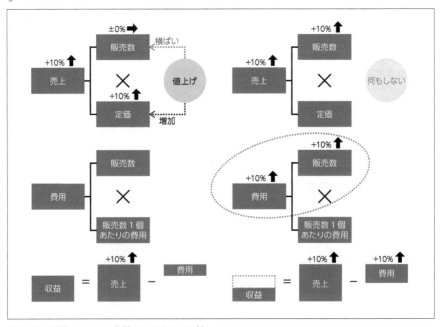

図 2-25：収益ベースでの施策インパクトの比較

「値上げ」によって変化があるのは、売上の構成要素である「単価」だけですが、「何もしない」ことによって変化する「販売数」は、売上と費用の両方の構成要素になっています。そのため、収益の観点から言うと「値上げ」のほうが有効と考えられるのです。

このように、施策の検討段階では、売上だけではなく**収益ベース**で施策インパクトを比較することがよく行われます。収益ベースで施策インパクトを見るためには、売上についてのKPIツリーだけではなく、**費用についてのKPIツリー**も用意しておくとよいでしょう。

▶ インパクトの比較検討

施策の比較検討では、各要素がどの程度改善されるかについての見積もりを施策ごとに行い、売上と費用のKPIツリー双方で最終的なインパクトを計算して収益インパクトにまとめます。

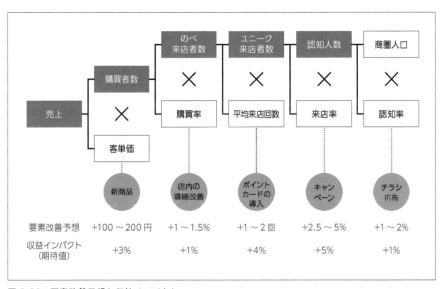

図 2-26：要素改善予想と収益インパクト

要素改善の大きさを見積もる場合は、過去事例や他社事例を参照したり、その分野の**プロにプロフェッショナル・インタビュー**をしたりして、悲観シナリオから楽観シナリオまで幅をもって見積もります。

同様に、収益インパクトについても幅をもって求めておきますが、インパクトの大きさを比較するには**期待値（平均値）**のような代表値を1つ求めておくと便利で

しょう。施策による要素の改善度合いの見積もりは、それ自体が**データ分析課題**となることがあります。この点については後の節で解説します。

・表計算ソフト

実際の業務における KPI ツリーはやや複雑になることも多く、要素改善の数値から収益インパクトを見積もることは手計算では難しいでしょう。このような場合、Microsoft Excel のような**表計算ソフト**を利用することで、手間なくさまざまなケースをシミュレーションすることができます。

▶ ビジネスインパクトと実現可能性

施策は比較検討されたのち優先順位が付けられ、プロジェクトを立ち上げるか、実施見送りをするかが決められます。

もっとも、施策の優先順位付けは、ビジネスインパクト（収益インパクトや売上インパクト）のみで決まるわけではありません。各施策は、ビジネス課題を解決した場合のビジネスインパクトに加えて、提案された施策の**実現可能性**によっても評価されます。

たとえば、ビジネスインパクトが大きい課題に対する実現可能性の高い施策は、取り組むべき価値のあるものと評価されますが、解決してもビジネスインパクトが低い課題あるいはそもそも実現する可能性が低い施策の評価は低く、実施が見送られるでしょう。

▶ 実現可能性の評価

施策の実現可能性の評価は簡単ではありません。実現可能性は、施策自体の内容だけで決まることではなく、予算や期間、社内の人的リソースの状況、関係各所の調整などさまざまなファクターが影響してきます。そのような複雑性を考慮して実現可能性の高いロードマップを作るには、**ビジネス力やマネジメント・スキル**が必要となります。

また、施策実行のためのプロジェクト発足後は、このようなスキルをもって施策の実現可能性を担保することに注力する役割は**プロジェクト・マネージャー**が担うことになります。プロジェクト・マネージャーに求められる要件や（分析）プロジェクトにおけるチーム編成などについては第3章で扱います。

本章ではここまで、KPI ツリーの作成方法と KPI ツリーを用いたビジネス課題の明確化のプロセスを扱ってきました。第2章の最後となる次節では、ビジネス課題に対する施策として**データ分析**を用いる場合を扱っていきます。ビジネス課題の解決にデータ分析を用いる場合、そのような課題は**データ分析課題**と呼ばれます。ま

たデータ分析課題を扱うプロジェクトは**（データ）分析プロジェクト**と呼ばれます。

2-6　データ分析課題とデータ分析プロジェクト

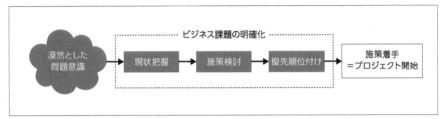

図 2-27：ビジネス課題の解決にデータ分析を用いる

　データ分析課題であっても、その他のビジネス課題と同様、ビジネス課題の明確化というプロセスをたどることに大きく変わりはありません。しかし、データ分析を用いた課題解決には、固有の特徴や注意点があります。

　まずそもそもとして、対象としているビジネス課題がデータ分析を用いて解くべき課題なのかそうではないのかを慎重に見極める必要があります。データ分析は課題解決のための1つの道具にすぎないため、データ分析課題として扱うことが、対象となるビジネス課題の解決にとってベストであるとは限らないことには注意が必要です。

　一方、本来はデータ分析を用いた課題解決が適しているにもかかわらず、担当者がそれに気づかないことで、非分析的アプローチだけが検討されてしまう場合もあります。対象となるビジネス課題にデータ分析がどの程度有効であるかを判断するためには、データ分析についての**基礎的知識**を用いてビジネス課題をデータ分析課題の形に**翻訳**する必要があります。しかし、課題解決プロジェクトを立ち上げる立場である**プロジェクト・マネージャー**がそのような専門知識を持っていることは多くありません。この問題については第3章で扱います。

2-6-1　データ分析課題

　本項ではデータ分析を用いると、どのような施策が可能になるのかを概観します
（各手法の詳細については次章以後で説明します）。

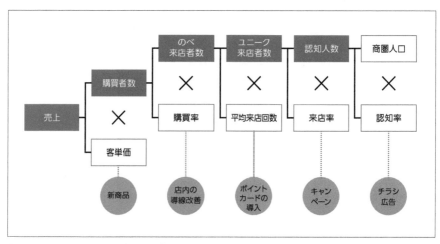

図 2-28：KPI ツリーとデータ分析施策

　たいていのデータ分析は、意思決定の質や既存施策の精度をグレードアップする
効果を持ちます。特に代表的な施策カテゴリーとしては、**AB テスト・要因分析**に
よる意思決定／既存施策の「**支援**」か、**予測モデル**の作成による意思決定／既存施
策の「**自動化・最適化**」があります。

　もっとも、施策が「支援」なのか「自動化・最適化」なのかは明確に分けられる
ものではなく、個々の場面ごとの**運用ベース**で判断されるものなので、分類はあく
まで目安となります。

　たとえば、天気予報の降水確率をもとに傘を持っていくかどうかを判断すること
を考えてみましょう。天気予報で降水確率が50％以上なら、機械的・自動的に傘
を持っていく、というのであれば、施策の運用としては意思決定の自動化に当たり
ますが、降水確率に加えて空模様を見て最終的に傘を持っていくかどうか判断する、
という場合は、天気予報の降水確率を意思決定のサポート（支援）として使ってい
ることになります。

　データ分析施策について図2-28のKPIツリーと各施策を例に説明します。

意思決定 / 既存施策の最適化

　前節では、「チラシ広告」を配布する場合の施策効果の見積もり方法として、過去事例の参照や専門家へのヒアリングなどを挙げましたが、データ分析を用いるとチラシ配布効果の見積もりを精緻化することができ、どのようなタイミングでどの程度の枚数を配布すべきかをインパクト最大化の観点から推定することができます。

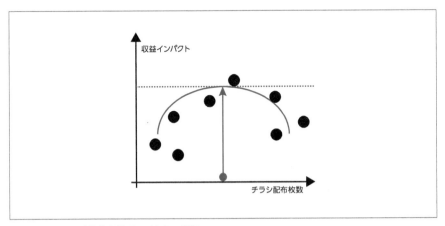

図 2-29：チラシ広告と収益インパクトの関係

　たとえば図2-29のように過去のチラシ広告と収益インパクトのデータがあれば、チラシ広告と収益インパクトの関係性を**モデル化（図の曲線を求めること）**できます。モデルを用いると、収益インパクトが**最大化**されるチラシ配布枚数を一意に求めることができるため、チラシ配布枚数の決定に関する意思決定は**自動化**されます。これによってチラシ広告という（既存）施策の精度を高めることができます。

意思決定 / 既存施策の支援

　今度は「チラシ広告」のデザインを考えてみましょう。チラシ広告のデザインは当然、チラシ広告の効果に影響を与えると考えられますが、デザインには多様なファクターがあるため、配布枚数のようにモデル作成を用いた最適化は容易ではありません（枚数という1つの値を最適化することと、色・形・文字……など膨大な変数を含むデザインを最適化することの難易度には大きな隔たりがあることに注意してください）。

　それでも、経験から導かれた数パターンのデザイン案に対して、いずれが最も効果的かを比較して結論づけることはできます。このような比較を行う技術は**ABテスト**と呼ばれます。**ABテスト**を何度も行うことは、チラシデザインのような複雑な対象に対して最適解に近づくための1つの方法とも言えるでしょう。

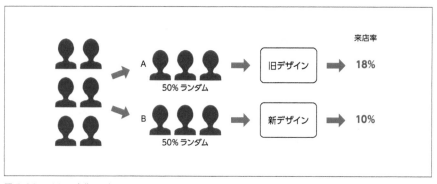

図 2-30：チラシ広告デザインの AB テスト

「**新商品開発**」のような（一見）定性的な施策にも、データ分析は役立ちます。たとえば市場に出ている既存商品についての**アンケート・データ**を分析すると、どのような商品がどのような面で評価されているか、どのような機能がどのような顧客に評価されているかなど、当該商品が評価されている**要因**を定量的に明らかにできるでしょう。このような**要因分析**は、最適化のように一意の解を与えることや、ABテストのように A or B に結論をつけることができるわけではありませんが、無数に解（開発案）のある問題に立ち向かうための大きなヒントを提供するでしょう。

変数区分	変数ラベル	変数定義
目的変数	Q6	購入した商品は、他の人に勧めたいと思いましたか。
説明変数	商品名	購入した商品名
	金額	購入金額（割引の有無も含む）
	購入目的	購入した目的
	購入場所	購入した場所
	フリーコメントの有無	フリーコメントの有無（0/1）
	類似商品の購入履歴	類似した商品の購入履歴
	Q1	購入した商品に満足しましたか。
	Q2	購入した目的を達成できましたか。
	Q3	購入金額は妥当だと思いましたか。
	Q4	類似した商品の購入履歴はありますか。
	Q5	類似した商品と比較して満足できましたか。

※ P値が0.05以下の説明変数

説明変数	回帰係数
Q3	0.439
Q5	0.192
フリーコメントの有無	-0.310
Q1	0.081

決定係数	0.2643

図 2-31：アンケート・データの要因分析（このアウトプットは［重］回帰分析のアウトプット・レポートです。回帰分析を学習した後、解釈してください）

・データ分析のアウトプット

　ここまで、データ分析による意思決定/既存施策の「支援」と、意思決定/既存施策の「自動化・最適化」の例を概観しましたが、両者の違いは、納品されるアウトプットの違いとしてもまとめることができます。

　ABテスト・要因分析などによる意思決定/既存施策の支援の場合、事例ごとに**レポート**が作成され、意思決定者に提出されることが多いです。一方、意思決定/既存施策の「自動化・最適化」では、**予測モデル**を含むさまざまな**数理モデル**が提出されます。モデルは通常**Python**のようなプログラミング言語で作成されることから、モデルの提出はプログラムファイルの提出や、プログラムのシステム実装の形で行われるでしょう。分析アウトプットの詳細については第3章以降で扱います。

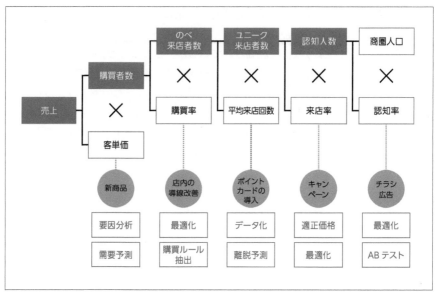

図 2-32：参考（各施策のデータ分析例）

第3章

データ分析の
活用とプロジェクト

　前章では、ビジネス課題を明確化していくプロセスを、**「KPI ツリー」**という道具を主役にしながら扱いました。本章では「定められたビジネス課題に対してデータ分析を活用していく**プロセス**」を扱っていきます。

　ビジネス課題にデータ分析を活用するといっても、「既存の業務課題を解決するための補助的な道具の１つとしてデータ分析を用いる場合」と、「データ分析を主たる道具とするようなプロジェクトを立ち上げる場合」があるでしょう。

　既存業務における「データ分析の活用」は、必ずしもデータ分析の専門家によって進められるわけではなく、データ分析の非専門家が各々の技術レベルに応じて進めていけるようなものですが、専門家を介在させないことに伴う注意点が存在します。

　一方、より規模の大きな**「データ分析プロジェクト」**については普通、データ分析の専門家（データサイエンティストや機械学習エンジニアなど）を交えたデータ分析**チーム**によってプロジェクト形式で進められるため、データ分析プロジェクトに特徴的な**プロセス**と**マネジメント**を理解しておく必要があります。

3-1 既存の業務にデータ分析を活用する場合

　業務でデータ分析を活用するというと、大掛かりなシステム開発や、AI開発のプロジェクトが思い浮かぶ方が多いかもしれませんが、データ分析の活用シーンはそのような大きなプロジェクトだけではありません。

　データ分析は、普段の業務における**意思決定**や**推論**を精密にするためのものとして有用であり、そのためデータ分析を適用するタイミングは、既存業務におけるさまざまなシーンで見られます。

・次のイベントではどのくらいの集客が見込めるのか
・顧客のクレームのうちどのような内容が多いのか
・商品Aはどのような顧客によく売れているのか
・平均的な顧客行動はどのようなパターンか　　など

　上記のようなことは、データ分析を詳しく知らなかったとしても、それぞれの業務担当者が独自に考察できるような事柄ですが、このようなことに（データを用いない場合よりも）少しだけ精密で、科学的な答えを与えるのが、データ分析の役割です。

　データ分析の技術は、データ分析の専門家だけのものではなく、さまざまな実務に携わる人に対して習得を推奨される技術と言えるでしょう。

3-1-1　非専門家によるデータ分析実務

　データ分析の多くの技術は、必ずしもデータ分析の専門家の手を借りなくても活用できるものです。

　たとえば、会員制のECサイトにおける会員の購買傾向について、以下のような**仮説**や検証課題を持っているとします。

・商品Aはおそらく20代女性に最もよく売れているだろう
・商品Bを買った人は、未購入の人と比べて商品Cを買いやすいだろう
・Web広告のデザインEとFではどちらが顧客の反応がよい（クリックしやすい）だろうか

上のような仮説検証をするにあたっては、表計算ソフトを用いて以下のようなことが実行できれば（ひとまず）十分でしょう。

・商品 A はおそらく 20 代女性に最もよく売れているだろう
　→ 性別×年代ごとに商品 A の購買金額（もしくは平均購買金額）を表かグラフにして比較する

・商品 B を買った人は、未購入の人と比べて商品 C を買いやすいだろう
　→ 商品 B を買った人のうち商品 C を買った人の割合と、全体における商品 C を買った人の割合を比較する

・Web 広告のデザイン E と F ではどちらが顧客の反応がよい（クリックしやすい）だろうか
　→ デザイン E を用いた広告を 2 週間表示させた後に、デザイン F を用いた広告を 2 週間表示させ、各広告のクリックされた数を比較する

　上に現れている作業の中で、高度な数理的知識やエンジニアリングの知識が要求されるものはありません（ただし、もちろんこれらの内容を現時点で難しいと感じられても問題ありません）。データを扱うにあたってのちょっとした慣れと表計算ソフトの扱いを習得していれば十分でしょう（分析対象となるデータも csv ファイルのような形で与えられているとします。つまり SQL を書ける必要もありません）。
　これらの例のように、データ分析の専門家がいなくても、現場担当者だけで行える分析実務は多数存在します。
　データを用いて正しく検証しながら根拠（**エビデンス**）を積み上げていく場合と、現場的な直感**だけ**を頼りに意思決定を行う場合では、意思決定の質が大きく異なると考えられるため、表計算ソフトで可能な程度のデータ分析技術は、現場担当者にとって望ましいスキルと言えるでしょう。

市民データサイエンスという概念

　前項では、必ずしもデータ分析の専門家がいない場合でも、実務担当者によって進められる分析があることを強調しました。実際、非専門家によるデータ分析への取り組みは、多くの場面で強く推奨されています。

　それは、IoT の発展やデータインフラに関わるコストの低減に伴い、データの蓄積量が増大し続けている一方で、市場に存在するデータ分析の専門家（データサイエンティスト）の数が非常に少ないため、データ分析の専門家を雇用するためのコストがとても高くなっているからです。

　このような背景を踏まえ、実務担当者によるデータ分析活動として「**市民データサイエンティスト（citizen data scientists）**」という新しい概念などが提唱されています。

　ガートナー社（Gartner）によると、市民データサイエンティストとは「**高度な予測・判別能力を持つモデルを作成するが、主な職務はデータ分析以外の人**[1]」と定義されています。データ分析の専門知を持った現場担当者、という意味ではなく、高度なデータ分析モデルを作成できる**データ分析のためのツール・ユーザー**というニュアンスです。

　非専門家によるデータ分析という意味で、前項で紹介した「現場担当者によるデータ分析」という概念とほぼ符号するとも言えます。便利な分析用のツール（分析ツールやBIツール）が急速に広がり、データ分析を行う現場担当者の武器が高度化していくということをガートナー社は想定しています。

3-1-2　データ分析の知識が必要となるとき

　では、データ分析の専門的な知識（専門家）が必要となるタイミングはどのようなときでしょうか。前項で取り上げた仮説をもう一度振り返りながら、「データ分析の専門家がいる／専門知識がある」ことによって何ができるようになるかを概観してみましょう。

---

[1]　a person who creates or generates models that use advanced diagnostic analytics or predictive and prescriptive capabilities, but whose primary job function is outside the field of statistics and analytics. の 著者意訳（Gartner 社 Web：https://blogs.gartner.com/carlie-idoine/2018/05/13/citizen-data-scientists-and-why-they-matter/）

・商品Aはおそらく20代女性に最もよく売れているだろう

現場担当者のデータ分析
　　性別×年代ごとに商品Aの購買金額（もしくは平均購買金額）を表かグラフにして比較する

データ分析の知識があればより複雑な問題に挑むことができる
　　現場担当者が、実際には年齢や性別だけではなく職業や地域など、さまざまな属性を考慮したうえで、商品Aの購買層を特定したかったのですが、たくさんの属性を一度に相手にすることに伴う**複雑さ**を避けるために、問題をシンプルな形にしていたと想定してみましょう。データ分析の専門家はそのような、現場担当者が感じる**複雑さ**を解消する手助けをすることができます。
　　たとえば、重回帰分析のような**多変量解析**の手法を使うと、商品Aの購買度合いについて性別×年代×職業・・・などのように、多数の属性からの影響を個別に検証することができます。
　　これによるとたとえば、20代女性の中でも学生に支持されているとか、（どの年代にいちばん売れているかと言われれば20代ではあるが）年代の影響は相対的に非常に小さく、性別や職業の影響が大きい、ということが確認できるでしょう。

・商品Bを買った人は、そうでない人と比べて商品Cを買いやすいだろう

現場担当者のデータ分析
　　商品Bを買った人のうち商品Cを買った人の割合と、全体における商品Cを買った人の割合を比較する

データ分析の知識があればより規模の大きな問題に挑むことができる
　　この仮説を持っている担当者の本当の目的が「商品Cを買いやすい人はどのような人か？」であるならば、分析対象を「商品Bを買った人」に絞る必要はなく、「ある特定の商品を買った場合に商品Cを買いやすくなるというルール」を全商品にわたって検証して、特に顕著なルールを抽出したほうがよいでしょう。
　　データ分析の専門家は、効率的なコーディングや大規模データの扱いについての技術知識により、現場担当者が（ときとして無意識に）回避してしまう、このような規模の大きい課題に直接取り組むことができます。
　　これによってたとえば、商品Bを買った人のうち30%が商品Cを買うという傾向が明らかになると同時に、商品Xを買った人のうちでは**50%**が商品Cを買うと

いう傾向が明らかになるかもしれません。

・Web広告のデザインEとFではどちらが顧客の反応がよい（クリックしやすい）
だろうか

現場担当者のデータ分析

　Web広告Eを2週間表示させた後に、Web広告Fを2週間表示させ、各広告のク
リックされた数を比較する

データ分析の知識があればより適切に問題の不確実性に挑むことができる

　この担当者にデータ分析の専門知識がない場合、2週間という期間が「何となく」
で決められている可能性があります。このような「何となく」によって進められた
実験による意思決定が、どのような点で問題があるのか、以下のような例で確認し
てみます。

　たとえば、2週間という期間ではそもそも、Web広告が閲覧された回数がほとん
どないかもしれません。それぞれの閲覧回数が数十回程度にも関わらず、クリック
回数の優劣を比較することは、単に**「たまたま」先に数回程度多くクリックされた
だけのWeb広告**を、本質的な意味で優れた広告だと判断してしまいかねない危険
があります。今後数百回、数千回という閲覧回数を積み上げた後にも、その優劣が
保たれている保証はまったくありません。

　これは2枚のコインを3回ずつ投げて、たまたま表が多く出たほうのコインを「表
が出やすいコイン」と判断することと同じくらいのナンセンスです。3回程度のコ
イン投げであれば、3回すべてが表になることも、3回すべてが裏になることも十
分大きな確率で発生しうることであり、たかだか3回の結果をもって何か**傾向の差**
を判断することは難しいでしょう。

　それでは、どの程度の閲覧数があれば、統計学的な根拠をもってWeb広告の優
劣を比較できるでしょうか？　これについての回答を与えるのは**「統計学的な仮説
検定」**（とその応用である**ABテストや実験計画など**）と呼ばれる分野であり、仮
説検定の活用シーンは、データ分析の専門知識が必要とされるシーンとしての典型
例と言えるでしょう。

　統計学的な知識によって必要な閲覧数が得られれば、逆算して必要な実験期間も
推定することができます。合理的な実験期間として10日程度の期間があれば十分
だとされる場合に、1カ月もの期間を実験に使ってしまう場合などを考えれば、デー
タ分析の専門知識が、意思決定の合理化だけではなく、**効率化**にもつながることが

理解できます。

3-1-3　データ分析の専門知識が武器になるとき

　ここまで見てきたように、データ分析自体は必ずしも専門家ではなくても実施できき、また十分な効果を発揮する場合も多いと言えますが、データ分析の専門的知識があればさらに、以下のような発展的な事柄が可能となります。

・ クロス表にまとめられないような多数のデータ（変数）の影響関係を調べて、データの持つ**複雑さ**に対処することができる
・ Web 広告の例のように、優劣比較に伴う**不確実さ**に対処することができる
・ EC サイトの例のように、**大規模データ**から**自動的に（購買ルールなど）有益**な特徴を抽出することができる

　データ分析に伴う**複雑さ・不確実さ・規模の大きさ**とは、そのまま現実の持つ複雑さ・不確実さ・規模の大きさに対応しています。したがってより困難な現実課題に対処するためには、データ分析の専門知識が必要になると言えるでしょう。

　ところで、2変数以上の変数を同時に扱うことや、統計学的仮説検定の技術、ビッグデータ処理による特徴的なパターンの自動抽出などを適切なタイミングで活用するには、そもそもそのような技術が存在するということを**あらかじめ知っておく必要があります**。

　そして、現場担当者が、ある程度のデータ分析の知識を持っていれば、自身でその技術を活用できなかったとしても、データ分析技術の適切な活用シーンに気づくことができるため、データ分析の専門家へ適切なタイミングで**分析依頼**を発注できるようになります。

　専門家を適切に活用するという観点からも、現場担当者がデータ分析の基礎教養を身につけておくことの必要性は、今後ますます高まっていくことでしょう。

　次節からは、データ分析活用の規模を少し大きくして、データ分析の専門家（データサイエンティストや機械学習エンジニアなど）を含む**データ分析チーム**によるデータ分析プロジェクトの進め方を扱います。

3

データ分析の活用とプロジェクト

3-2 データ分析プロジェクト

　本節では、サービス設計やプロダクト開発の主要な技術としてデータ分析の技術を用いるプロジェクトや、経営上の意思決定のために計画的なデータ分析を行うプロジェクトを**データ分析プロジェクト**と呼ぶことにします。

　たとえば、機械学習を利用して予測モデルを作成し、作成した予測モデルを既存のシステムに組み込むとともにシステム利用のための業務フローの変更を行うようなプロジェクトなどを想定してください。

　データ分析プロジェクトといっても、その運用において通常のプロジェクト・マネジメントの原則から外れることはできません。たとえば、

・ガントチャートやタイムラインを作成してプロジェクトの進行を管理すること
・業務フローの変更やデータ取得の必要性などを考慮して社内の重要人物（ステークホルダー）を巻き込んでおくこと
・プロジェクトの実現可能性やインパクトをあらかじめ見積もること

などのことは、プロジェクト・マネジメントの基本として、データ分析プロジェクトにおいても一貫して重要です（プロジェクト・マネジメント一般の知識についてはPMBOK［Project Management Body of Knowledge］が詳しいです）。

　一方で、データ分析プロジェクト固有の特徴、というものもあります。

　たとえば、タイムマネジメントやインパクトの見積もりなど、ここに挙げた1つ1つの項目についても、データ分析プロジェクトにおける固有の特徴と難しさが存在します。そのような特徴を理解し、データ分析プロジェクトを効果的に進めるためには、データ分析プロジェクトの**プロセス**を学ぶことが必要です。

　次項以後では、データ分析プロジェクトの**プロセス**をさまざまな観点から扱っていきます。

3-2-1 データ分析のプロセスモデル

　データ分析プロジェクトのプロセスを記述する方法（**プロセスモデル**）は1つではなく、データ分析の目的や、注目している観点に応じて、さまざまなプロセスモデルが存在します。

　データ分析についてのほとんどのプロセスモデルでは、**ビジネス課題の明確化**など、データ分析によって解こうとしている現実課題の理解をプロセスの起点に置き、

その後で**データの準備**（データ収集やデータ取得）というプロセスを設置しています。ビジネスを理解することで、初めて取得すべきデータが明らかになるからです。

図：データ分析のプロセスモデル例

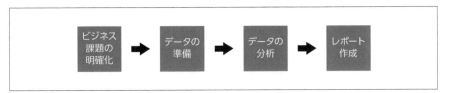

データが準備されると、データ分析のプロセスを進めることができるようになります。分析された結果は、レポートやプレゼンテーションの形で報告され、当初の仮説に結論を出したり、ビジネスに新しい知見を加えたりすることで意思決定に貢献します。

上に示したプロセスモデルはとてもシンプルなものなので、データ分析プロジェクトであれば当然どのプロセスも欠かさずに行われていると思われるかもしれませんが、実際にはいくつかプロセスがスキップされ、その結果としてプロジェクトが失敗に終わる例が少なくありません。

次項から、データ分析のよくある失敗例や特徴を、プロセスモデルと対応させることで理解できるようにしていきます。

3-2-2　データ分析プロジェクトのよくある失敗例：「データがあるからとりあえず分析」

前項で強調したように、データ分析プロジェクトのプロセスモデルの起点が、ビジネス課題の明確化や、現実理解となっていることは、非常に重要です。直面している課題の詳しい理解なしに、**取得すべきデータ**がどのようなものかを見定めることはできないからです。

ところが実際には、ビジネス課題が十分に明確化され**ない**まま、データ分析プロジェクトが動き出すことがあります。目的が明確化されずにプロジェクトが動き出すということにピンとこない方も多いと思いますが、「データは膨大にあるのだから、とりあえず分析してみれば何か知見が得られるであろう」というパターンの分析が、それにあたります。

「**データがあるからとりあえず分析**」という発想は、おそらくデータ分析のメリットやビッグデータの持つ価値が間違った方向に誇張されたために根付いた発想かと

データ分析の活用とプロジェクト

思われますが、明確な目的や方向性のない「分析」によって、価値のある結果が出ることは非常にまれでしょう。

　このようなデータ分析は、プロセスモデルにおける起点部分が空白化したものと言えます。

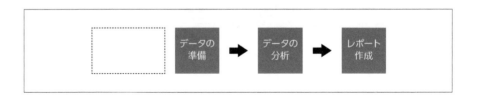

3-2-3　データ分析プロジェクトのよくある失敗例：「手元のデータで十分」

　一方、ビジネスがよく理解され、ビジネス課題が明確化されていたとしても、課題についての理解とデータの取得が**結びつかずに**データ分析が進められている例もたくさんあります。

　ビジネス課題を理解することによって必要データにあたりをつけてからデータ収集を行う**のではなく**、ビジネス課題の理解の程度に関わらず、**手元にあるデータのみ**を分析の対象としてプロジェクトを進めてしまうという事例です。

　欠かすことのできないデータを欠いてしまっては、どのように技巧を尽くしても、データ分析を有効に進めることはできないでしょう。たとえば、新規出店する店舗の売上予測モデルを作るときに、出店地域の人口データ（商圏人口など）を用いずに予測を行っても、精度の高い売上予測が難しいことは明らかです。

　ところが実際には、必要な情報はすべて「手元にあるデータ」に含まれているという根拠のない前提のもとで分析プロジェクトを進めてしまう例というのは少なくありません。

　このような例は、プロセスモデルにおいて「ビジネス課題の明確化」から「データの準備」へのパスが空白化してしまっている状態として表現することができます。

3-2-4 データ分析プロジェクトの不確実性と「手戻り」

前項では、単純化されたプロセスモデルを用いて、データ分析プロジェクトのよくある失敗例を扱いました。しかし、ここまでに扱ったプロセスモデルでは、データ分析プロジェクトが持つ顕著な特徴である「手戻り」が表現されていません。「手戻り」とは、プロジェクトのあるプロセスの途中で問題が発見され、前のプロセスに戻ってやり直すことを指しますが、データ分析では一般に手戻りが**非常によく**発生します。たとえば、

・取得を見込んでいたデータに重要な情報が足りないことがわかったので、新たに必要データの収集が必要になった。
・手元のデータから売上の予測モデルを作成したが予測の精度が高まらなかったので、改めて別の種類のモデルを作成することにした。

というような場面です。最初の例では（現状がどの段階かに関わらず）「データ準備」のプロセスに戻っており、後者の例では、使用するモデルの種類を変更することに応じて「データ加工」のプロセスまで戻って作業を行う必要があります。場合によっては前者同様、「データ準備」まで戻ることもあるでしょう。

3-2-5 データ分析の不確実性

データ分析プロジェクトにおいて「手戻り」が発生する理由は、データ分析という作業が根本に抱える**不確実性**にあります。

データ分析の目的はそもそも現実の持つ「不確実性」への対処であるとも言えます。たとえば来月の需要（という不確実な値）を予想する、顧客の購買行動（という不確実性の高い行動）を理解する、などの例を考えると、データやデータ分析に、不確実な現実へ対処するためのツールという側面があることが理解できるでしょう。

データ分析の扱う対象が不確実性であれば、データ分析プロセス自体にも不確実

性が含まれるということを理解できます。明確な仕様や期間を定めて開発を始める
プロジェクトと異なり、データ分析による結果を予見することは一般に非常に難し
く、そのためプロジェクトの各プロセスは行ったり来たりを繰り返すことになりま
す。これが「手戻り」です。

　データ分析プロジェクトにおいては、「手戻り」の発生は例外的な事象**ではなく、**
基本的な事象として捉えられるでしょう。

3-2-6　手戻りやループを含むプロセスモデル：CRISP

　データ分析では手戻りが頻繁に発生するという特徴から、データ分析プロジェク
トを表現する多くのプロセスモデルにおいて、**双方向矢印**（⇆）や**ループ記号**が
使われています。

　たとえば以下の図は、**CRISP**と呼ばれる有名なデータ分析プロセスモデルです
が、ビジネス理解とデータの理解、データの準備とモデリングなどが双方矢印で結
ばれ、プロセス全体が**ループ**で囲まれています。各工程の手戻りも、プロセス全
体の反復も例外的なことではなく、むしろ標準的なことである、ということが顕著
に表現されたモデルと言えるでしょう。

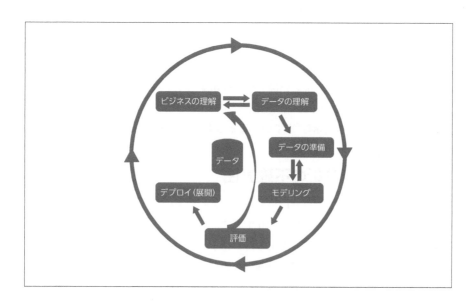

3-2-7　データ分析のプロセスモデルの例

　ここでは、手戻りを含むプロセスモデルの例を元にして、データ分析プロジェクト全体をより詳しく見ていきます。

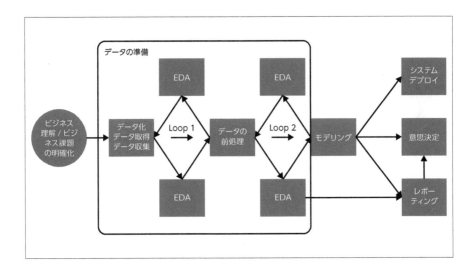

　このプロセスモデルは、データ分析の成果物として**分析モデル**か**レポーティング**が与えられるという、よくある状況を表現しています。**分析モデル**とは、目的としたデータの予測を行う式あるいはシステムのことであり、**モデリング**とはそのような分析モデルを開発することです。

　たとえば、気温のデータから飲料の売上を予測するための式を求めることなどは、モデリングに該当します。一方、レポーティングとは、データもしくは分析モデルから得られた知見を報告書やプレゼンテーションの形でまとめることを指します。

　モデルやレポートを成果物としながらプロセスは進み、それら成果物を用いて経営上の意思決定を**支援**するか、既存業務やシステムを自動化・最適化することにより業務貢献することで、ゴールとなります。

　さて、このプロセスモデルの中には2つのループ（**Loop 1**と**Loop 2**）があります。これはデータ分析における手戻りが、**EDA（探索的データ分析、後述）**と呼ばれる**データ理解**のプロセスを経由して行われる、ということを強調した表現です。

　それぞれのプロセスを少し詳しく見てみましょう。

ビジネス理解 / ビジネス課題の明確化→データ化：データ取得

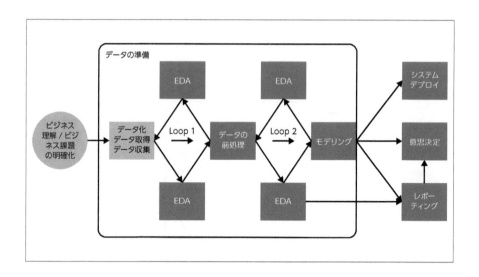

　プロセスの初めは、直面しているビジネス課題を理解して、解くべき課題をデータ分析課題に**翻訳**することです。この過程は、「第2章 ビジネス課題とKPIツリー」で与えられたKPIツリーなどのツールを用いて行われる場合があります。

　ビジネス課題を理解すると、課題を解くために必要なデータの準備が始まります。必要なデータがすでにどこか（たとえば社内データベース）に蓄積されている場合には、データの収集を行い、まだ必要なデータが存在しない場合にはデータを**作る（データ化する）**必要があります。「データ化」とはたとえば、店舗への来店客数の予測モデルを作成するにあたって、日ごとの来店客数のデータが数カ月分必要という状況で、店舗入口に**センサー**を設置して来店客数を計測する（＝来店客数データを作る）、というようなことを指しています。

　一般的に、目的にかなう**品質の高いデータ**を取得することの効果は非常に大きく、良いデータを準備できれば、**モデリング**の技巧に投資をしなくても、ある程度の予測精度を実現できる場合が多い一方、データ品質が低かったり、データが課題とリンクしていないものであれば、モデルに対してどれだけ技巧を凝らしたとしても、良い成果は出せません。

　たとえば、**主として気温に連動して売上が大きく変わるアイスクリーム屋**を考えてみましょう。このアイスクリーム屋の売上予測モデルを作成する際に、使用するデータにそもそも気温のデータが含まれていないのであれば、扱うモデルの種類や

データの前処理をどれだけ工夫したところで高い予測精度は期待できないでしょう。

　つまり、**データ分析の品質**を大きく左右するポイントは、扱っている課題を正しく理解する（気温に連動して売上が大きく変わるということを理解する）ことと、課題の理解に基づいて最低限、確保しなければいけないデータを確保する（気温のデータを確保する）ことという、データ分析プロセスモデルにおける**上流部分**にあるということです。

　前の項で見たような、「とりあえずデータがあるから分析しよう」や「手元のデータだけで分析しよう」という姿勢は、データ分析プロセスの上流を蔑ろ（ないがしろ）にしているという点で、やはり有効なデータ分析ができる見込みが低いと言えるでしょう。

　次に、プロセスモデルに含まれるループを見ていきましょう。

▶ Loop 1：データ取得→データの前処理

　取得/収集されたデータは、入力ミスや入力形式・書式の不揃いなどによって、集計や分析で使いやすい形になっていないことが多いため、**データの前処理**、というプロセスを通して整理されます。

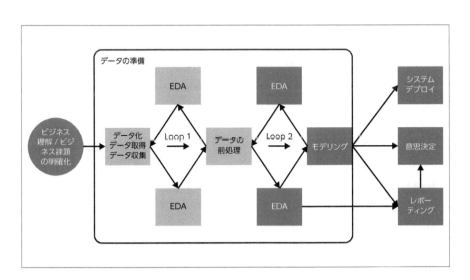

　どのようなデータを前処理するべきかは、データを理解することで少しずつ明らかになります。

　与えられたデータに対して、集計や整理を行ったり、さまざまな可視化を行った

りしてデータの特徴や構造についての理解を深めていく作業のことを、**EDA（探索的データ分析）**[※2] と呼びます。前処理段階でEDAを行うと、データの理解が進み、必要な前処理が明らかになることがあります。

　一方、前処理後のデータにEDAを行うと、手元にあるデータがデータ分析の目的に照らして十分なデータであるかどうかを確認できます。その結果、データが十分でないと判断された場合には、新たにデータ取得作業が追加されるでしょう。

　つまり、**前処理段階のデータのEDAは必要な前処理を明らかにし、前処理後のデータのEDAは必要データを明らかにします。**Loop 1はそのような状況を表現しています。もちろんデータ量やデータの列数が少ないときにはあえてEDAというようなプロセスを行う必要はなく、直接前処理を行うこともできます。

▶ Loop 2：データの前処理→モデリング / レポーティング

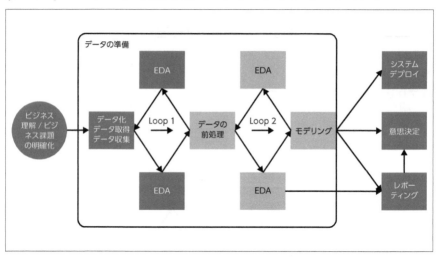

　前処理されたデータはEDAによって詳しく性質や特徴が調べられたのち、モデリングに使われるか、あるいはレポートにまとめられます[※3]。

　詳しくは後の章で扱いますが、分析モデルを作ることは、**それ自体が1つのEDAと言える**側面を持っています。

　たとえば、気温のデータから飲料の売上を予測するためのモデル（式）を作成した結果、モデルの予測精度がまったく高くなかったとします。この場合は単なるモ

※2　EDA の詳細については「第4章 データの準備」で扱います。
※3　レポーティングの流れは「第5章 リサーチとレポーティング」で、モデリングの流れは「第6章 予測モデルを使ったデータ分析」で扱います。

デリングの失敗**ではなく**、「気温と売上の関係性は低い」という1つの**インサイト（知見）**を提供する分析として扱われます。

　最初のモデリングによって得られた新たな知見をもとにして追加的なEDAを行った後は、改めてモデリングが行われ、モデルの品質が追求されていきます。モデリングが複数回行われることは、例外的なことではなくむしろ一般的なことです。Loop 2はこのようなプロセスを表現しています。

▶ モデリング→意思決定 / レポーティング / システムデプロイ

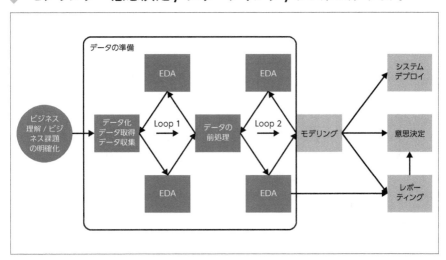

　モデリングやレポーティングが行われた後は、意思決定者への分析結果の報告や、業務システムへの組み込み（**デプロイ**）などが行われます。

　業務に有用なモデルができ上がった場合、モデル運用を手動のまま放置しておくことは望ましくないでしょう。データが**自動**でモデルにインプットされ、予測結果が適宜共有されるように、システムに組み込んでおく必要があります。

　ここまで見てきたように、データ分析プロジェクトをマネジメントするには、**不確実性＝手戻りとループの発生**という特徴を当初から念頭に置くことが重要なポイントであると言えます。

　ただし、不確実性を折り込み済みでプロジェクトを開始するといっても、不確実性の程度については、プロジェクトのなるべく早い段階である程度、評価できることが望ましいでしょう。

　与えられたビジネス課題に対してそもそもデータ分析が妥当な解決方法なのか、

検討しているアプリケーションや予測モデルの作成は（予算や人的リソース、技術的レベルの面で）実現可能なのか、本当に想定している程度のビジネスインパクトがありそうか、モデルの予測精度はおおよそどの程度までいきそうなのか、などを初期段階で検討できていると、プロジェクト完了までのスケジュールを<u>おおよそ見</u>積もることができますし、場合によっては実現不能なプロジェクトにリソースを投下し続けてしまう危険を避けられます。

3-2-8　PoC と不確実性

データ分析プロジェクトや、AIや機械学習を用いたプロダクト開発の現場で、プロジェクトの有効性や実現可能性、予測の精度などを短期に**検証**するために、試作品を作成して実証実験を行うプロセスは**PoC（Proof of Concept：概念実証）**と呼ばれます。

PoCを含むプロセスモデルの例は、以下の図のような形になります。PoCのプロセスではモデリングまでのプロセスがショートに実行され、その結果が評価されます。PoCを得て実現可能性やビジネスインパクトが小さいと判断されたプロジェクトは、その後のプロセスに進むことはありません。このようなプロジェクトはPoC止まり（もしくはPoC疲れ・PoC死・PoCの壁など）と呼ばれます。

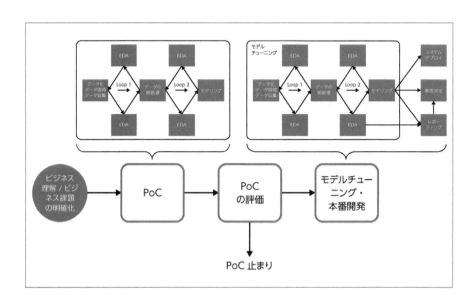

PoC止まりになるということは、投資効果の低いプロジェクトを回避できるとい

うことで、それ自体悪いことではないのですが、一方で、実際のビジネスやサービスにはつながっていないということなので、PoC止まりばかりが発生する場合はやはり問題です。

3-2-9 PoC 止まりはなぜ起こるのか

前項で述べたとおり、PoC止まりは必ずしも悪いものではありません。また、データ分析関連のプロジェクトに不確実性が付随することが避けられないのであれば、PoCを複数行い、見込みのあるプロジェクトのみビジネスに乗せることが合理的でしょう。

しかしPoC止まりは、データ分析の不確実性に由来するものばかりではありません。企画段階での計画不足に由来するものも多くあります。

たとえば、PoCで予測モデルを作成してみたら想定していた予測精度に到達しなかった、というのであれば不確実性の問題になりますが、PoCで作成した予測モデルに対して、どの程度の予測精度があれば合格とするかについての事前の合意基準がなかったとしたら、それは企画段階での失敗と言えるでしょう。

3-2-10 KPI とリンクしていない PoC は失敗する

それでは予測精度の合格ラインはどのように決められるのでしょうか？ たとえば、予測モデル（1〜9までの手書き数字の画像を判別するモデルをイメージしてください）の正解率が80%であれば、数字上は予測精度が高いように見えるかもしれません。しかし80%という数字それ自体によって、予測モデルの合否を決めることはできません。

まず、現状使用している既存モデルの予測精度が80%以上だった場合、もちろん予測精度80%の新モデルを採用することはできないでしょう。仮に80%以上の精度を持つ予測モデルを作成できた場合でも、ビジネスインパクト（投資効果）がほとんどないモデルであれば、そのモデルを採用する意義は非常に小さくなります。

つまり、ビジネス領域において、予測モデルの精度はビジネスインパクトの大きさから評価されるべきものです。PoCの段階で到達すべき予測精度の合格ラインも、ビジネスインパクトの大きさを重要視し検討されるべきと言えます。

「第2章 ビジネス課題とKPIツリー」でお伝えしたように、ビジネスインパクトの見積もりは当該のビジネス課題に含まれるKPI（Key Performance Indicator）によって定義されます。結局はビジネス課題の明確化を丹念に行い、KPIと予測モデルの精度をリンクさせ、予測モデルのビジネスインパクトを明確に算出できる状

態にしておくことが望ましいです。

3-2-11　PoC を複数行う

　PoCを効率的に行うためには、企画段階でどのような指標がどのくらいの値を達成できれば、本番開発に進めるかを決める必要があります。特に、モデルの評価基準をビジネスインパクトの観点から定めておくステップが不可欠となります。基準が明確化されているのであれば、複数のPoCにトライすることが合理的でしょう。

　複数あるPoCをどのような順序で行うかの**優先順位付け**は、やはり各プロジェクトの実現可能性とビジネスインパクトの大きさから判断されるべきです。これは「第2章　ビジネス課題とKPIツリー」で扱った施策の優先順位付けと同様の考え方です。

　当該プロジェクトの実現可能性とビジネスインパクトを評価するには、そのための**準備**を行う必要があります。ビジネスインパクトを算定するためには、根拠となる式を導出するのに必要なデータを揃えておく必要がありますし、実現可能性を評価するには、予算や人的リソースを見込んでおくとともに、ステークホルダーを事前に巻き込んでおくことなども不可欠でしょう。これらのことをPoCが**終了した**段階で始めるのであれば、やはりPoC止まりで終わる可能性が高くなってしまいます。

3-3　データ分析プロジェクト・チームのマネジメント

　前節では、データ分析プロジェクトのプロセスについて、プロセスモデルを少しずつ発展させながら説明をしました。

　本節からはデータ分析プロジェクトを進めるうえでのチーム編成について扱います。

3-3-1 データ分析プロジェクト・チームの典型的な構成

　データ分析プロジェクト・チームの典型的な構成は、プロジェクト・マネージャーと、データ分析の専門家（**データサイエンティスト**と呼びましょう）、そして分析モデルや機械学習アルゴリズムをシステムに組み込む開発エンジニアからなります。この場合の各ポジションの役割を簡潔に記述すると、以下の表のようになりますが、**チームメンバーの構成は、そのときどきの課題の種類や規模、そして人・も**

の・金の制約の中で決定されるということに注意してください。たとえば、前節で扱ったように、現場担当者が自らデータ分析を行うという場合には、それぞれの役割を（規模は小さいですが）1人で担うことになります。

担当者	役割	領域
プロジェクト・マネージャー	① ビジネス課題を構造的に理解し、データ分析プロジェクトのロードマップを描いたうえで、解決まで導く役割	ビジネス領域の役割
データ分析担当	② 機械学習や統計学に関する知識を活用する役割	データサイエンス領域の役割
開発エンジニア	③ システムやプログラミングに関する知識を活用する役割	エンジニアリング領域の役割

データ分析プロジェクトの進行に応じた各ポジションの役割

データ分析プロジェクトをあえて（手戻りの記載を省いた）一方通行なプロセスモデルで表現した後、各プロセスでのそれぞれの役割を配置すると、プロジェクトの進行とともに各ポジションの関与がどのように変化していくかを、わかりやすく見ることができます。

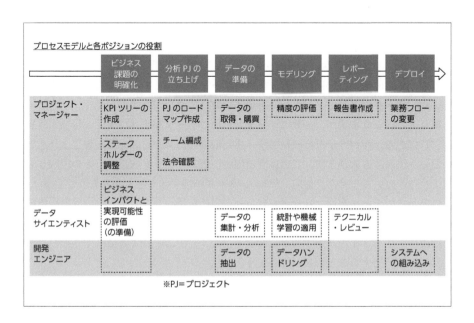

プロセスモデルと各ポジションの役割

	ビジネス課題の明確化	分析PJの立ち上げ	データの準備	モデリング	レポーティング	デプロイ
プロジェクト・マネージャー	KPIツリーの作成 / ステークホルダーの調整 / ビジネスインパクトと実現可能性の評価（の準備）	PJのロードマップ作成 / チーム編成 / 法令確認	データの取得・購買	精度の評価	報告書作成	業務フローの変更
データサイエンティスト			データの集計・分析	統計や機械学習の適用	テクニカル・レビュー	
開発エンジニア			データの抽出	データハンドリング		システムへの組み込み

※PJ=プロジェクト

　各プロセスの内部で複数のポジションが関わっている様子が明らかになりました。以下で、いくつかのプロセスを概観してみましょう。

データの準備

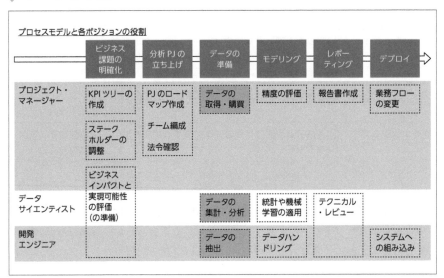

プロセスモデルと各ポジションの役割

	ビジネス課題の明確化	分析PJの立ち上げ	データの準備	モデリング	レポーティング	デプロイ
プロジェクト・マネージャー	KPIツリーの作成 ステークホルダーの調整 ビジネスインパクトと実現可能性の評価（準備）	PJのロードマップ作成 チーム編成 法令確認	データの取得・購買	精度の評価	報告書作成	業務フローの変更
データサイエンティスト			データの集計・分析	統計や機械学習の適用	テクニカル・レビュー	
開発エンジニア			データの抽出	データハンドリング		システムへの組み込み

　たとえば「データの準備」プロセスでは、データを揃えるという目的に対して、3者の関与が必要であるということが確認できます。まず、プロジェクト・マネージャーはプロジェクトに関係するデータの確保のため、関係各所（他部署やデータ販売業者）とのコミュニケーションを担当します。早い段階でデータ収集を開始し、必要データを確保できなければ、分析用のデータが集まるのが遅くなってしまうでしょう。データの遅れはプロジェクト全体の遅れにつながります。

　繰り返しになりますが、一般にデータ分析用のデータがすべて手元（自社・所属部署）にある、という状況はマレです。また取得したデータの品質が想定よりも悪いというケースもあります。このような場合、改めてデータ収集のための段取りを組まなければいけません。最悪、プロジェクトが頓挫することもありえるでしょう。

　外部からのデータ調達にはマネージャーが責任を持つ一方、データの品質や内容のチェックはデータ分析担当が行います。また、データベース・サーバーからのデータ抽出や、さまざまなチャネルからのデータを1カ所に統合する環境作りなどはエンジニアが担当することが多いでしょう。

　集められたデータが分析プロジェクトに要するものとして十分な量や質を持っていると言えるかどうかは、データ分析担当による探索的な分析＝EDAによって確

認されます。EDAはモデリングのための準備であると同時に、データ取得の工程が最後にパスすべき試験でもあるといえます。

3-3-2　データ分析プロジェクトのステークホルダー

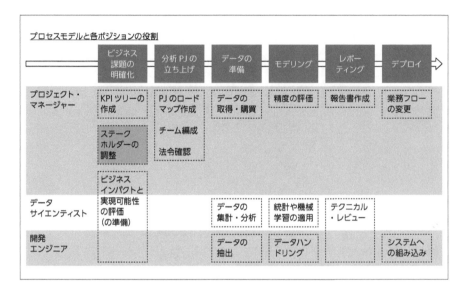

プロセスモデルと各ポジションの役割

	ビジネス課題の明確化	分析 PJ の立ち上げ	データの準備	モデリング	レポーティング	デプロイ
プロジェクト・マネージャー	KPI ツリーの作成	PJ のロードマップ作成	データの取得・購買	精度の評価	報告書作成	業務フローの変更
	ステークホルダーの調整	チーム編成 法令確認				
	ビジネスインパクトと実現可能性の評価（の準備）					
データサイエンティスト			データの集計・分析	統計や機械学習の適用	テクニカル・レビュー	
開発エンジニア			データの抽出	データハンドリング		システムへの組み込み

経営者やエンドユーザーなどのステークホルダーとのコミュニケーションは、プロジェクト・マネージャーによって担われます。

データ分析のプロジェクト運営をスムーズに進めるには、チームメンバーだけではなく、プロジェクトのステークホルダーを明確にしておくことが必要です。データ分析プロジェクトのステークホルダーとして特に重要なのは、トップ（経営層）と**エンドユーザー**でしょう。

作成された分析モデルや分析レポートが現場で役立てられるためには、それを実際に使う現場担当者たち（**エンドユーザー**）の十分な理解が得られていることと、そもそも経営層によってデータ分析を活用していこうという風土が奨励されていることが必要です。その意味で、プロジェクトの開始初期の段階から、エンドユーザーを巻き込み、これから行われる分析方針の是非や、モデルに対する期待/要望を吸い上げておくことが望ましいでしょう。

プロジェクト当初からエンドユーザーを巻き込むことは、**ビジネスインパクトにまつわる不確実性**を減らすためにも必要です。データ分析のビジネスインパクトを適正に見積もるには、当該ビジネスの現場担当者への詳しいヒアリングが欠かせな

3

データ分析の活用とプロジェクト

いからです。ビジネスインパクトの算定根拠（式）が間違っていれば、作成したモデルによって狙っている精度を出せたとしても意味がありません。

3-4 データ分析プロジェクトにおけるリスク

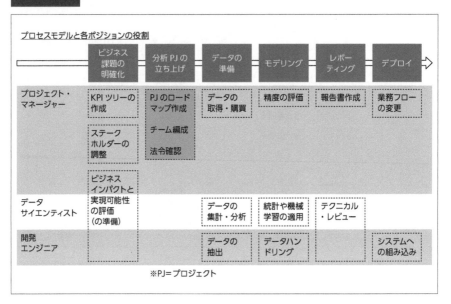

プロセスモデルと各ポジションの役割

	ビジネス課題の明確化	分析PJの立ち上げ	データの準備	モデリング	レポーティング	デプロイ
プロジェクト・マネージャー	KPIツリーの作成	PJのロードマップ作成	データの取得・購買	精度の評価	報告書作成	業務フローの変更
	ステークホルダーの調整	チーム編成 法令確認				
	ビジネスインパクトと実現可能性の評価（の準備）					
データサイエンティスト			データの集計・分析	統計や機械学習の適用	テクニカル・レビュー	
開発エンジニア			データの抽出	データハンドリング		システムへの組み込み

※PJ＝プロジェクト

データ分析プロジェクトでは「データを扱う」ことのリスクとして、外部パートナーとの協働に伴うリスクや、個人情報の扱いに伴うリスクなどを考える必要があります。

たとえば、分析モデルの開発やデータの提供のために外部の企業と協力することはよくあります。このような場合、データの取り扱い方とデータの所有権（オーナーシップ）は重大なテーマであり、多くの企業はデータのセキュリティを保護し、誰がデータにアクセスできるかを厳しく管理しています。

また、近年では個人情報や営業秘密の流出による損害賠償に関するニュースを耳にすることは多いでしょう。そのような問題が発生するとプロジェクトに甚大な影響を及ぼします。

データ分析プロジェクトを立ち上げるにあたり、情報漏洩のリスクをゼロにできる可能性はほぼ皆無です。情報漏洩リスクを少しでも減らすためには、データを扱うセキュリティの確保とともに、データの扱い方が「個人情報の保護に関する法律」（以下、「個人情報保護法」）に準拠しているか、個人情報はもとより自社の機密情

報が流出しないよう第三者との業務委託契約を適切に締結できているか、などを確認する必要があります。

　次項では、データ分析プロジェクトと関わる法律として個人情報保護法を、また外部パートナーとの連携については業務委託契約の取り扱いを取り上げます。ただし、データに関わる法律の詳しい話については専門書をご確認ください。
　なお、本節で扱う「個人情報保護法」は日本の法律ですが、国際的にもデータにまつわる法・規則が数多くあります。たとえばEUの規則として、「一般データ保護規則（GDPR）」は有名です。特にビジネス範囲がグローバルにわたる場合には、GDPRについても知っておく必要があります。

3-4-1　個人情報保護法

▶ 目的と趣旨

　個人情報保護法は、個人が平穏に生活する利益等の「個人の権利利益を保護することを目的」（個人情報保護法第1条）としています。そのため、流出することで、「個人の権利利益」を害する可能性のある情報について、その情報を扱う事業者に対して、一定の義務を課しています。
　反面、「個人情報の有用性に配慮しつつ」権利利益を保護する（同法第1条）とも述べており、企業が個人情報を活用してビジネスを行う側面も認めています。
　そこで、個人情報保護法は、両者のバランスをとって、「個人情報」に該当する情報を限定しつつ、「個人情報」を扱う事業者に対して義務を課しています。
　以降で、「個人情報」の定義と、事業者としての義務を扱います。

▶「個人情報」の定義

「個人情報」（個人情報保護法第2条）は、

（ⅰ）「生存する個人に関する情報」であって、かつ、（ⅱ）「当該情報に含まれる氏名、生年月日その他の記述などによって特定の個人を識別できるもの（他の情報と容易に照合することができ、それによって特定の個人を識別することができることとなるものを含む。）」、又は、「個人識別符号が含まれるもの」

と定義されています。
　ここで、「個人識別符号」とは、次の①または②のいずれかに該当する文字、番号、記号その他の符号のうち、政令で定めるものをいいます。

①特定の個人の身体の一部の特徴を電子計算機の用に供するために変換した文字、番号、記号その他の符号であって、当該特定の個人を識別することができるもの（個人情報保護法第2条第2項第1号）

②個人に提供される役務の利用若しくは個人に販売される商品の購入に関し割り当てられ、又は個人に発行されるカードその他の書類に記載され、若しくは電磁的方法により記録された文字、番号、記号その他の符号であって、その利用者若しくは購入者又は発行を受ける者ごとに異なるものとなるように割り当てられ、又は記載され、若しくは記録されることにより、特定の利用者若しくは購入者又は発行を受ける者を識別することができるもの（個人情報保護法第2条2項2号）

「個人情報」該当性の判断

上記「個人情報」に関する立法担当者の政府答弁など立法の経緯に鑑みると、ある情報により「特定の個人を識別できる」かどうかは、「**(a) 個人特定性、または、(b) 識別性＋ (c) 容易照合性**」によって判断されると言われています。

(a) 個人特定性

まず、「特定の個人を識別できる」情報の典型が、**氏名**です。本人と同姓同名の人が存在する可能性もありますが、社会通念上、「氏名」が第三者に知られた場合、該当する個人を特定でき、それが悪用された場合、該当する個人の生活の平穏が乱されることは明らかであるからです。

もっとも、氏名でなくても、不可変性（ずっと変わらない情報であること）、汎用性（一般的に用いられる情報であること）、本人到達性（当該情報から個人を特定できること）などから、個人を特定できる場合には、「個人情報」に該当すると判断されます。**通称**は、汎用的に用いられており、本人到達性が高いことから、「特定の個人を識別できる」情報と言えそうです。

(b) 識別性 ＋ (c) 容易照合性

「個人を識別できる」情報（**識別性のある情報**）とは、ある情報が誰か1人の情報であることがわかること（ある情報が誰の情報であるかがわかるかは別にして、ある人の情報と別の人の情報を区別できること）です。

ある情報について識別性が認められる場合には、容易照合性を合わせて、「他の情報と容易に照合することができ、それによって特定の個人を識別することができることとなるもの」と言えるかどうかを判断します。

　容易照合性とは、識別性のある情報を他のデータベース等と照合することが可能かどうかを判断することです。その判断は、当該事業者の保持するデータによって行われます。

　たとえば不動産会社AがWebページに内覧希望者を募り、応募フォームに以下のような情報を入力してもらう場合を想定してみましょう。

```
＜入力フォーム＞
氏名
住所
電話番号
Email アドレス
生年月日
年収
購入予定スケジュール
(「できる限り早く」、「数カ月以内」、「1 年以内」、「数年以内」、「情報収集中」)
```

　内覧申し込みフォームに入力された情報は、不動産会社Aがデータベースで管理しているとします。

　内覧申し込みフォームに入力された情報のうち、「氏名」は「特定の個人を識別できる」情報であるため、個人特定性の観点から「個人情報」に該当します。

　また、内覧申し込みフォームに入力する名前以外の情報のうち、生年月日、Emailアドレス、電話番号、住所については、誰か1人が持つ**識別性**のある情報です。またこれらの情報は、当該のデータベースに含まれる情報（たとえば「氏名」）と**容易に照合**され、それによって個人を特定することができます。つまり、「他の情報と容易に照合することができ、それによって特定の個人を識別することができることとなるもの」と言えます。

　したがって、内覧申し込みフォームに入力する名前以外の情報（生年月日、Emailアドレス、電話番号、住所）であっても、識別性と容易照合性の観点から、「個人情報」に該当すると言えます。

　他方で、購入予定スケジュールについては、個人の属性とは関係のない情報であるため、「他の情報と容易に照合することができ、それによって特定の個人を識別することができることとなるもの」の要件は満たしません。

　このことから、内覧申し込みフォームに入力した情報のうち、「購入予定スケジュール」については、顧客が分析に利用することに同意していない場合であっても、データ分析に用いることはできると解することができます。

3-4-2　「個人情報取扱事業者」の義務

　個人情報保護法は、「個人情報」を事業に供している者（「個人情報取扱事業者」）に対して、情報取得・保管・利用のそれぞれの過程で、一定の義務を課しています。以下では、個人情報取扱事業者の主要な義務を確認し、それぞれ不動産会社A社を例に確認してみます。大きく分けて4項目あります。

▶ 主要な義務とA社の対応

①個人情報を取り扱うに当たっては利用目的をできる限り特定し、原則として[※4]利用目的の達成に必要な範囲を超えて個人情報を取り扱ってはならない。（個人情報保護法第15条、第16条）

　A社は「個人情報取扱方針」などをあらかじめ作成して「個人情報の利用目的」などを記載しておく必要があります。またその際、利用目的はできる限り特定されていることが望ましいでしょう。

②個人情報を取得する場合には、利用目的を通知・公表しなければならない。なお、本人から直接書面で個人情報を取得する場合には、あらかじめ本人に利用目的を明示しなければならない。（個人情報保護法第18条）

　A社は、作成した「個人情報保護方針」をWebサイトなどに掲載しておく必要があります。また、顧客が入力フォームから情報を送信する前に、必ず「個人情報保護方針」を読んでもらうよう促す仕組みを作り、本人に利用目的を明示する必要があります。

③個人データを安全に管理し、従業員や委託先も監督しなければならない。（個人情報保護法第20条、第21条、第22条）

　A社は、取得した個人情報を含むデータについて、情報流出がないよう、社内で情報セキュリティ規程等を定め、従業員に対して監督をする必要があります。仮に、データ分析を業務委託する場合については、業務委託先の情報セキュリティ規程のチェックなどをする義務があることを示しているものと考えられます。

※4　本人の同意が得られた場合、などが原則外に該当します。

④あらかじめ本人の同意を得ずに第三者に個人データを提供してはならない。（個人情報保護法第23条）

したがってA社は管理している個人情報を、（個人の同意なしに）第三者に委託してデータ分析を行うことは**できません**。

▶ 匿名加工情報

それでは、A社が取得した「個人情報」（ここでは、住所やEmailアドレスを指します）を用いて、データ分析を行うことは個人情報保護法に反するのでしょうか。

この点に関して、個人情報保護法改正において、立法担当者は「**匿名加工情報**」という新たな概念を導入しています。

「匿名加工情報」とは、「特定の個人を識別することができないように個人情報を加工して得られる個人に関する情報であって、当該個人情報を復元することができないようにしたもの」（個人情報保護法第36条第1項）

のことです。

「個人情報」を「匿名加工情報」に加工したと言える場合には、個人情報保護法の適用が除外されるので、A社は、「匿名加工情報」に加工した「個人情報」を用いたデータ分析業務を、第三者に委託することができると考えられます。

「匿名加工情報」の詳細については、ここでは省略します。関心がある方は、改正個人情報保護法を参照してください。

個人情報保護法の「3年ごと見直し」

個人情報保護法は、改正個人情報保護法が施行された2017年以降、3年ごとに必要に応じて改正の措置をとるとされています。**3年ごと見直し**の目的としては、社会・経済情勢の変化などに対応して、個人情報の保護と利用のバランスをとることなどが挙げられています（個人情報保護委員会「個人情報保護法　いわゆる3年ごと見直し制度改正大綱」）。

前回の施行から3年となる2020年の改正では、各項目について以下のような改正がなされました（紹介している変更点は一部です。詳しくは改正個人情報保護法を参照してください）。

3

データ分析の活用とプロジェクト

- 6カ月以内に消去する「**短期保存データ**」についても、保有個人データに含めることとし、開示、利用停止等の対象とするようになった
- 事業者に対し、個人情報の漏えい等が発生し、個人の権利利益を害するおそれがある場合に、個人情報保護委員会への報告及び本人への通知を義務化した
- 個人情報保護委員会による命令違反・委員会に対する虚偽報告等の法定刑を引き上げた
- イノベーションを促進する観点から、氏名等を削除した「**仮名加工情報**」を創設し、内部分析に限定する等を条件に、開示・利用停止請求への対応等の義務を緩和した

　新たに導入された「**仮名加工情報**」という概念については、次のコラムで解説をします。

仮名加工情報

　仮名加工情報は、個人情報と匿名加工情報の中間にあたるような概念です。

　匿名加工情報は、「特定の個人を識別することができないように個人情報を加工して得られる個人に関する情報であって、当該個人情報を復元することができないようにしたもの」でした。個人情報の復元ができないことが条件であり、当然、容易照合性（個人を特定できる情報と照合可能なこと）があってはいけません。

　一方、仮名加工情報とは、

「一定の措置を講じて他の情報と照合しない限り、特定の個人を識別することができないように個人情報を加工して得られる個人に関する情報」（改正個人情報保護法第2条第9項）

のことであり、個人情報の復元ができないことまでは求められていません。氏名等の個人識別情報や個人識別符号が除去されていて、他の情報に照合しない限り特定の個人を識別できないように個人情報を加工していれば、仮名加工情報の要件は満たされます。容易照合性はあってもかまいません。

　たとえば、ECサイトの会員の購買履歴データを分析するために、事業者が氏名等を削除し、会員IDを暗号化したうえで、分析用データベースを作成するとします。暗号化された会員IDは元の会員IDとの対応表などがない限り個人を特定できませんから、これは改正法における仮名加工情報となりえます。

　分析用データが保有個人データとして認められた場合には、開示請求してきた会員に対して分析用データの開示に応じなければなりませんが、仮名加工情報として認められれば開示等の義務を免れます。仮名加工情報という制度は、個人情報の保護と利用のバランスの観点から、事業者負担の軽減を目的として創設されています。

3

行政機関の非識別加工情報

　民間事業者による個人情報の扱いに関して「匿名加工情報」の制度が導入されるのに次いで、国の行政機関・独立行政法人等の保有する個人情報の取り扱いについての規律（改正行政機関個人情報保護法・改正独立行政法人等個人情報保護法）においても「**非識別加工情報**」の制度が導入されました。「非識別加工情報」とは、

行政機関等が保有する個人情報について、特定の個人を識別することができないように個人情報を加工し、当該個人情報を復元できないようにした情報

のことです。

　行政機関のデータというと、個人データを目的・分類ごとに**集計して**得られた統計データ（**オープンデータ**）をイメージされる人が多いと思いますが、「非識別加工情報」は集計されて**いない**、匿名化された**個人データ**であることに注意してください。

　非識別加工情報は行政機関が保有するデータであるため、一般にデータの信頼性が高く、また民間事業者では取得が難しいさまざまなデータを含むとされています。企業によるマーケティング・企画などへの応用が今後進んでいくでしょう。

　非識別加工情報について詳しくは、個人情報保護委員会のWebページ「行政機関等非識別加工情報に関する総合案内所」（https://www.ppc.go.jp/personalinfo/govNDPInfoGIC/）を参照してください。

次項では、第三者へデータ分析を委託する場合の規律について扱います。

3-4-3　第三者へデータ分析業務を委託する場合の規律

　第三者へデータ分析業務を委託する場合（扱うデータが個人情報と無関係であっても）、自社の営業秘密が流出するリスクなどを減らすため、業務委託契約を適切に締結する必要があります。

　たとえばA社の顧客情報は、競合企業が知ると顧客を奪うことができるという意味で、ビジネス上の価値があることは明らかですが、顧客情報が含まれないデータであっても、それを分析することによりビジネス上の施策についての洞察を得られるという点で、データにはビジネス上の価値があります。そのような価値を守るためにも、第三者へデータ分析を委託する際の規律を、データ分析業務委託契約に定めておく必要があります。

▶ データ分析業務委託契約作成のポイント

　データ分析業務を第三者に委託する契約書を作成するにあたってポイントとなる点を見てみましょう。

①受託者の分析環境を制限する

　委託者が受託者による機密情報漏洩リスクを軽減する方法として、まず考えられるのは、業務委託契約の条項において、受託者が分析業務を行う物理的な環境を指定しておくことです。

　たとえば業務委託契約上、「分析業務を委託者の執務室内に限定する」という条項を設けることで、分析業務を委託者のシステム内に置くことができるため、機密情報漏洩リスクを軽減することができます。もっとも、物理的な環境を大きく制限することは、分析業務のスムーズな進行という観点から不都合です。

　他方で、委託者が、受託者の分析業務を行うシステム的な環境を構築することで、機密情報漏洩リスクを軽減する方法もあります。たとえば、委託者がクラウド上に分析環境を構築し、受託者にアクセスキーを渡す方法があります。このような場合、分析環境を自社構築のシステム内に置くことで、受託者の挙動をモニタリングすることもできるため、機密情報漏洩リスクを軽減できます。前記の物理的な環境を制限するよりも、分析業務のスムーズな進行という観点からは都合がいいと考えられます。

②秘密保持義務

　委託者が受託者による機密情報漏洩リスクを軽減する方法として、次に考えられるのは、業務委託契約の条項において、受託者へ秘密保持義務を課すことです。

　機密情報は、口頭、書面又はメールにて相手方に提供されることから、下記に示す【秘密保持義務条項の例】における「秘密情報」に該当し、それを第三者に開示した場合には、秘密保持義務違反になります。その場合、第三者に開示した者は、秘密保持義務違反に起因する損害を賠償しなければならないため、データ分析業務委託契約において、受託者に秘密保持義務を課すことで、受託者を通じた情報漏洩を抑止することができます。

【秘密保持義務条項の例】
本契約において「秘密情報」とは、本契約に関連して、一方当事者が、相手方より口頭、書面その他の記録媒体等により提供若しくは開示されたか又は知り得た、相手方の技術、営業、業務、財務、組織、その他の事項に関するすべての情報を意味する。
但し、
(1) 相手方から提供若しくは開示がなされたとき又は知得したときに、すでに一般に公知となっていた、又は、すでに知得していたもの
(2) 相手方から提供若しくは開示がなされた後又は知得した後、自己の責に帰せざる事由により刊行物そのほかにより公知となったもの
(3) 提供又は開示の権限のある第三者から秘密保持義務を負わされることなく適法に取得したもの
(4) 秘密情報によることなく単独で開発したもの
(5) 相手方から秘密保持の必要なき旨書面で確認されたもの
については、秘密情報から除外する。
本契約の当事者は、秘密情報を本契約の目的のみに利用するとともに、相手方の書面による承諾なしに第三者に相手方の秘密情報を提供、開示又は漏洩しないものとする。
前項の規定に拘わらず、本契約の当事者は、法律、裁判所又は政府機関の命令、要求又は要請に基づき、相手方の秘密情報を開示することができる。ただし、当該命令、要求又は要請があった場合、速やかにその旨を相手方に通知しなければならない。
本契約の当事者は、委託業務の履行に必要な範囲を超えて、秘密情報を記載した書面その他の記録媒体等を複製する場合には、事前に相手方の承諾を得ることとし、複製物については…（中略）。
本契約の当事者は、本契約の終了時又は相手方から求められた場合にはいつでも、遅滞なく、相手方の指示に従い、秘密情報並びに秘密情報を記載又は包含した書面、その他の記録媒体及びそのすべての複製物を返却又は廃棄する。

　以上のような業務委託契約による規律は、営業秘密流出に対して、一定の抑止効果を有します。もっとも、実際に営業秘密が流出した場合に、流出と損害の因果関係の立証はなかなか難しく、賠償請求のための裁判はあまり現実的ではありません。

　上述したクラウドにおける分析環境の準備において、システム的に受託者のダウ

ンロード行為を制限することなどにより、営業秘密の流出を防止することが重要であると考えます。

個人情報の扱いを巡る動き

　分析するデータにおいて、オープンデータ[5]化の流れがあります。しかし、個人情報の扱いに関しては厳格化が世界的に進んでいます。

　少し前まで個人情報を含む情報は、ビジネス創出のための活用など、企業利益を優先した扱いをされてきました。しかしながら、昨今、個人情報保護に関して、後述のGDPR[6]の施行をきっかけに、法令による個人データの定義統一化や、厳罰化などの動きが活発化しています。個人のプライバシー[7]を極力守る視点を持つようにしなければ、重大な事故につながる可能性があり、データを取り扱う者として注意を払うことが必要です。

　GDPRは、EEA[8]における個人データの取り扱いと越境移転（個人データの持ち出し）について定めた法律です。高額な制裁金事例のニュースも耳に新しい、データを扱う者として注目すべき、個人情報保護に関する国際的な法令と言えるでしょう。また、個人データの定義が広い[9]ため、氏名などわかりやすく個人を識別できるデータのほか、Cookieなどのオンライン識別子にも適用範囲が及びます。

　グローバルにおいて、GDPR施行を機に、個人データをどう認識し取り扱うべきかの議論は活気を帯びています。今後、個人情報保護に絡む係争判例で個人データの定義がどう扱われたかは注視しておくべき情報と言えます。

　GDPRの制定においては、経済開発協力機構（OECD）が1980年に策定した「個人情報保護に対する8つの原則」（目的明確化の原則、利用制限の原則、収集制限の原則、データ内容の原則、安全保護の原則、公開の原則、個人参加の原則、責任の原則）がその成り立ちの源流にあります。

　GDPRの成立は、OECD加盟国が「個人情報保護に対する8つの原則」をベースに、プライバシー保護に関する法律をまず定めたことに始まりました。当原則はOECD加盟国のみに適用され、かつ原則の解釈は各国に委ねられています。ゆえに、プライバシー保護の厳格レベルは国ごとに異なる状態です。OECD加盟国の日本では、個人情報保護法の成立がこの流れに該当します。

　欧州にとっては、政治経済共同体であるEU加盟国内で通用する共通秩序につながることが重要になります。当然、プライバシー保護に関する法律の基準レベルにも均一性が要求されました。このような背景のあるEU加盟国

においてプライバシー保護レベルの乖離を極力少なくするために施行された法令、これが2018年5月に施行されたGDPRです。

　GDPRは、欧州連合基本権憲章にある「プライバシーは、基本的な人権である」という思想を具現化した法律でもあります。それゆえ、大体においてプライバシーにかかるであろうとされる情報は個人データとして扱われます。ここに、GDPRの個人データ定義における範囲やプライバシーに対する保護領域が広くなっている理由があります。

　日本の個人情報保護法でも、国内の個人データの取り扱い基準の統一化や、グローバル基準に合わせていく目的でGDPRに合わせた改正が進んで

※5　総務省Webページより（https://www.soumu.go.jp/menu_seisaku/ictseisaku/ictriyou/opendata/）
　　　・オープンデータの意義・目的
　　　　国民参加・官民協働の推進を通じた諸課題の解決、経済活性化
　　　　行政の高度化・効率化
　　　　透明性・信頼の向上
　　　・オープンデータの定義
　　　国、地方公共団体及び事業者が保有する官民データのうち、国民誰もがインターネット等を通じて容易に利用（加工、編集、再配布等）できるよう、次のいずれの項目にも該当する形で公開されたデータをオープンデータと定義する。
　　　　営利目的、非営利目的を問わず二次利用可能なルールが適用されたもの
　　　　機械判読に適したもの
　　　　無償で利用できるもの
　　　　〈参照：オープンデータ基本指針（平成29年5月30日高度情報通信ネットワーク社会推進戦略本部・官民データ活用推進戦略会議決定）〉

※6　「EU一般データ保護規則」（GDPR：General Data Protection Regulation）

※7　プライバシー：「個人や家庭内の私事・私生活。個人の秘密。また、それが他人から干渉・侵害を受けない権利。」（小学館『大辞泉』より）

※8　EEA（European Economic Area）：欧州経済地域。EU（欧州連合）にEFTA（欧州自由貿易連合）のノルウェー、アイスランド、リヒテンシュタインを含めた国が該当。発足は1994年。

※9　GDPRの個人データ定義（https://www.ppc.go.jp/files/pdf/gdpr-provisions-ja.pdf）
　　　個人情報保護委員会「一般データ保護規則（GDPR）の条文」より転載
　　　Article 4 Definitions　第4条 定義

　　（1）'personal data' means any information relating to an identified or identifiable natural person ('data subject'); an identifiable natural person is one who can be identified, directly or indirectly, in particular by reference to an identifier such as a name, an identification number, location data, an online identifier or to one or more factors specific to the physical, physiological, genetic, mental, economic, cultural or social identity of that natural person;

　　（1）「個人データ」とは、識別された自然人又は識別可能な自然人（「データ主体」）に関する情報を意味する。識別可能な自然人とは、特に、氏名、識別番号、位置データ、オンライン識別子のような識別子を参照することによって、又は、当該自然人の身体的、生理的、遺伝的、精神的、経済的、文化的又は社会的な同一性を示す1つ又は複数の要素を参照することによって、直接的又は間接的に、識別されうる者をいう。

います。これらの要素が盛り込まれた新法は、2022年4月1日より施行予定となっています（※ただし、法令違反における罰則強化については、2021年12月12日施行予定）。

　デジタル化が進み、海外との個人データの流通が増える一方で、個人情報がどう扱われるかは、国や地域によって違います。データを扱う者としては、国ごとの個人情報保護法に該当する規律を考慮せざるをえません。

　米国では、連邦法や各州法において多数の異なる法規制が存在し、国家として包括的な個人情報保護の法律が現状ありません。中国も包括的な個人情報保護法がなく、各法令に関連する規定が散在している状態。法令化を見据えて「中国個人情報セキュリティ規範」などの国家規定を遵守しておくなどの対策が必要です。グローバルスタンダードとされているGDPRは、押さえておくべき重要な国際法ですが、GDPRに基準を合わせておけば大丈夫というわけではありません。個人情報に関する組織にとってのリスクは、国や地域ごとのルールを各々に対して遵守しなければ違法となり、海外のルールで罰則を科される可能性がある点です。日本の個人情報保護法を守るだけでは、違法リスクは回避できません。

　国や地域ごとの制度を学び、個人情報の取り扱い基準や個人データの越境移転がある場合の対応を知ることが重要です。また、法律の常ですが、規律文の解釈だけに頼る判断は危険です。ルールの後ろにある社会的なニーズの背景や、制度の成り立ちを知ることで、規律への対応が見えてきます。たとえば、GDPRは、先述したとおり「個人情報保護に対する8つの原則」がベースであり、人権や自由が阻害されたかどうかが判断基準になってきます。ビジネス視点で作られた法令や基準と同じ感覚で判断しないようにする必要があるでしょう。

　今まで個人データをあまり扱ってこなかった中小企業や非IT系の企業が、デジタル化を急進させる中で、制裁金事例になるケースも少なくありません。日本でも罰則強化の法改正が公布されています。もはや、ニュースになるような大手IT企業だけの問題ではなくなっている状況です。デジタル化を推進するだけでなく、個人情報関連の法令の動きに目を配り、適切な個人データ処理について組織ぐるみで対策を行う必要があります。

　基本的な用語を知っているだけでも、関連ニュースが目に入りやすくなります。データを取り扱う者の責任として、個人情報の取り扱いに関する法令の最新動向もチェックするよう努めましょう。CBASでは、法令に関する最新情報についても出題範囲となっています。

第 4 章

データの準備

　手元にある何らかのデータを分析の対象とする前に、そのための準備が必要です。本章では、データを分析対象とするまでの準備作業の概観と、各ステップについて説明します。具体的には、データ品質の確認作業や、探索的データ分析（EDA）によるデータの理解、前処理を行ってデータを分析用に整える作業などを解説します。

　データ分析を行うためには、分析対象となるデータが準備されている必要があります。ここで「データが準備されている」状態というのは、単にデータが手元にある状態というだけではなく、分析されるための諸々のデータ加工やデータ理解が終わっている状態、ということであり、次のようなステップを経て実現されるものです。

データ準備のステップ

節	データの準備が完了するまでのステップ	各ステップを完了した後の状態
	データの収集	データが手元にある状態
4-1	データ品質の確認	データ品質が理解できている状態
4-2	探索的データ分析（EDA）	データの内容を大まかに理解できている状態
4-3	データの前処理	データが分析用に整っている状態

　この章では、データが与えられてから分析用に準備されるまでの上記の過程を概観します。データ準備の各ステップの具体的作業を理解し、データ準備がデータ分析の実作業そのものと同じくらい重要であることを理解することが本章のゴールです。

4-1　データ品質とは

　私たちはデータと対面するだけでさまざまなことに気づきます。まず初めに気づくことは、与えられたデータが電子化されたデータなのか紙のままのデータか、データがどのようなファイル形式になっているか（Excelファイルなのかcsvファイルなのか）、表形式にまとめられているのかどうかなど、データの外形的な性質（データフォーマット）についての事柄でしょう。

　データを開くと、今度はデータの中身（質）についての理解が進みます。「きちんと」記録されたデータなのか、それともデタラメに記録されたデータか、更新が止まっている昔のデータか、現在も日々更新されているデータか。そもそもデータの取得目的に適したデータなのか、などです。このような「目的と照らしてどの程度有効にデータが記録されているか」を表す概念は総称して**データ品質**という言葉で表現されます。

4-1-1　データ品質を確認しよう

データ品質は、データ分析全体の質や方向性をある程度決めるものです。意思決定の道具としてデータ分析を有効に使うためには、データ品質を高く維持し続けることが必要となります。1年前から更新されていない顧客データでは、今現在の顧客についての深い理解は得られないでしょう。

したがって、与えられたデータの品質（正確さ・新しさ・目的と機能の適合性など）を詳しく吟味した結果、そもそもデータ品質自体に改善の余地が大きい場合には、分析を続けるより前に、データ品質をどう改善するかということが先に議論の的となります。

4

データの準備

4-2　探索的データ分析（EDA）によってデータを理解する

データ品質が高く保たれていることが確認できた後は、**探索的データ分析**（Exploratory Data Analysis：以下EDA）と呼ばれるプロセスに進みます。

4-2-1　EDAとは

EDAとは、与えられたデータに対して、集計値や統計量（平均値や中央値など）による整理を行ったり、さまざまな可視化を行ったりすることでデータの特徴や構造についての理解を深めていく作業のことです。

EDAにはたとえば以下のような作業が含まれます。

EDAのステップ

*	EDAに含まれる作業	詳細
1	データの概観	データ数を確認する、変数の数を確認する
2	データの基礎集計	年齢や性別による層別、基本統計量の計算
3	データ理解のための可視化	散布図やヒストグラムによる可視化
4	簡単な分析	スモールサンプルでの回帰分析　など

ただし、これらの作業すべてを行う必要はありません。EDAのプロセスでは、各ステップは分析者の注意と関心に従って進められ、分析者がデータ理解に必要と判断した作業のみが選択的に行われます。**これをやらなければならないという工程**

はありません。

4-2-2　EDA の実作業プロセス

　与えられたデータが分析に貢献するデータであると判断された後、すなわちデータ品質のチェックをパスした後、EDAの実作業プロセスが始まります。

　それは定まったルートのない**試行錯誤**によってデータを理解する試みです。統計量によってデータを要約したり、さまざまな可視化を行ったりすることで、少しずつデータを理解し、データに馴染み、データとその先の現実とのつながりをつかんでいきます。

　たとえばEDAでは、データの各列を1列1列ヒストグラムで表現したり、気になる変数間の関係を散布図で観察したりします。

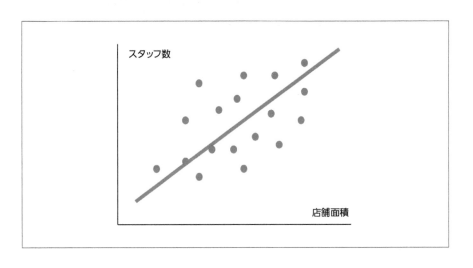

　場合によってはこの段階で簡単な**モデリング**も行われます。たとえば、作成した散布図に直線的な傾向が認められたときに、散布図に対して直線を当てはめたりします（上図）。

　ただし、普通EDAの段階では、あまり凝ったモデリングは行われません。あくまでもデータを大まかに理解するという目的を果たすために、簡易的にスピーディーに行われます。

4-2-3　EDA とデータの確認

　EDAはデータがどのような**種類**のデータを含んでいるのかを、把握する過程でもあります。データの種類とは、売上や身長のような**量的データ**か、曜日や店舗名のような**質的データ（カテゴリカルデータ）**かどうかを表します。

　データセット全体がどの程度、変数（列数）を含んでいて、量的データや質的データがそれぞれどの程度あるかを把握することで、分析者はこの先、使用できる分析手法や予測モデルの種類を想定することができます。

4-2-4　EDA とデータ品質

　EDAを行うことは、**データ品質**やデータ取得プロセスを再検討することにもつながります。

　たとえばEDAによってデータの平均値などの代表値や分散（データのばらつき具合）を見ることは、データの性質を理解することであると同時に、適切なスケールで取得されたデータかどうかの確認にもなります。また、データの中に含まれる欠損値や、外れ値（大部分のデータと比べて極端に大きく外れた値）が存在しないかどうかにも気づくことができます。外れ値がある場合、平均値は直感的な値より大きく外れやすいからです（このあたりの詳細な説明は「第8章 統計学の基本」で行います）。

4-2-5　EDA と可視化

　先の項では、散布図への直線の当てはめを例として挙げましたが、EDAのプロセスにおける可視化は「**発見のための可視化**」と呼ばれます。

　発見のための可視化は、プレゼンテーションやレポートにおける可視化と異なり、分析者自身がデータを理解して、インサイト（洞察）を得るために行う可視化です。

　たとえば、「外れ値」はアルゴリズムによって機械的に抽出することもできますが、ヒストグラムを用いた可視化によっても発見することができます。

4

データの準備

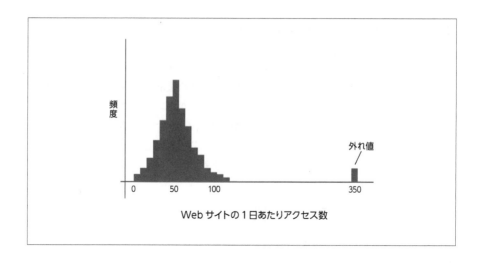

頻度

外れ値

Web サイトの１日あたりアクセス数

　第２章では、データ分析において「ビジネス課題の明確化」が不可欠ということ
を説明しましたが、ビジネス課題＝目的が必要だからといって、一見明確な作業順
序のない（手あたり次第の）EDA というプロセスが、重要度の点で劣るわけでは
ありません。ここまで紹介した作業内容を見ればわかるとおり、実際にはEDA は
データ分析における**不可欠のプロセス**だと言えます。

4-3　データの前処理

　本章でここまで見てきたように、EDAとは特定の作業のことではありません。
それはデータを理解するために試行錯誤で行われる作業のことであり、その作業は
私たちがもうある程度データを理解した、と言えるところまで続きます（ただし実
際には、理解したと思っているだけであり、後になってEDAのステップに戻って
くること［「手戻り」が発生すること］は多々あります）。EDAのプロセスによっ
てデータの中身が理解できるようになると、データ分析作業のためにどのような
データ整備やデータ加工、集計作業が必要なのかが見えてきます。
　EDAのプロセスによって明らかになった、必要なデータ整備を実際に行う過程
は**データの前処理**と呼ばれます。たとえば、データの中に欠損や外れ値が含まれて
いることがわかった場合は、欠損の補完や外れ値の除去などを行いますが、このよ
うな作業は、典型的なデータ前処理の作業となります。

4-3-1 データの前処理の種類

データの前処理に含まれる作業はとても多岐にわたるため、データの前処理だけで、1冊の本を書ける程度の内容は優にあるでしょう。またそれゆえデータの前処理は「**データ分析作業全体の8割程度の時間を要する**」と言われることもあります。

しかし、このプロセスをないがしろにすることは、その後に続く分析と分析結果のすべてを台無しにすることにもなりかねないため、作業時間がある程度膨らんだとしても、必要な工程をスキップすることは得策ではないでしょう。

データの前処理もまた、詳しく見るといくつかのカテゴリに分かれます。重複レコード（データの1行ごとを1レコードと呼びます）や欠損値のあるレコード、（明らかにおかしい）外れ値や誤記入などをデータから除外してキレイなデータセットを作成する作業は、**データクレンジング**とも呼ばれます。

一方、性別が入力されている列で、男性に1、女性に0などの数値を割り当てたり、営業売上のデータに対して売上ランクを割り当てたり――たとえば1,000万円以上の売上の営業マンには売上ランクHを、500万円以上〜1,000万円未満の売上には売上ランクMを、500万円未満の売上には売上ランクLを割り当てたり――して、既存の変数を変換したり、データセットに新しい変数を加えたりする作業は**データ加工**と呼ばれます。

データクレンジングは、データから誤りや偏りを取り除くことで、データから導かれる結論の根拠を支える作業です。一方、データ加工は、データをわかりやすく整理するだけではなく、使用する分析手法や、分析を実現するソフトウェアの仕様によっても要請されるものです。

4-3-2 データクレンジング

データクレンジングの代表的作業として以下の2つがあります。

・欠損の処理
・外れ値の処理

欠損の処理

あるべきデータがない場合、そのデータは**欠損（欠損データ）**と呼ばれます。変数の値が入力されていない、あるいは、欠損を表す記号によって占められているようなデータが欠損データです。

欠損データ自体は当然ながら、平均値や分散などの統計量の計算に用いることは

できません。このことは、欠損を含む変数のデータの統計量は、データサイズ（行数）よりも過少なデータ数によって与えられていることを意味します。したがって、欠損データが多い変数の統計量は、推定量あるいは代表値としての信頼性が低くなります。

　欠損データが問題となるのは、欠損データによって、欠損を含む行全体が分析に使用できなくなってしまうことです。たとえば、以下の表形式のデータではNo.5の患者のデータの"性別"列に欠損が生じていますが、"性別"以外の列では、問題なくデータが入力されています。このようなときに、No.5のデータ全体を使えなくなってしまうのであれば、大きな情報損失と言えるでしょう。

No.	年齢	性別	肝機能関連数値	腎機能関連数値	脂質関連数値
1	65	女性	18	3	45
2	62	男性	19	4	63
3	62	男性	16	7	72
4	58	男性	12	10	55
5	72	■	21	8	71
6	46	男性	21	4	90
7	26	女性	25	9	82

　たとえば、重回帰分析と呼ばれる分析では、複数の変数（列）を分析に用いますが、分析に用いられる変数列は、対応のあるデータ、すなわち行数の揃っている変数である必要があります。そのため1つの変数でも欠損があれば、その行全体を除外しなければ分析に使用することはできません。当該変数の欠損データだけを除くという形では、変数ごとのデータ数が揃わなくなってしまうからです。しかし、欠損データの除外を行うと、全体としてデータ欠損が多い場合に分析に使用できるデータが著しく少なくなってしまう可能性があります。

　状況を詳しく理解するために、以下のような極端なデータを見てみましょう。右から2列目の"閲覧デバイス"という変数には、かなりの数の欠損が生じています。ここで、欠損がある行をすべて削除すると、データ数はほとんどなくなってしまいます。

　重回帰分析を含む、多変数を同時に扱う統計モデル（もしくは機械学習モデル）では、一般にある程度のデータ数が要求されるため、このような状況になってしまうと、（最悪の場合）その手法を適用すること自体ができなくなってしまいます。

No.	Web申し込み の有無	年齢	性別	閲覧デバイス	流入経路
1	1	65	女性		広告
2	0	62	男性		オーガニック
3	0	62	男性		オーガニック
4	0	58	男性		オーガニック
5	0	72	男性	PC	広告
6	0	46	男性		オーガニック
7	1	26	女性	スマートフォン	広告
8	1	21	男性		ダイレクト
9	1	31	女性		ダイレクト
10	0	33	男性	スマートフォン	広告
11	1	29	女性		オーガニック
12	0	16	女性		オーガニック
13	1	13	男性		ダイレクト
14	0	15	女性		広告

4

データの準備

　そこで、データ欠損には単純にデータを除外する以外に、**データを補完**するというアプローチがとられます。

4-3-3　データ補完

　データ欠損が生じる背景としては、単純な入力忘れ、無回答、システムエラーなどさまざまな原因が考えられます。そして、データ欠損の補完方法にもさまざまな方法が存在します。ここでは代表的な欠損補完方法をいくつか紹介しましょう。

▶ リストワイズ削除

　前項で述べたように、欠損データが含まれる行全体を削除することを「リストワイズ削除」と呼びます。リストワイズ削除の問題点は、情報量が著しく損なわれる可能性です。ただし、実作業としては最も簡単な欠損対処法と言えるでしょう。

No.	A	B	C	D	E
1	4	5	1	7	3
2	11	1	11	8	3
3	17	9	7	7	3
4	6	4	1	7	3
5	15			4	7	2
6	3	2	1	6	4
7	21	1	1	7	3

→

No.	A	B	C	D	E
1	4	5	1	7	3
2	11	1	11	8	3
3	17	9	7	7	3
4	6	4	1	7	3
6	3	2	1	6	4
7	21	1	1	7	3

ペアワイズ削除

リストワイズ削除をする代わりに、データ欠損が含まれている変数全体を削除する方法を「ペアワイズ削除」と呼びます。データ欠損が特定の変数（列）に集中している場合には、このリストワイズよりもペアワイズのほうが情報量の損失が少なくてすみます（ただし当該変数自体を使えなくなってしまいます）。

No.	A	B	C	D	E
1	4	5	1	7	3
2	11	1	11	8	3
3	17	9	7	7	3
4	6	4	1	7	3
5	15		4	7	2
6	3	2	1	6	4
7	21	1	1	7	3

→

No.	A		C	D	E
1	4		1	7	3
2	11		11	8	3
3	17		7	7	3
4	6		1	7	3
5	15		4	7	2
6	3		1	6	4
7	21		1	7	3

特定の値による補完

　欠損データを0（ゼロ）値または特定の値によって補完することがあります。た
とえば平均値や中央値、最頻値などの値を入力したり、1つ前の行の値で補完した
りする場合などがあります。この場合、形式上データ数は元のデータ数が保たれま
す。ただし、補完する値によっては大きなバイアス（欠損がなかった場合の分析結
果とのズレ）が生じる可能性があります(これはリストワイズの場合も同様ですが)。

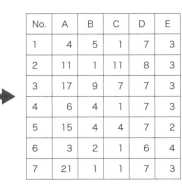

4-3-4　外れ値の処理

　データの大部分よりも極端に大きく外れた値のことを**外れ値**（または**異常値**）と
呼びます。外れ値の著しい特徴は、平均値などの統計量の値を、それがない場合の
値と比べて大きく異なる値（それがない場合と比べて相当程度大きく外れた値）に
することです。

　たとえば[1,1,1,1,100]というデータでは、100という、他のすべてのデータよ
りも極端に大きな値が含まれています。このようなデータでは、100を除いた場合
の平均値（=1）と、100を含んだデータの平均値（=20.8）が大きく異なります。

　外れ値の性質は「第8章 統計学の基本」でも詳しく扱いますが、いずれにせよ、
外れ値もまた、除外するか別な値で置き換えるという対処法があります。ただし外
れ値には、データ欠損と違い、そのままで済ますという可能性もあります。

　外れ値の発生理由がシステムエラーや入力ミスなどとわかっている場合には、そ
の値をそのまま残す理由はないので、データを除外もしくは別な値で補完します。

　一方、外れ値の発生理由がわからない場合もしくは外れ値が正しく取得された
データであるとわかっている場合には、外れ値をそのまま残すという選択肢もあり
うるでしょう。特に、データ数が十分多く、かつ外れ値とみなせるデータが少ない
場合には外れ値の影響は相対的に小さくなるため、除外する必要もないでしょう(た
だし、データ数がどの程度であれば「多い」や「少ない」と言えるかは状況により
ます)。したがって、外れ値がある場合には、外れ値の原因探索が欠かせないと言
えるでしょう。

第 5 章

リサーチとレポーティング

　本章では、データ分析業務の1つの典型である「リサーチ（調査データの分析）」と「レポートの作成（レポーティング）」について扱います。実際のところ、データ分析に関連する業務は非常に多岐にわたりますが、本章で扱う「リサーチとレポーティング」および次章の「予測モデルを使ったデータ分析」は、その中でも、データ分析担当者が携わることの多い業務と言えます。

5-1　リサーチデータのデータ分析

　リサーチは、データを用いた現状把握のために行われます。リサーチの例として
たとえば、企業は顧客の声を精査するための顧客アンケートをとったり、従業員の
勤務満足度を調査したりします。

　取得されたデータは、基礎的な「データ集計」と「可視化」によって結果がまと
められますが、すべてのデータの基礎集計を単純にまとめることは、情報伝達の観
点からは非常に効率が悪く、そのため通常は、目的に応じて判断された優先順位や
フィルターによって結果を**スクリーニング**したうえで結果がまとめられます。

　たとえば、従業員満足度調査の質問項目が100項目（100個の質問）にわたる
場合、100個の質問結果を単純に1つ1つ記載するだけでも、読み手は少し煩雑に
感じてしまうでしょう。

　ましてや、アンケートの質問項目は普通、結果を回答者の属性によって**層別**にす
る（年齢ごとや性別ごとにデータを整理する）ことでまとめられます。そのため、
たとえば年齢・性別・役職……など10項目による層別を行う場合、質問が100項
目ならば、最終的な集計結果は10 × 100 = 1000個にも及んでしまいます。

　さらにアンケート項目の分析では、質問間の関連性に注目した集計も行われます。
たとえば福利厚生制度への満足度を聞いた質問と、勤務満足度についての質問回答
にどの程度関連があるか、などが調べられます。したがって質問間の組み合わせと
なると、たとえば質問数が100個の場合、何と4950通りもの組み合わせが考え
られることになります。このことからも、結果のスクリーニングの重要性が理解で
きるでしょう。

　本章では「与えられた調査・観察データからどのような視点で結果をスクリーニ
ングするか」という観点で、レポーティングを扱います。

5-2 リサーチの流れ

　リサーチ結果のまとめ方を扱う前に、まずリサーチ業務の流れ（プロセス）を概観しておくことは有用でしょう。ただし、以降の説明は概観にとどまります。リサーチそのものについて詳しく知りたい方は、リサーチについての専門書をお読みください。

　リサーチ業務は、現状を正しく把握することで意思決定に貢献することを目的とします。そのため、リサーチは普通、意思決定者からの調査内容についての要求や、明らかにすべき仮説がある状態で始められます。

　調査票（アンケート）は、仮説の検証や要望を満たすという目的に照らして適切な質問項目と表現が選ばれます。調査票作成後は調査実務が行われ、調査終了後に集まったデータは、データ分析担当者の手によって集計・分析されます。

　最終的なアウトプットは通常、レポートの形で提出されるとともに、プレゼンテーション用に作られ、プレゼンテーションの場で調査依頼者への報告が行われます。

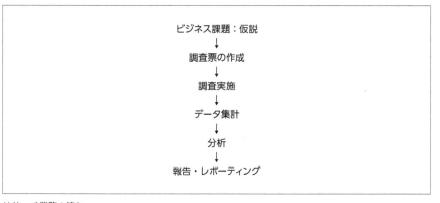

リサーチ業務の流れ

5-2-1　定量調査と定性調査

　リサーチは、大きく2つに分けられます。すなわち、調査票によって集計された量的データを扱う**定量調査**と、インタビューやディスカッションによって得られたテキストデータや質的データを扱う**定性調査**に分けられますが、ここでは特に断りがない限り、アンケート調査のような定量調査を扱います。

5-2-2　リサーチデザイン

　調査によって検証したい仮説や確認したい内容が定まったからといって、すぐに調査を実施できるわけではありません。調査実務では、最低限、以下のような項目をさらに明確にする必要があります。

▶ 母集団の規定

　調査対象の**母集団**を定義することなしに調査は進められません。たとえば、商品満足度調査を行う際に、商品購入者の全体を母集団と考えるか、消費者全体を母集団と考えるかで、調査サンプル（アンケート回答者）をどのように集めるかは変わってきます。そして当然、母集団が異なれば集計されたデータの解釈が異なってきます。母集団という概念の詳細は「第9章 統計手法の基本」で詳しく扱います。

▶ サンプルサイズの設計

　サンプルサイズの設計は、調査目的や、検証したい仮説の内容、調査までの時間や予算といった**制約条件**など、さまざまなファクターによって規定される項目です。時間や予算など現実的な制約をいったん棚上げし、純粋に統計学的な観点からサンプルサイズを設計する場合でも、**仮説検定**や**効果量**など、やや高度な知識が要求されます。統計学的な観点からのサンプルサイズの設計は「第8章 統計学の基本」で扱います。

5-3　リサーチ結果のスクリーニング

　それでは次に、分析結果のうち、レポーティングにおいてまとめるべき内容を概観してみましょう。以下の例では、従業員満足度調査（エンゲージメントサーベイ）のようなアンケートデータをイメージしてください。

▶ 基礎集計

　基礎集計は必須です。基礎集計とは、データの層別や加工なしに、取得されたデータを集計することです。たとえば1 〜 10までの10段階アンケートデータの場合、各質問項目についての平均値や度数分布を集計することなどが該当します。

層別集計

調査データを、性別や年代など調査対象者の**属性**に応じて集計することを指します。たとえば1〜10までの10段階アンケートデータの場合、各質問項目について性別ごとに平均値を算出することなどが該当します。算出したデータは、**クロス表**と呼ばれる表にまとめられることが多いです。

仮説の検証

仮説の検証は、現状すでに課題として認識されていることをデータ化（＝見える化）したり、仮説として挙がっていることをデータから検証したりすることを指します。従業員満足度調査で言えば、あらかじめ従業員のエンゲージメント（勤務意欲）が下がっているという課題が認識されているときに、データからエンゲージメントスコアを算出することでデータ化（数量化）するという作業がこれにあたります。

課題発見

課題発見とは、データを分析することで新たに発見された課題や洞察をまとめることです。発見された課題は、意外性の観点や業務有用性の観点をもとにしてスクリーニングされます。与えられたデータからどのような方法で課題を発見するかはこの後の節で解説します。

施策の評価

調査の目的が、何かしらの施策の評価であるときは、施策の評価について、データを根拠にまとめます。たとえば、エンゲージメント調査に先立ってエンゲージメントを高めるための研修を行った場合には、前回のエンゲージメント・スコアと今回のエンゲージメント・スコアの差のうち施策の効果として認められる部分がどの程度かを、根拠を持ってまとめていきます。

5-3-1　基礎集計

基礎集計は**データの尺度**に応じて行われます。データの尺度は、名義尺度・順序尺度・間隔尺度・比例尺度に分けられ、以下の表のような特徴を持ちます。

質的変数	名義尺度	性別・職業・役職など、カテゴリーを表す変数のことです。変数の値（これは**水準** [level] と呼ばれることもあります）について、順序や差が定義されていません。
	順序尺度	順序尺度とは、値（水準）ごとに順序の定まった変数のことです。衣類の大きさを表すサイズ変数（LL・L・M・S）などは順序尺度の例となります。また、5段階評価や 10 段階評価のアンケートデータも**厳密には**順序尺度となります。しかし、アンケートの場合、慣例的に間隔尺度とみなして扱われます（つまり、合計値や平均値を算出して利用します）。
量的変数	間隔尺度	間隔尺度は「**差**」には意味があるが、「**比**」をとることには意味がないような変数です。たとえば、（摂氏）温度や偏差値などがその例です。以下の比率尺度と対照させると理解がスムーズに進むでしょう。
	比率尺度	間隔尺度のうち、「**比**」にも意味があるもの（あるいは 0 が非存在を表すもの）は比率尺度と呼ばれます。 たとえば身長や体重などは比率尺度のデータです。身長 0cm は身長が存在しないのと同等であり、また 180cm は 160cm の 1.125 倍と表現することに問題はないでしょう。 一方、間隔尺度である摂氏温度については、比で表すことに意味はありません。30°の気温が 15°のときよりも 2 倍暑いわけではないのは、誰にとっても明らかです。また、摂氏 0°は、温度や分子の運動がない状態を表すわけではありません。

　名義尺度と順序尺度は合わせて「**質的変数**」と呼ばれ、間隔尺度と比率尺度は合わせて「**量的変数**」と呼ばれます。それぞれの尺度は常に、それより上に記載された尺度としても扱うことができます。たとえば順序尺度は名義尺度としても扱うことができ、比率尺度はどのような尺度としても扱うことができます。

　アンケートデータのまとめ方で言えば、名義尺度や順序尺度などの質的変数は度数や割合に注目して、表・もしくはグラフの形でまとめることができます。

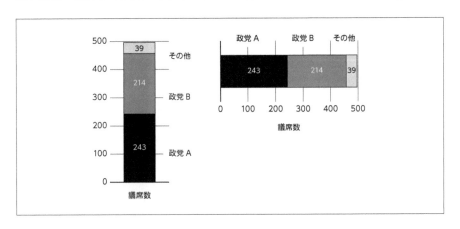

一方、間隔尺度や比率尺度は可視化されるだけではなく、集計値や統計量（平均値・分散など）を用いてまとめられます。その場合、可視化はヒストグラムや箱ひげ図など、分布に注目した表現で行われます。

データの可視化については「第7章 データ可視化の基本」を参考にしてください。また、平均値や分散など量的変数をまとめるための統計量については「第8章 統計学の基本」を参照してください。

5-3-2　クロス集計

アンケートのようなリサーチデータは通常、年齢や性別などさまざまな**属性**に応じて、**層別**に**集計**されます。また、アンケート項目間の**関係性**を確認することも行われます。たとえば性別ごとにある質問項目の平均値を比較したり、質問項目Aと質問項目Bの関連（相関）を見たりします。いずれの場合でも、同時に扱う変数は多くの場合2つです（3つ以上になる場合ももちろんあります）。このような場合、扱われる変数の種類の組み合わせによって集計方法が分かれます。

量的変数×量的変数

2つの変数がともに量的変数の場合は、可視化表現としては散布図が使われ、統計量としては**相関係数**が使われます。

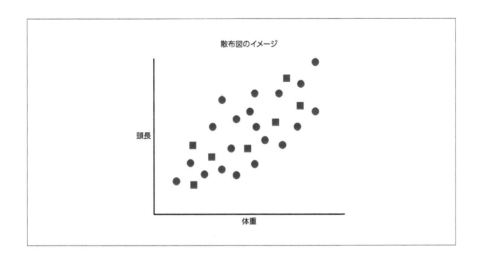

データの可視化については「第7章 データ可視化の基本」を参考にしてください。相関係数については「第8章 統計学の基本」を参照してください。

▶ 量的変数×質的変数

　2つの変数のうち、一方の変数が量的変数であり、もう一方の変数が質的変数であるような場合には、たとえば質的変数の値ごとに量的変数の平均値を計算してまとめるか、棒グラフや箱ひげ図などを用いた可視化を行います。

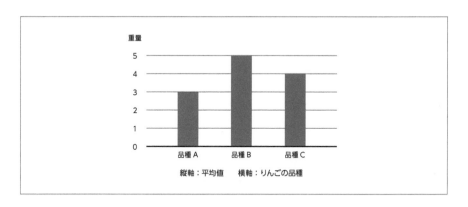

　たとえば、アンケート項目の結果を性別で分けて調べたい場合、各質問項目のスコアの平均値を性別ごとに（男性と女性などで分けて）計算することで可能になります。

　データの可視化については「第7章 データ可視化の基本」を参考にしてください。

▶ 質的変数×質的変数

　2つの変数がともに質的変数の場合、2つの変数は**クロス表**によって整理されます。

質問「来店したきっかけ」×質問「新商品の購入の有無」についてのクロス表

	新商品購入あり	新商品購入なし	合計
チラシを見て来店	15	30	45
チラシを見ずに来店	40	80	120
合計	55	110	165

　クロス表は、2つの変数の値ごとにデータの**度数**をまとめた表です。それぞれの変数の値の組み合わせごとにセルを作るほか、**合計欄**を必ず作成して、全体の傾向と、層別にした場合の傾向の差を比較できるように作成します。度数の下に**割合**を表示することもよく行われます。

5-3-3　仮説の検証

　リサーチデータを用いて仮説を検証する場合、調査対象となる母集団の妥当性や、調査結果の（標本）誤差などが問題となります。

　たとえば、自社ブランドの一般的イメージが他社ブランドと比較して「高級感」の面で劣っているという仮説がある場合に、自社ブランドのユーザーばかりを集めてアンケートを収集しても解は得られません。

　また、たとえ数値の上では仮説どおりの結果が確認された（たとえば自社ブランドの高級感についてのイメージスコアの平均値が、他社ブランドの数値よりも低かった）としても、回答者数がそもそも少ないのであれば結果の信憑性は疑わしい、つまり結果が誤差の範囲である可能性を退けられない、と言えるでしょう。

　したがって、あらかじめ仮説が定まっていて、仮説の検証を「ある程度」統計学的に行いたい場合には、母集団特性やサンプルサイズについてあらかじめ根拠を持った**デザイン**をしたうえで、調査を行う必要があります。

　取得したデータから導かれた傾向を対象母集団全体の傾向とみなしてよいかどうかの判断は、**仮説検定**と呼ばれる統計学の手法によって行われます。また、収集すべきサンプルサイズについても、仮説検定をデザインする過程で演繹的に定まります。

　仮説検定の詳細については「9-2 仮説検定」を参照してください。

5

リサーチとレポーティング

5-3-4　課題発見

リサーチデータから課題を発見したり、新たな洞察を得るためには、各集計結果を**スクリーニング**するための**指標**について把握しておくことが大切です。

▶ 1 変数データの場合

1変数データの場合は、平均値や分散などの統計量を用います。たとえば、スコアの平均値が最も高い／低い質問項目に注目したり、分散（バラツキ）の最も大きい／小さい質問項目に注目するなど、統計量が顕著な値を示している質問項目に注目すると、集団の特性は把握しやすいです。

質的データの場合でも、値ごとに回答が散らばっている項目や、ある特定の値に回答が集中してしまっている質問項目などを抽出するのがよいでしょう。

このようなスクリーニングを行うことは、洞察を深めるだけではなく、次回の調査票作成における**改善点を見つける**うえでも有用です。

▶ 2 変数データの場合

2変数データの場合は「5-3-2 クロス集計」の項で述べたように、変数の組み合わせによってスクリーニング方法が変わってきます。

・量的変数×量的変数

2つの量的データの関係性の強さをスクリーニングするには**相関係数**を用いるのがよいでしょう。相関係数は、変数間の関係性の強さを$0 \sim +1$（絶対値）までのスケールで表現するため、関連の強い変数をスクリーニングするのに非常に便利です。

たとえば10段階評価のアンケートである質問項目Aと関連性の強い質問項目を見つけたい場合には、質問項目Aとその他の質問項目との相関係数をすべて計算して、相関係数の値（絶対値）が大きい順にリストアップすることで、自動的に関連性の強い質問項目を抽出することができます。このようなリストアップは、現代の統計解析用ソフトウェアや、PythonやRのようなプログラミング言語を用いれば瞬時に行うことが可能です（相関係数の扱いについては「第8章 統計学の基本」を参考にしてください）。

・量的変数×質的変数

質的変数を固定したうえで、注目すべき量的変数（質問項目）を抽出したいとします。質問項目が多い（数百以上などの）場合には、たとえば平均値の差が大きい

順にリストアップすることによって、効率的に結果をスクリーニングできます。

　もう少し高度な手法として、統計学における仮説検定を利用することもよく行われます。すなわち仮説検定の結果、（あらかじめ定められた有意水準のもとで）有意だった質問項目のみをリストアップするとか、p値の低いものから注目して見ていくというようなことが行われます。仮説検定の概念については「9-2 仮説検定」の項目を参照してください。

・質的変数×質的変数

　2つの質的変数の関係をスクリーニングするということは、注目すべきクロス表を自動的に抽出するということを意味します。このような目的には、「クロス表における相関係数」である**（クラメールの）連関係数**を利用するとよいでしょう。量的変数×量的変数を相関係数の値（絶対値）の大きさによってスクリーニングしたように、連関係数の大きい順にクロス表を表示することで、注目すべき質的変数×質的変数の関係を効率的に見ていくことができます。連関係数について詳しくは「8-3-6 質的変数×質的変数の整理」のコラム「クロス表解析と連関係数」を参照してください。

5-3-5　施策の評価

　データを用いて施策を評価しレポーティングする場面では、可視化とともに仮説検定の手法が用いられます。たとえば、2つの新商品について消費者向けアンケートを行い、それぞれの商品についての支払い希望額を調査したとします。

　　　商品Aの支払い希望額（最大値）の平均値が450円
　　　商品Bの支払い希望額（最大値）の平均値が550円

　この結果は、商品Bのほうが商品Aよりも支払い希望額が100円高いということを意味しているのでしょうか？ 実は、ここでの結果を正確に表現すると「**調査した人たちにとっては商品Bのほうが商品Aよりも支払い希望額が100円高い（が、消費者全体ではどうかわからない）**」ということです。

　私たちが取得したデータは、興味の対象となる母集団からの一部の標本にすぎません。したがって、データに現れる結果もまた、あくまで標本についての結果にすぎないということはいつも注意する必要があります。

　では、標本から導かれた結果／傾向が対象母集団全体についての結果／傾向をある程度代表するという保証（妥当性）はどのようにして与えられるのでしょうか？

それは、標本の抽出方法と標本数 (サンプルサイズ) が以下の基準を満たす場合です。

・標本の抽出方法

標本は対象母集団から**ランダム**に抽出されたものでない限り、母集団特性を代表しません。商品アンケートを調査したのが20代ばかりであれば、その結果は消費者全体の特性を代表するものとはいえません。

・サンプルサイズ

以下に例を再掲します。この結果は、たとえ調査が適切なランダムサンプルに対して行われていた場合でも、アンケート調査人数が10人の場合と1000人の場合で相当印象が変わります。調査人数が10人の場合、この結果を消費者全体の傾向まで拡大して考える人はいないでしょう。一方、1000人の調査データの場合（一般的には）この結果は消費者全体の傾向を代表すると考えられ、意思決定に貢献する有用なデータとなりえます。

商品Aの支払い希望額（最大値）の平均値が450円
商品Bの支払い希望額（最大値）の平均値が550円

それでは、調査データが消費者全体の特性を代表するかどうかを機械的にスクリーニングする方法はないのでしょうか。この章で紹介した仮説検定はそのような目的で使われる手法の１つです。

仮説検定のロジックについては「9-2 仮説検定」の内容を参照してください。

第6章

予測モデルを使った
データ分析

　本章では、**予測モデル**を使ったデータ分析の流れを概観します。予測モデルの数理的なロジックや、たくさんある予測モデルの違い・使い分けなどは後の「第9章 機械学習の基本」で解説しています。

　予測モデルには「何らかの変数の**数値を予測する**」ための**回帰モデル**や、「どのカテゴリーに**分類**されるか」を予測する**分類モデル**があります。回帰モデルの例としては、売上や顧客数などの数値を予測するモデルがあり、分類モデルとしては、特定の顧客がDM（ダイレクトメール）のオファーに反応するかどうか（あるいは反応する確率）を予測するモデルなどがあります。

　予測モデルの作成は、データ分析プロセスの中で必須ではありませんが、分析ソフトウェアが安価になって多くの人の手に渡り、誰もがワンタッチで簡単に予測モデルの作成ができるようになった今では、データを扱う多くの現場で予測モデルの作成が行われています。ただし形の上で予測モデルを作成することはできても、**「有効な」予測モデル**を作成するにはある程度の知識が必要です。本章はビジネスシーンにおいて有効な予測モデルを作成するための基礎的知識として、「予測モデル作成プロセス」を扱います。

6-1 予測モデルの使い方

　予測モデルがどのように使われるかを考えることは、予測モデルを理解することに直接、役立ちます。一般的に予測モデル作成の目的は、①現実の不確実さに対処すること、②データの中から有用な変数や属性（質的変数の値）を特定することの2つが挙げられます。①についてはほとんど明らかだと思いますが、②については少し説明が必要でしょう。

　たとえば、アイスクリーム屋の売上をうまく予測するモデルが、以下のような式によって与えられたとします（このような式は回帰分析と呼ばれる手法によって求めることができ、作成された式は**回帰モデル**と呼ばれます）。

$$式：売上（万円）＝0.5×気温＋5$$

　この式は、たとえば気温が30度のときに、売上が平均的に20万程度になるということを意味します（式の「気温」の部分に、30を代入することによって20という売上の値が推定されています）。

　さて、この式の予測精度がある程度高ければ、それは明日の需要に対して的確に準備ができるということを意味します。たとえば、材料やアルバイトスタッフを過不足なく準備するのに役立つでしょう[1]。

　しかし、このモデルが意味することはそれだけではありません。このモデルが役立つということは、（売上を予測するうえで）「気温」という変数の**情報価値**がとても高いということであり、またおそらくアイスクリーム屋が持っているデータの中でも、その他の変数に比べて気温が相対的に売上との関連性が高いということです。

　このことはアイスの売上がどのような要因によって決まるのかという**要因分析**への示唆を直接与えます。表現を変えると、予測モデルの作成は、現実への洞察（インサイト）へとつながる、探索的データ分析の1つとも言えるということです。

　このような側面があるため、必ずしも日々の業務の中に予測作業が含まれないような環境であっても、予測モデルの作成作業がよく行われています。

---

[1]　注意：実際には予測対象日の正確な気温は、その日にならないとわからないため、このようなモデルを実際に運用するうえでは、天気予報などで与えられる「予想気温」が使われます。

6-2 データ分析における「予測」とは何か

予測モデルにおける「予測」という言葉は、日常的に使われる予測という言葉とは少し異なる使い方がされています。一般的な会話では予測という単語は「将来予測」を意味することがほとんどですが、予測モデルにおける予測は「**未知のデータを推定すること**」を意味しています。つまり、必ずしも時間概念が含まれているわけではありません。

たとえば前節で見たアイスの売上を予測する回帰モデルは、明日の予想気温を入力することで将来予測にも使えますが、「店舗改装のために休業していた日に、もし営業をしていたならばどの程度の売上が見込めたのか」を推定することにも使うことができます。このとき、予測対象となっている売上の値は、過去の売上であることに注意してください。

分類モデルの1つであるスパムフィルタ（迷惑メール判定のためのモデル）は、与えられたメールが迷惑メールなのかどうかを判定します（迷惑メールか普通のメールかのどちらかに分類します）が、そこに時間要素はありません。そのメールが迷惑メールか普通のメールかはすでに確定している事項だからです。

本章でも「予測」という言葉を、必ずしも時間概念を伴わない（あるいは過去を含めて）未知のデータを推定すること、の意味で使用します。

6-3 予測モデルの基本的な作成手順

ここでは、予測モデルの基本的な作成手順を説明します。予測モデルの作成プロセスを記述するにはいくつかの新しい用語を導入する必要があるため、一部の用語を初めに導入しておきましょう（その他の用語はモデル作成の過程の中で紹介します）。

6-3-1 予測モデルを記述するための用語

・**目的変数**

予測対象となる変数のことです。アイスの売上予測モデルでは「売上」と「気温」という2つの変数が登場しましたが、この場合「（アイスの）売上」が目的変数を指します。またスパムフィルタのような2値の分類モデルの場合には、スパムか否かが表現された変数を指しますが、多くのモデルではそのような変数は0/1の数値

が割り当てられて表現されています。

スパム（迷惑メール）を表す変数の例：

メール番号	受信日時	スパム = 1
47	2021/01/20 22:42	1
48	2021/04/20 10:40	0
41	2021/11/20 12:53	0
42	2021/12/24 22:11	0
35	2021/01/01 11:06	1
36	2021/03/03 04:09	0
40	2021/05/25 10:42	1

・説明変数

　目的変数を予測するモデルに使われている変数を指します。先に示したアイスの売上予測モデルでは「気温」が説明変数です。また、アイスの売上を予測するために「気温」以外で「湿度」も用いた場合、すなわち以下の式のようなモデルを作成した場合、「気温」と「湿度」の双方が説明変数となります。

$$売上 = 0.5 \times 気温 + 0.1 \times 湿度 + 5$$

　まれに、説明変数という言葉が、予測モデルに使うことを検討した変数すべて（すなわちデータセットの中で目的変数以外のすべての変数）を指す場合もあります。式（モデル）の中で使われている変数を指すのか、データセットに含まれる目的変数以外のすべての変数のことを指すのかは、普通は文脈によって明らかですが、念のためこのような多義的な使われ方があることを把握しておきましょう。

・予測値

　作成した予測モデルを用いて導いた目的変数の値を指します。アイスの売上予測モデルの場合、「予想売上」のことです。

・実測値

　目的変数の実際の値（データとして記録された値）のことを指します。アイスの売上予測モデルの場合、「売上」データのことです。

・残差

実測値と予測値の差のことを指します。

ある日の実際の売上が40万円、予測モデルによって算出した予想売上が30万円の場合、残差は10万円になります。

6-3-2 予測モデル作成のプロセス

予測モデルの作成プロセスを記述していきます。以下のプロセスモデルは、予測モデル作成プロセスの一例を図示したものです。一例と書いたのは、予測モデル作成のプロセスには厳密に定まった一意のプロセスはない、ということを意味しています。

このプロセスモデルを見ると、各プロセスをつなぐ矢印が、場合によって双方向に与えられていることに気づくでしょう。予測モデルを作成するプロセスでは、各プロセスにおける状況によって、頻繁に前の工程との行き来を行います（前のプロセスに戻ることは「手戻り」と表現されます）。プロセスが直線的に進行しないほうが、むしろ普通であるという感覚をとどめておくのがよいでしょう（プロセスモデル一般の話は、第3章を参照してください）。

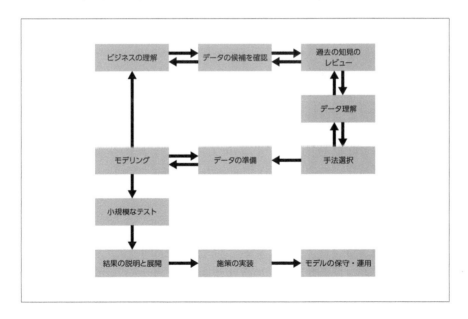

6-3-3　予測モデル作成プロセスの各ステップ

予測モデル作成プロセスの各ステップを簡単に確認しておきましょう。

▶ ビジネスの理解

プロセスの初めが業務理解や課題特定から始まることは、データ分析の一般的プロセスと共通です。この過程において、予測モデル作成を行うことのメリットが認識されなければ、そもそも予測モデル開発は実施されません。

▶ データの候補を確認

予測モデル開発が実施されるためには、モデル開発に有用なデータの候補が存在していることが前提となるでしょう。この段階で各データの詳細が理解されている必要はありませんが、予測モデル作成の実作業に進めるだけのデータが確保されている、と認められる必要があります。

▶ 過去の知見のレビュー

モデリングプロセスでは、過去の知見のレビューが有効となることが多いです。どのような変数であれば一般に予測可能性が高いのか、どのような変数にどのようなモデルを適用すれば（他のモデルを適用する場合と比べて）精度が良いのかなど、過去の実績を参照することで、その後のプロセスを効率的に進めることができます。なおここで、「過去の実績を参照する」と言っているのは、社内に蓄積された知識を確認することではなく、学術論文や競合企業の実績を参照することを指します。レビューの結果によっては、データの再取得やデータ拡張などがこの段階で行われます。

手元のデータと過去の知見のレビューが行われたら、モデルとモデルに使用する変数にあたりをつけてデータを準備し、順次データを理解していくステップに進みます。

▶ データ理解

データ理解は、「第4章 データの準備」でも書いたとおり、アクセス可能なデータの確認や、EDA（探索的データ分析）と呼ばれる、データの感触をつかむためのプロセスから構成されます。この過程を通して、分析者は、どのような変数が目的変数となりうるか、あるいは説明変数として使用できる変数がどのような変数であるかをより詳細に理解していきます。

　この過程以後のステップは、Pythonのようなプログラミング言語によって行われることもあれば、データ解析用のソフトウェアによって実施されることもあります。

▶ 手法選択

　EDAのプロセスを通してデータを深く理解した後は、いよいよ特定の手法を選択してモデル作成の実作業を行います。また、具体的な手法を定めることによって、その手法を適用するための**データ加工**のプロセスがさらに必要となる可能性もあります。

　適切な手法選択を行うためには、ある程度、さまざまな種類の予測モデル（統計モデルや機械学習の手法）をカタログ的に把握している必要があります。回帰モデルと分類モデルの区別はもちろん、オーソドックスな手法について、そのアルゴリズムと目的・概要を整理しておくことは有用でしょう。たとえば回帰分析であれば、以下のような目的や概要、特徴などを挙げることができます。

例：賃料予測モデルを作成する場合

ビジネスの理解	家賃には部屋の広さや駅からの距離が影響する

▽

データの候補を確認	自社データベースに不動産情報のデータとして不動産ごとに賃料・広さ・築年数・・・販売実績などがまとめられている

▽

過去の知見のレビュー	不動産の賃料予測モデルは過去にも数多く提案されている（論文やプログラムが存在する）

▽

データ理解	広さ・築年数などは効くが、デザインの専門家評価は家賃への影響が曖昧だった

▽

手法選択	顧客への説明のしやすさ、現場担当者の理解のしやすさを重視してシンプルな回帰モデルを使用する（アルゴリズムは規定のソフトウェアを使う）

6

予測モデルを使ったデータ分析

回帰分析	目的	数値予測
	使用頻度	非常に高い
	具体例	売上予測・価格予測
	データ	1つの目的変数（量）、複数の説明変数
	アルゴリズム	最小二乗法、最尤法
	得意	人に説明しやすい
	不得意	複雑な関係性を捉えられない
	モデルの評価指標	決定係数・AIC など
	直感的なイメージ	
	アウトプット（例：Microsoft Excel）	

直感的なイメージの図：

$$Y = 10 + 20 \times X$$

（410、20 のラベル付き散布図と回帰直線）

アウトプットの表：

	係数	標準誤差	t	P-値	下限 95%	上限 95%
切片	3.4526	2.4307	1.4204	0.1809	(1.8433)	8.7485
変数A	0.4960	0.0061	81.9242	0.0000	0.4828	0.5092
変数B	0.0092	0.0010	9.5021	0.0000	0.0071	0.0113

　ところで、そもそもなぜ手法を選択しなければならないのでしょうか。たとえば、予測という目的に対して他のすべての手法を常に上回るような**ベストな手法（モデル）**はあるのでしょうか。

　残念ながら答えは**ノー**です。一般的には、各手法によって得意不得意があるため、与えられた状況や目的によって適切な手法は変わります。そのため、状況に応じて毎回使用する手法を選択する必要があるのです。「いつもこれを使っておけばよい」というような唯一無二の最高なモデルは存在しません。

▶ データの準備

　モデルが定まった後は、データにモデルを適用させるための「データの準備」を行います。データの準備については詳しくは「第4章　データの準備」を参照してほしいのですが、大まかに言えば、どのようなモデルを適用するにしても、必要なプロセスである**データクレンジング**とモデルに応じて必要となる**データ加工**を行い

ます。データの準備は、モデリング全体の中でも最も工数を要する過程と考えられています。

▶ モデリング

必要なモデルが定まり、モデルを適用するためのデータの準備が整ったのなら、実際にモデリングを行う段階です。モデリングは、モデル（式）を立てるための「学習のプロセス」と、学習されたデータの性能を確認する「評価のプロセス」の2つのプロセスを得て完成されます。

・学習のプロセス

まずはモデルを学習させます。モデルの学習は、アルゴリズムによって機械的に処理されることがほとんどですが、どのようなアルゴリズムを適用するかは分析者に任せられているため、各アルゴリズムの理解と選択が必要になります。と言っても、初めのうちはアルゴリズム選択に多くの時間を使うことは得策ではないでしょう。最小二乗法や最尤法と言われるオーソドックスな手法を押さえておけば十分です。

・性能評価のプロセス

一方、モデルの性能評価をどのように行うかは、少し詳しく把握しておく必要があります。

モデルの性能は、さまざまな**精度評価指標**によって行われます。たとえば、重回帰分析の場合、決定係数やRMSE（Root Mean Squared Error：二乗平均平方根誤差）などの指標が使われます。指標は直接解釈されるというよりは、むしろ他のモデルとの比較で使われることが多いでしょう。

詳しくは「第9章 機械学習の基本」に譲りますが、データセットの中から使用する説明変数の組み合わせを変えて、それぞれモデリングを行って精度を比較し最も良いモデルを選んだり、同じ変数群に対して異なるタイプのモデルを適用して精度を比較したりすることが一般的に行われています。

これは計算機の性能が向上したことにより、モデル構築作業自体の負荷（時間や手間）がほとんど発生しなくなっているからです。

▶ 小規模なテスト

予測モデルを作成した後は、本格的な実運用の前に小規模なテストを行います。ここで「本格的な実運用」と呼んでいるのは、企業の情報システム内にプログラムを実装したり、業務プロセスの中に予測モデルのアウトプットを利用する過程を含

めたりする、という大きな工程を指しています。一方、実運用の前の小規模なテストは、分析担当者と当該業務に直接関連する数名の人だけで行われます。

　この過程で、おおよその精度が確保できていればよいのですが、実際にはモデル改善の余地はまだ多く残っているものであり、細かいチューニングが行われます。

▶ 結果の説明と展開

　本格的なサービス実装や、必要なシステム構築に移る最後のステップは、結果の説明と展開です。この場面では、どのような課題に対して、どのような目的変数を作り、どの程度の精度が検証されたか、どのような業務改善を期待できるか、などをデータ分析実務に明るくない人たちに対して説明する必要があります。

　この過程では、分析を語るテクニカルターム（最小二乗法や決定係数・多重共線性など）はほとんど使われないでしょう。むしろEDAのプロセスで行ったような可視化や集計値のほうが積極的に利用されます。多くの場合、データ分析に携わったことのない人にはそのほうが説得的だからです。

　ただし、EDAのプロセスで行った作業が、分析者自身がデータを理解し、**データに馴染むための可視化や集計**だったのに対して、このプロセスで行うのはよりわかりやすく**伝えるための可視化や集計**であり、コミュニケーションのための表現です。コミュニケーションのためのデータ表現は自分中心の視点で進めることができたデータ理解とは異なり、それ自体、訓練を通して習得すべき分野です。

▶ 施策の実装

　社内のコミュニケーションがうまくいけば、ようやく施策の実装プロセスに入ります。これは業務プロセスや社内システム、サービスプロダクトの中に予測モデルが組み込まれるということです。

▶ モデルの保守・運用

　組み込まれたモデルは、以後業務プロセスの一部として継続的に使われます。また、プロダクトに実装されたモデルの運用には、日々蓄積されるユーザーデータによって逐次改善・修正されるというフィードバックループが付随します。予測モデルのこれらの特徴は、統計解析やデータ分析によるレポーティングなど、スポットで終了するプロセスとは大きく異なるでしょう。

　モデルの更新はデータの蓄積によってだけではなく、モデルを取り巻く業務環境のさまざまな変化によっても行われます。

・予測精度が日々悪くなってきている

　運用している予測モデルの精度が日々悪くなっているとしたら、それはモデルが前提としている状況が変化してきていることを示唆しています。手元のデータが古くなってきていないか、新しく使用できるようになったデータがないか、などを気にかけながら予測モデルを更新していきましょう。

例：
・データが古くなっていた

　出店地域でさまざまな店舗の再開発が行われており、モデル作成時にデータとして用いた商圏人口と現在の商圏人口が大きく異なるとわかった。

・新しく使用できるデータが出てきた

　SNS上での店舗の言及数など、モデル作成時には取得できなかったさまざまなデータを利用できるようになった。

　以上、予測モデルを作成するための一連のプロセスを確認しました。初めに述べたように、実際の予測モデル作成のプロセスは各ステップを順序どおりに進むような直線的なプロセスではないので、必要であれば前後の工程を行きつ戻りつしながら進めてください。

MEMO

Part 3

押さえておくべき理論

第7章

データ可視化の基本

本章では、多くの人にとって馴染みの深いテーマである**データの可視化 (Data Visualization)** について扱います。「可視化」とは、表やグラフなどを用いてデータの特徴をわかりやすく表現することです。表現したい特徴に応じて最も適切な可視化手法を選択するためには、少しだけ知識と訓練が必要となります。

まずは本章で扱うテーマについて概観しておきましょう。

「データの可視化」のテーマ

・棒グラフや円グラフなどの基本グラフは当然「データの可視化」のテーマです。

・「データの可視化」では基本グラフに加えて、**ヒストグラム**や**箱ひげ図**などの統計グラフも扱います。

・**データの量と種類(質的か量的か)**に応じたグラフの使い分けは重要なテーマです。

・データの可視化のアンチパターン（不適切な例）を学ぶことは、正しい可視化手法を選択するためのとても良い訓練になるので、本章でも代表的な例を紹介します。

・2つの変数にどのような関係があるかは、たとえば**散布図**のような可視化を使うことによっても調べることができますが、変数の種類が多いと、そのすべての組み合わせについていちいち可視化して調べることはとても煩雑であり、グラフの目視に必要な紙面も多く必要となります。一方、**平均値**や**中央値**などの**統計量**を用いた方法は、目視での比較のような曖昧性がなく、また多くの紙面を必要としないという点でとてもエコロジカルです。可視化と統計量の使い分けについては、本章と次章（「第8章 統計学の基本」）にまたがって扱います。

7-1 可視化とデータの種類

可視化手法の選択は、可視化の**目的**と**データの種類**によって規定されます。

7-1-1 データ可視化の目的

データの可視化は「分布」「グループ間の差異」「変化」「相関」「構成割合」などを確認（あるいは強調）する目的で行われ、それぞれの目的に応じて異なる可視化手法が選択されます。

たとえば時間とともに株価が「変化」する様子は普通、折れ線グラフで描かれますが、ある株の銘柄の、これまでの株価の「分布」は、ヒストグラムや箱ひげ図で表現されます。

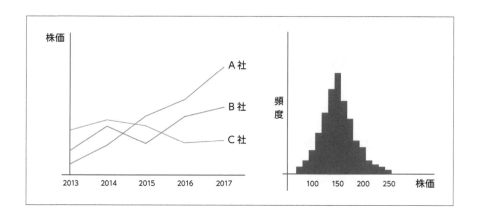

7-1-2　データのボリュームによって規定される可視化

　一方、同じ目的で可視化を行う場合でも、**データ数（行数）**や**変数の数（列数）**に応じて、選択すべき可視化手法は変わってきます。データ数がとても少なければ、全データを表示してしまうことが、一切の情報量の損失もないという点からいえば、望ましいです。

　たとえば株価データの場合、注目している会社が3社しかなければ、3社すべての株価の動きを折れ線グラフで表示して見れば十分でしょう。一方、現在の株式市場のように、何千社も上場している場合に、折れ線グラフで一カ所に表示してしまうと、意思決定に有用な表現にはなりえません。このようなグラフは**スパゲッティグラフ**と呼ばれている、グラフの**アンチパターン**の1つです。

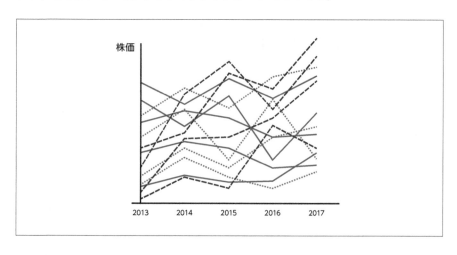

　本章ではまず、最も単純なデータである1列（1変数）かつ**少数データ**から始め、複数列の大規模データまで順に複雑さを上げながら、それぞれのデータを表現する可視化手法を紹介していきます。ある程度、体系的な形で可視化手法をインプットしておくことで、適切な可視化手法の選択ができるようになるでしょう。

　データの複雑さを軸にオーソドックスな可視化手法を概観した後は、目的に応じた可視化手法の使い分けや、可視化のアンチパターンを見ていくことで、可視化手法を実践において効果的に応用するための発想を学びます。「センス」で語られがちな可視化も、基本的なルールさえ守れば、誰でも使いこなせることを実感できるでしょう。

7-2　1変数データの可視化

　社員の年収データが整理された表をイメージしてみてください。年収の数字だけが羅列されていることは珍しく、最低でも1列目に個人名や社員No.など、行ごとにユニークな値を持つ列がある状態で表が作られていることが多いでしょう。

No.	年収
A001	800
A002	900
A003	700
A004	300
A005	700
A006	900
A007	800
A008	700
A009	500

7

データ可視化の基本

このように、IDや個人名、データ番号などの**識別子**に対して変化する量が1つ（1列）のみ与えられたデータを、**1変数データ**と呼びます。今の例で言えば、個人名が識別子であり、年収が変化する量を表します。

1変数・1変量・単変量：さまざまな表現

　1変数データは、1変量データや単変量データなどと呼ばれることがあります。統計用語はさまざまな分野で同じ概念が使われてきた関係で、同じ概念に対して複数の呼称がある場合が多いです。新しい用語に出会っても落ち着いて、「自分が知っている言葉の別な表現（言い回し）にすぎない」という可能性を検討してみてください。

　また、変数が1つで質的データ（カテゴリカルデータ）の場合も同じく1変数と呼びます。

　データが複数列あったとしても、ある特定の列（1変数）のみに注目して、その変数の性質を（他とのかかわりはいったん考えずに）詳しく調べたくなることがあるでしょう。このような場合も、注目している列を1変数データとして見ていることになります。

　このように、本節で扱う「1変数データ」というのは、あくまで「今注目している1列のデータ」という意味であり、複数列からなるデータを扱う場合であっても当然押さえておくべき事項となるので注意してください。

7-2-1　少数の 1 変数・量的データ

データ数	変数の数	データの種類
少数	1 変数	量

　まずは、データ数が少ない場合の1変数・量的データを扱います。

　節の冒頭で例示した「年収のデータ」はまさにこのようなデータの例です。データ数が少ない場合は、情報量を落とさずすべてのデータを可視化します。また、量的データの可視化は「**棒グラフ**」か「**ドットプロット**」を用いるのが一般的です。

　「年収のデータ」から例を変えて、過去のGDPのデータを用いて順に可視化してみましょう。

国名	単位：百万 US$
日本	5,079,916
米国	21,433,225
中国	14,731,806
カナダ	1,736,426
ドイツ	3,861,550
イギリス	2,830,764

7

データ可視化の基本

棒グラフ

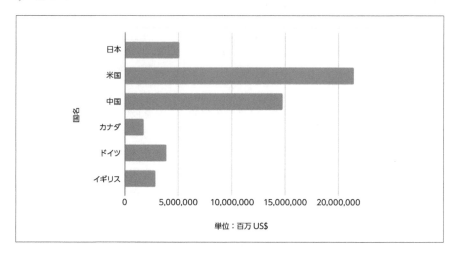

棒グラフによる可視化は、**量の大小や比率を瞬時に把握できる**ということが利点です。「長さ」による比較は、たとえば面積や色（カラースケール）による比較よりも**差**や**比率**を把握しやすいことがわかっています。

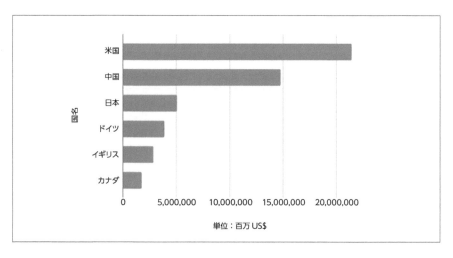

1変数データを与えられたときには、最大値や最小値、平均値や中央値など量に関する**典型的な値**や**順位**などをまず知りたくなることが多いでしょう。そのため、1変数データを棒グラフで可視化する場合、降順に並び替えた上のような表現を使うことも多いです。

ドットプロット

　ドットプロットは2変数の量的データの可視化手法としては「**散布図**」という名でよく知られた表現方法です。1変数の量的データに用いる際には「**単軸散布図**」と呼ばれるときもあります。

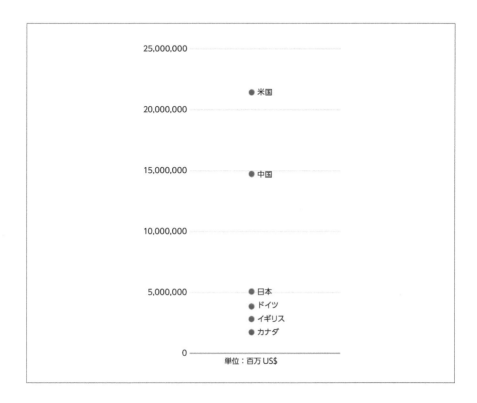

　上のデータは、先ほどと同じ GDP の可視化です。棒グラフと見比べて、2つの可視化手法の効果の違いを考えてみてください。

　ドットプロットの効果を整理します。ドットプロットはすべての点（ドット）が軸の近くに縦に並ぶため、**任意の**2つの点同士の**差**が明瞭です。一方、棒グラフは一般には、隣り合う（もしくは近くにある）棒の比較にしか適していません。

　また、棒グラフでは見つけづらかった、データの密度についても、ドットプロットのほうが一般にはよく認識できます。

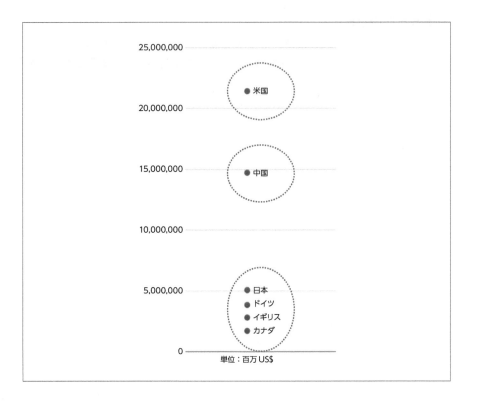

　このデータだと、米国が飛び抜けていて、その後に中国が続き、さらに残りの国が一塊になっていると認識できます。

　一方、ドットプロットの場合は、棒グラフのように即座に比率の違いを認識することができません。「〇〇倍の差がある」ということをメッセージにしたい場合には、棒グラフのほうが一般的には効果的です。

　このように、可視化手法によって得意とするメッセージは異なります。「第4章データの準備」で扱ったEDAというプロセスの中で行う「**発見のための可視化**」という観点から見れば、可視化手法によって得手不得手があるということは、可視化手法ごとに得られるインサイトが異なる、ということを意味しています。

　1つのデータに1つの可視化と決めずに、さまざまな可視化手法をトライすることで、より多くの発見が得られるかもしれません。

棒グラフの最大の利点：圧倒的馴染みやすさ

　この項では、少数・1変量・量的データの可視化手法として「棒グラフ」と「ドットプロット」を比較して紹介しました。

　本文内ではあえて挙げませんでしたが、実は棒グラフの圧倒的利点は、その「**馴染みやすさ**」にあると言えます。「人に説明するための可視化」の場合、誰もがよく見慣れている表現方法であることは、それ自体が（理解されやすいという意味で）大きなメリットといえます。

　この点で「棒グラフ」の右に出る手法はないといってもよいでしょう。ただし、EDAのプロセスにおける「発見のための可視化」という観点からは、棒グラフにのみこだわる必要はありません。ドットプロットも大いに役立ちます。

　このように可視化手法を学ぶときには、2つの視点を持って学ぶとよいでしょう。1つは「どのような場面で使うと人に説明するうえで効果的か」という視点、つまり人に説明することを前提とした視点（「人に説明するための可視化」）、もう1つは「この可視化を行うとどのような発見がありそうか」という視点、つまりデータ理解・発見を目的とした視点（「発見のための可視化」）です。

比率ではなく差だけを示したい場合

　比率ではなく、差だけに注目したい場合があります。比率をとるとあまり差がないように見えるけれども、差の値が大きな意味を持つような場合です。そのようなときは、0値（ゼロ値）を原点とした棒グラフ（次の図A）を使ってもあまり説明力がありません。差がぼやけてしまうからです。

　一方、だからと言って、非ゼロ値原点の棒グラフを用いるのも好ましくはありません（「7-4 可視化のアンチパターン」の節も参照）。非ゼロ値原点の棒グラフは、ありもしない比率関係をイメージさせてしまうからです。たとえば、図Bの最長のバーは、最短のバーの10倍程度の比率に見えますが、原点が0ではない（30になっている）ため、この比率には何の意味もありません。

　そこで、差だけに注目させ、かつ比率を誤解させないような可視化表現としては、非ゼロ値原点のドットプロット（図C）が使われます。ドットはこのように、比率の誤解を生まないという点でも優れています。

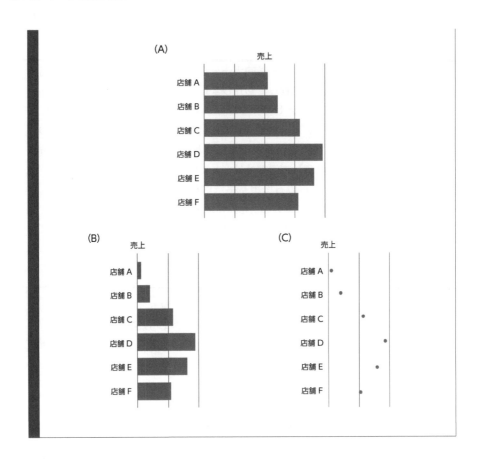

7-2-2　多数の1変数・量的データ

データ数	変数の数	データの種類
多い	1変数	量

　1変数・量的データにおいてデータ数が多くなった場合、可視化手法はどのように変わるでしょうか。一般にデータが大量にある場合には、データの識別子（ラベル）をすべて表示しようとは思わないでしょう。

　たとえば、何千人もいる社員の年収のデータを可視化する場合に、すべての社員名を表示しようとは思わないはずです。つまり、関心の対象が個別のデータからは離れて全体の傾向にシフトします。そして、関心の対象が変われば、可視化手法が

変わるのも当然のことです。

ヒストグラム

たとえばECサイトにおける購買金額のデータ数は、会員数や対象データの期間にもよりますが、「万」や「億」の桁以上になることもよくあります。このような大規模な**量的データ**を可視化するためのオーソドックスな方法は、**ヒストグラム**です。

ヒストグラムの作り方

ヒストグラムを作るには、量的データに対して、適当な区切りごとにデータ数をカウントした**度数分布表**をまず作成します。そして、作成した度数分布表上の**階級**を横軸に、**度数**を縦軸にとった棒グラフを作成したものがヒストグラムです。

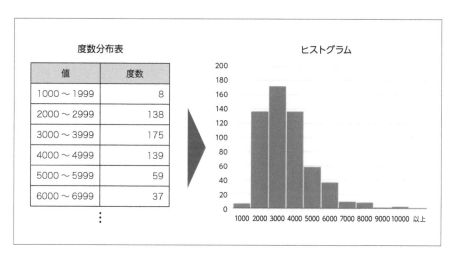

ヒストグラムは、あまり馴染みのない方も多いでしょう。たとえば、Microsoft Excelでヒストグラムがグラフ機能に入ったのはExcel 2016からです。しかし、ヒストグラムは大量の1変数・量的データを整理して特徴を把握するうえでとても有用な可視化手法です。

箱ひげ図

量的変数の整理には、**箱ひげ図**と呼ばれる表現を用いることもできます。箱ひげ図はヒストグラムと同様、統計学のテキストで導入されることが多い可視化表現なので、見慣れない方もいるかもしれませんが、読み解きは（他の可視化表現と同様）難しくはありません。

7

データ可視化の基本

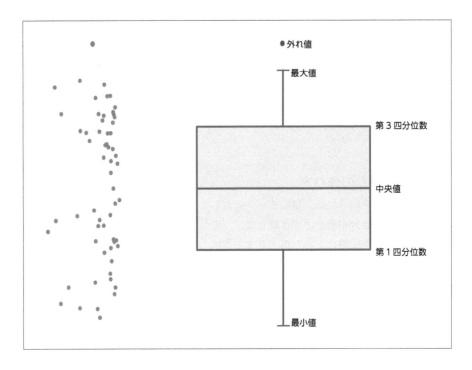

　上の左図はドットプロットを表しています（点が重ならないように横方向にも散らしていますが、横軸に意味はありません）。ドットプロットと対照させながら以下の説明を読んでください。

　箱ひげ図の上端と下端は、データの**最大値**と**最小値**を表しています。また、最大値と箱の上辺の間の領域（箱から上に出ている線分［ひげ］の範囲）には上位25％のデータが含まれ、最小値と箱の下辺の間の領域（箱から下に出ている線分［ひげ］の範囲）には下位25％のデータが含まれます。箱の上辺は**第3四分位数**と呼ばれ、箱の下辺は**第1四分位数**と呼ばれます。

　真ん中の「箱」が作る領域（第1四分位数から第3四分位数までの領域）には50％のデータが含まれ、普通、**中央値**の部分にラインが引かれます。

　以上が基本となる見方ですが、多くの場合、箱ひげ図を描くときには**外れ値**を除外したうえで、外れ値を除外したデータの最大値と最小値を図の上端下端に描き、外れ値は箱ひげ図の外にプロットする、というような描き方をすることが多いです。「外れ値」をどのように定めるかや、箱ひげ図の詳しい性質については「第8章 統計学の基本」を参照してください。

7-2-3 少数の1変数・質的データ

データ数	変数の数	データの種類
少数	1変数	質

質的データの場合は量的データとは異なり、「差」や「比率」などの概念がないため、点や棒などで位置や大きさと関連づけることが意味を持ちません。しかし、データ数が少ないのであれば、データをカテゴリーごとに**表**などで整理すれば十分でしょう。なおグラフを用いる場合には、次項で紹介するデータ数が多い場合の可視化と同様に、度数や割合に注目したうえで可視化を行います。

7-2-4 多数の1変数・質的データ

データ数	変数の数	データの種類
多数	1変数	質

1変数・質的データでデータ数が多い場合には、質的変数の値ごとにデータ数を**カウント**して整理します。そして、カウントしたデータ（**カウントデータ**）を度数のまま可視化する場合には棒グラフを、**構成割合**を可視化する場合には、100%棒グラフか円グラフなどを用います。

▶ 棒グラフ

例として全国に多数ある店舗が3種類の店舗タイプに分類されるとして、店舗タイプのデータを可視化します。

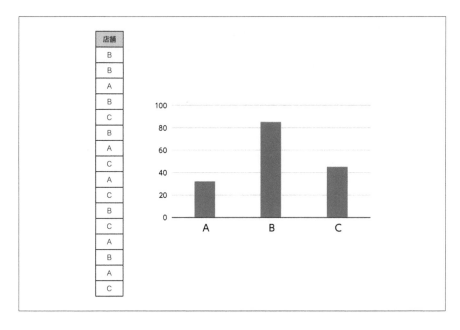

　量的データを降順に並び替えて可視化したのと同じように、カウントデータを度数の大きい順に並び替えて表示するのもよいでしょう。

100%棒グラフ・円グラフ

　全体に占める構成割合を表示するときには、100%棒グラフや円グラフを用います。

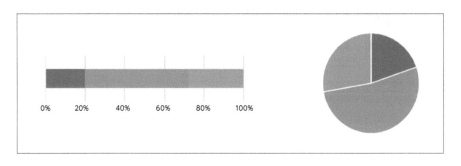

　円グラフは非常にポピュラーな可視化手法ですが、最近ではあまり推奨されなくなってきました。長さによって量を表す棒グラフの場合、差や比を直感的に判断できますが、円グラフのように角度、あるいは面積によって量を表した場合には、差や比を判断するのが簡単ではない、というのが理由です。

円グラフの良いところ：比較

　円グラフの良いところは、任意の構成要素が中心伝いに隣接しているということです。100%棒グラフは、離れた要素間の比較には適していませんが、円グラフ上ではどのような要素間の比較も（中心角の大きさを比べることにより）少しだけスムーズに行うことができます。

　1変数・質的データにおいては（データ数ではなく）データがとりうる値の種類（これは**水準**［level］と呼ばれることもあります）が多い場合があります。このような場合にも棒グラフは役立ちます。

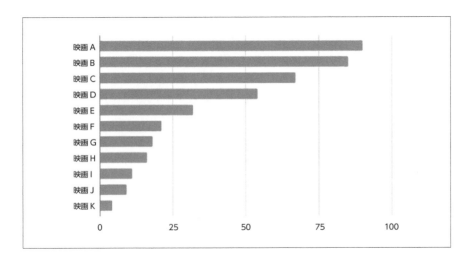

　一方、水準数が多くなると、100%棒グラフや円グラフなどのような構成割合を示す表現がうまくいかなくなります。

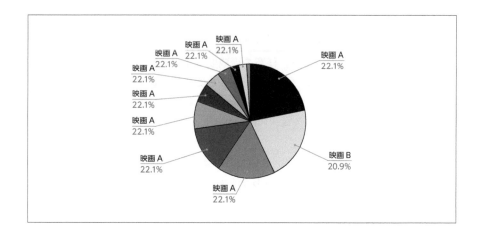

どのあたりの水準数までが許容できる数であるかは、実際に可視化をしてみないと何とも言えないところがあるのですが、周りの人の意見を聞くなどして、最大限効果的な可視化を選ぶようにしましょう。

1変数データの可視化についての説明は以上となります。

7-3　2変数データの可視化

2変数のデータについては、量的データ×量的データ、量的データ×質的データ、質的データ×質的データの3通りの組み合わせがあります。

このような組み合わせ数は、変数の数が増えていくにつれて指数関数的に増えていきますが、2変数（あるいは3変数）以上の多変数を同時に可視化する必要があるシーンは非常に限定されているので、まずは2変数データの可視化を習得することに集中してよいでしょう。

7-3-1　2変数・量的データ

データ数	変数の数	データの種類
少数～多数	2変数	量×量

2変数がともに量的データの場合の可視化手法は、データ数によらず一般的に**散布図**が使われます。データ数が少ない場合には、識別子（固有名）が**データラベル**

として記載される場合が多いです（次の左図）。

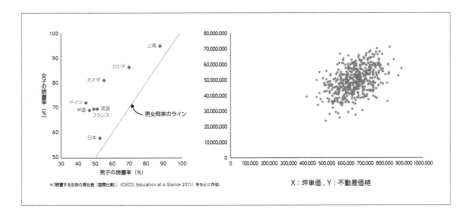

それでは散布図の性質を詳しく紹介します。

▶ 散布図

　以下の散布図は、顧客ごとに計測された店舗滞在時間と購買金額のデータを可視化した図です。滞在時間をX軸、購買金額をY軸にとってデータをプロットしています。

　散布図を作ると、滞在時間の長い顧客ほど購買金額が大きくなるという関係性が一目瞭然となります。

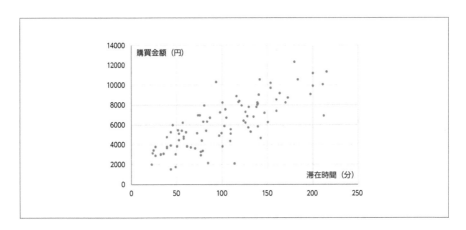

散布図の作り方

　散布図はX軸もY軸もともに量的データを表すため、どちらの変数をどちらの軸にするかの選択を行う必要があります。先の例では、滞在時間をX軸にとった散布図が与えられていましたが、滞在時間をY軸にとり、購買金額をX軸にとっても散布図を作ることができます。しかしこの場合、一般的には滞在時間をX軸にとるでしょう。

　他の可視化手法と同様、絶対的なものではありませんが、散布図の作成にもいくつかのルールがあるのでここで確認しておきましょう。

(1) 軸名と単位を記載する
(2) 軸の刻みは自然な刻みを使う
(3) X軸にはインプット / 原因系 / コントロールが可能な変数をとる
(4) Y軸にはアウトプット / 結果系 / 直接コントロールが不能な変数をとる

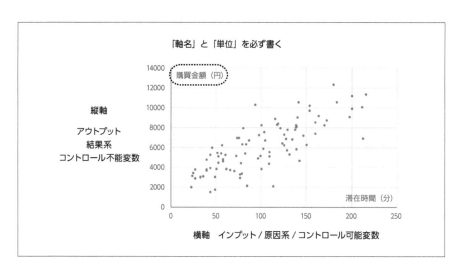

　たとえば、2つの変数の間に、X（原因）→Y（結果）という因果の方向性が想定されるときには、一般的に原因側の変数をX軸にとります。

　今回のデータの場合には、「滞在時間が長い（ことによって）購入金額が増える」という因果の方向が自然に想定されるため、滞在時間をX軸にとるのが見やすい散布図となります。ただし、ここでの「因果の方向」は、必ず正しいものである必要はありません（それを証明するのは非常に難しいです）。一般的に想定されるだろう方向、多くの人の合意を得られる方向、であれば十分です。

7-3-2 時系列データ

データ数	変数の数	データの種類
少数〜多数	2変数	量×量（時間）

2変数や多変数のデータのうち、1つの変数が時（年/月/日）である場合のデータは**時系列データ**と呼ばれます。

「時」は、さまざまな意味で独特なデータです。計画や変化という概念は、時という概念なしに語ることができず、私たちの生活も、ビジネスも、常に時間に伴う変化を気にしながら、先の計画を立てることで成り立っています。

また、書店で統計解析の棚に行くと、「時系列解析」という類の本が1つのトピックとして広い棚面積を占めていることがうかがえるでしょう。このことは、「時」という変数がそれだけ注目されていること、単なる量的変数の一例ではないことを示しています（同じようにある程度の棚面積を占める分析カテゴリーとしては「画像データ分析」や「音声データ解析」などがあります）。

▶ 折れ線グラフ

（2変数の）時系列データのまとめ方としては**折れ線グラフ**が一般的でしょう。

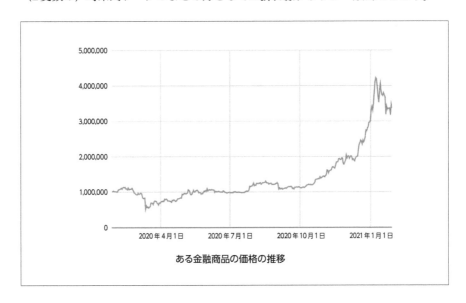

ある金融商品の価格の推移

もちろん「時間」を表す変数は横軸にとるのが一般的です。

▶ データの型が規定する可視化表現

ところで、折れ線グラフによる時系列データの可視化は、データの型（今回の場合は時系列データ）が自然と可視化の種類を規定する場合の典型例と言えるでしょう。このような例としてほかには、データの型が**地理空間データ**（値ごとに地図上の位置座標が与えられているデータ）の場合の可視化が挙げられます。地理空間データの場合には、地図を用いて各データの持つ座標上にデータの値をプロットするという表現が自然と選択されます。

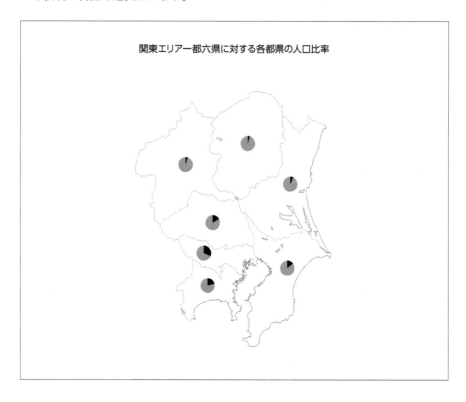

関東エリア一都六県に対する各都県の人口比率

7-3-3 少数の2変数・混合データ（量×質）

データ数	変数の数	データの種類
少数	2変数	量×質

　量的データと質的データからなる2変数の可視化は、1変数・量的データの可視化を質的変数の値（グループ）ごとに行います。

　データ数が少ない場合は、ドットプロットを応用することで、情報量を落とさずに、グループごとの比較もグループ内の比較も行えるような可視化を実現できます。

　たとえば、3つの店舗タイプごとにある日の顧客10名ずつの購買金額を可視化する場合を考えます。この場合、次の図のようにドットプロットを横に3つ並べることで、情報量を一切落とさずにデータの比較が可能になります。店舗Bは店舗Aより一般に購買金額が少なく、店舗Cは店舗Aと（おそらく）平均金額はあまり変わりませんが、店舗Cの購買金額のほうがずっとバラツキが小さいということがわかります。

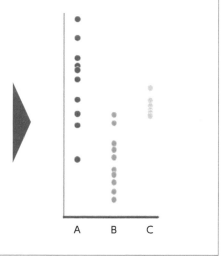

A	B	C
1500	800	1000
1400	770	900
1250	690	890
1230	660	885
1200	540	880
1100	440	875
900	430	
800	300	
750	280	

7

データ可視化の基本

7-3-4　多数の2変数・混合データ（量×質）

データ数	変数の数	データの種類
多数	2変数	量×質

　データ数が多数の場合には、ドットプロットの点（ドット）が多くなりすぎてしまうため、次の図のように点が重なってつながり、線のようになってしまいます。そこで、データ数が少ない場合とは異なる可視化が必要となります。

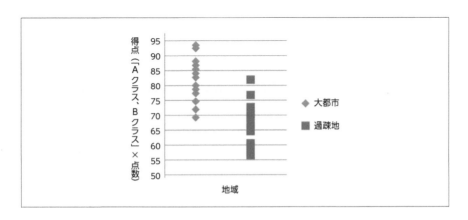

　データ数が多い場合の1変数の量的データの可視化では**ヒストグラム**を用いたことを思い出してください。同じ発想を使って、質的データの値（グループ）ごとにヒストグラムを描くことが、この場合の可視化手法の1つでしょう。

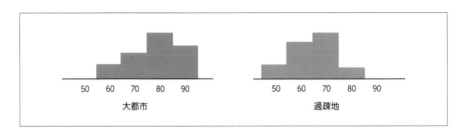

　このような可視化は、たとえば複数の店舗がある場合に、店舗ごとの分布を確認するうえでは非常に有用な可視化だと言えますが、店舗間の比較を考えると、少し見づらいところがあります。

たとえば、店舗ごとにヒストグラムを横に並べたときの、一番左の店舗のヒストグラムと左から10番目の店舗のヒストグラムの最頻値（最も度数の多い階級）や平均値の違いを瞬時に判断するのは、誰にとっても難しいでしょう。このようにヒストグラムは、分布の確認を行ううえでは優れていますが、一般に比較に適さないという性質があります。

そもそも紙面の関係からも、あまりたくさんのヒストグラムを並置することはできない、ということにも注意しておきましょう。上の例で店舗の数が10タイプ以上ある場合、横に並置しては図が小さくなりすぎてしまいます。

代表値を使った可視化

前述したとおり、質的変数の値の種類が多い場合（先の例で言えば店舗数が10店舗よりたくさんあるような場合）、ヒストグラムのような幅をとる可視化を並べて表示するのは現実的ではありません。このような場合は、あえて**「情報量を落とす」ことでコンパクトな表現を実現する**、というのが一般的な処方となります。

たとえば「分布」の情報を落として、「代表値（たとえば平均値）」の情報のみで表現するというのは、とてもよく使われる方法です。次の図では店舗ごとに平均値のみを可視化しています（平均値だけを使うので棒グラフで表現することが可能になっています）。

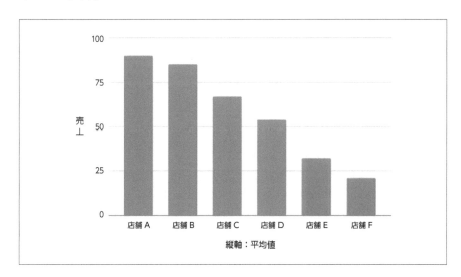

7

データ可視化の基本

このように、代表値などの統計量は（情報を圧縮したものなので）可視化との相性がとても良くなっています。可視化表現が複雑で見にくいと感じられたら、代表値を用いた工夫を考えてみてください。

スパゲッティグラフを改善する

冒頭で紹介した以下のようなスパゲッティグラフ（株価のグラフ）もまた、統計量を用いることでわかりやすくすることができます（ただし情報量は落ちます）。

たとえば、業界ごとに株価の平均値を計算して折れ線グラフを作成することで、全体の傾向や業界ごとの傾向という粒度に関してはより理解がしやすくなります。

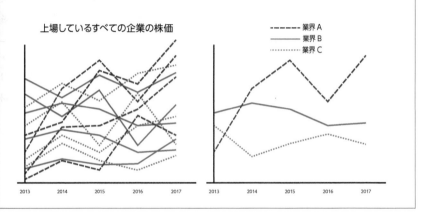

ノイズを使った可視化

前述の「代表値を使った可視化」はとても有用ですが、元のデータから情報量を落とさず、しかも代表値による方法と同じ程度のスペースしか使わないような可視化手法もあります。前に取り上げた手法ですが、ドットプロット（単軸散布図）にノイズを混ぜるという手法です。

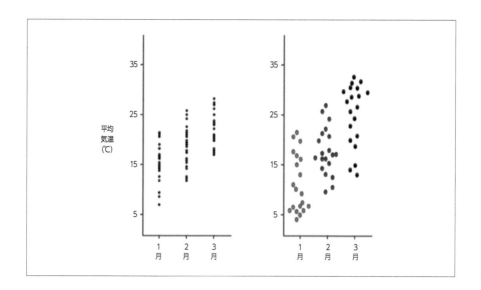

　ドットプロットはドットの量が多いと、上の左図のように線状の表現となってしまいます。この場合、データが存在している範囲（最大値と最小値）については問題なくわかるのですが、どのあたりにどの程度多数のデータが分布しているのか、というような「密度」についての情報は失われてしまいます。そこで点の重なりをなくすために、横方向にノイズを加えたものが右図の表現です。

　右図ではそれぞれの散布図の横幅に意味はありませんが、点（プロット）の重なりが減ることによって、それぞれの値付近での点の密度を正しく把握できるようになっています。このように、データにもともと存在しないノイズを加えることでプロットの重なりを減らす手法は、最近の統計ソフトウェアでは基本的な機能として実装されていることが多いです。表計算ソフトのExcelでも、簡単な工夫で実現することができます。

▶ 箱ひげ図・バイオリンプロット

　ここまで扱った「代表値を使った可視化」と「ノイズを使った可視化」の方法は、前者が代表値を用いる代わりに「分布」の情報を捨象することで見通しを良くする方法であり、後者が情報を付加することで（元の情報量を損ねることなく）見やすくする方法でした。

　この2つの方法のちょうど中間に位置し、「分布の情報」を（完全に捨象するのではなく）やや圧縮したような表現方法として、前述した箱ひげ図やバイオリンプロットと呼ばれる表現があります。

7

データ可視化の基本

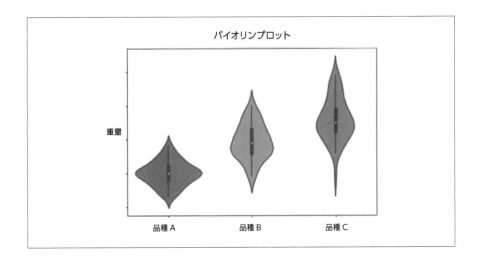

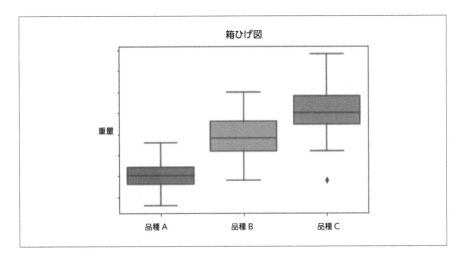

　バイオリンプロットも箱ひげ図もドットプロットのようにすべての情報を保持しているわけではありませんが、分布についての十分な情報は表現できています。

　さらに素晴らしいことに、ヒストグラムとは異なり、これらの可視化表現はスペースを多く必要としません。少スペースの中でたくさんの水準の分布を表現できるという点は、箱ひげ図やバイオリンプロットの大きな利点の1つでしょう。

7-4　可視化のアンチパターン

　本節では可視化のアンチパターンを紹介します。特に、明らかにNGな可視化というよりは、誰もが**ついつい**やってしまうようなアンチパターンやメディアで（意図してか意図せずかはわかりませんが）ときどき見かけるような可視化の誤用・悪用例を紹介します。

非ゼロ値原点

「7-2-1 少数の1変数・量的データ」のコラム「比率ではなく差だけを示したい場合」でも取り上げたように、原点を0（ゼロ）値にしないような棒グラフの表現は、多くの誤解を与える可能性があります。

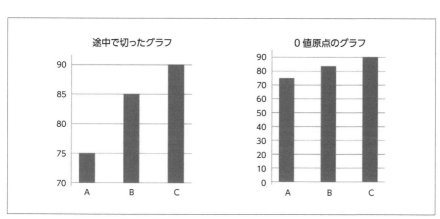

　上の左図のような棒グラフは、**差**の相対的な大小を比べるときには意味がありますが、全体の中での変化の割合を見る、という意味では大きな誤解を与えます。
　たとえば、原点を0にとりバーの長さ全体を正しく描いた右図を見ると、実際のところ、元の大きさ（A）に対してそこまで大きな変化がなかったということがわかります。
　さらに、原点が非ゼロ値の場合、棒の長さの比率には意味がありません。Cの値がAの値の2倍もないことは、右図であれば誰でも判断できます。しかし、左図だけを与えられた場合、注意して見なければ、AとCは何倍もの違いがあるというような印象を持ちかねません。

7

データ可視化の基本

3D グラフ

3D グラフは原則使用すべきではありません。奥行きに従って補正された図の大きさを正しく復元することは、簡単なことではないからです。

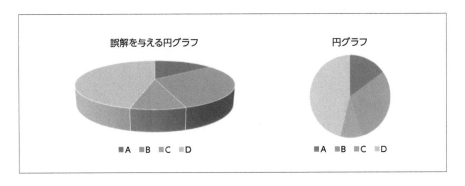

たとえば左の3D円グラフでは、項目Aの大きさより項目Cの大きさのほうが大きく見えていますが、実際はAのほうが大きい値を与えられています。また、項目CよりAのほうが大きい、ということがわかったとしてもその差がどの程度なのかをこの図から読み取るのは簡単ではありません（正解は右図にあります）。

可視化による不正

非ゼロ値原点の棒グラフや3D グラフは、誤解を与える可能性が高いものの、いつもNGというわけではなく、また悪意を持って使われるというよりは（表現が目立つためか）**ついつい**使ってしまうような表現と言えます。

一方、残念ながら可視化の中には、印象操作を意図して不正が行われた表現というものが存在します。ここではそのような**可視化における不正**をいくつか紹介します。

・軸の値の不正

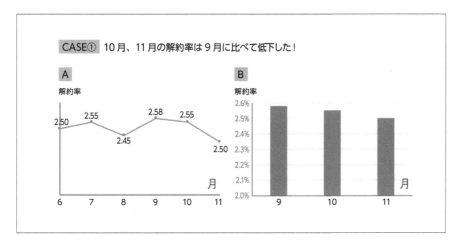

このグラフには不正な表現が使われています。どのような不正かを少し考えてみてください。

このグラフはかなり極端な例ですが、問題をわかりやすくするためにあえてこうしています。わからなかった方は、以下の補助線付き解答を見てください。

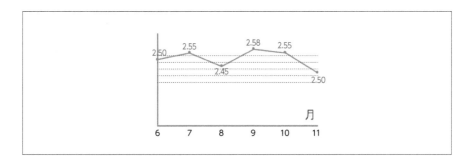

わからなかった方は「このような不正がありうる」という発想がそもそもなかったのではないでしょうか。残念ながら、このような不正は実際に過去の海外ニュースのテレビ番組の中で使われたことがあります。しかも、テレビ番組中ということはこの文章のようにじっくり止まって考える時間もありません。この不正の例は、私たちの抱く印象が、いかに簡単に操作されうるかを示している事例でもあります。

・軸幅のとり方の不正

「軸についての不正」をもう1つ見ておきましょう。

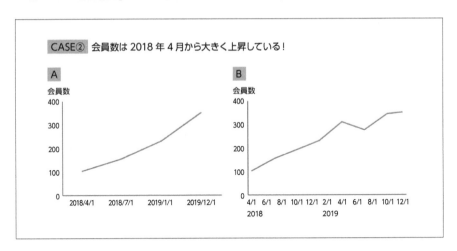

CASE② 会員数は2018年4月から大きく上昇している！

A
会員数

B
会員数

　左図は一見、ここ2、3年で会員数が大きく変化しているような「印象」を与えますが、私たちがそのような「印象」を持つのは、横軸に時間をとったグラフでは、「等間隔な目盛距離があれば時間間隔も等間隔である」という正しさの先入観があるからです。

　ところが左図は、グラフ上の目盛の距離が等間隔でも、打刻された時間幅が恣意的に与えられています。そのため、隣り合うデータの差や、変化の大きさの意味は直感的には判断できません（正しい間隔の軸を用いると、たとえば右図のようになります）。

第 **8** 章

統計学の基本

与えられたデータの特徴をわかりやすく表現するための言葉やテクニックを扱う分野を **「記述統計」**（Descriptive Statistics）と呼びます。本章では、データ整理の基本的なテクニックとして、記述統計学の入門事項を扱います。

まずは具体的な学習テーマを確認しておきましょう。

記述統計のテーマ

・表やグラフなどの可視化手法は、記述統計の主要テーマです。

・平均値や中央値、最大値、最小値、分散、標準偏差などのように、データを加工して求められた量のことを**統計量**と呼びます。複雑で大規模な現代のデータを理解するためには、統計量を用いたデータの要約作業が欠かせません。さまざまな統計量の特徴を学ぶことも、記述統計の重要なテーマです。

・**1変数データ**を整理するための統計量として**代表値（平均値・中央値・最頻値）と散布度（分散・標準偏差・四分位範囲）**の性質を詳しく扱います。

・記述統計学では、**2変数データ**の関係性を要約するような統計量も扱います。特に、**相関係数**と呼ばれる統計量は非常に有用な統計量なので詳しく扱います。

・2つの変数にどのような関係があるかは、たとえば**散布図**のような可視化によっても調べることができますが、変数の種類が多いと、そのすべての組み合わせについていちいち可視化して調べることはとても煩雑であり、紙面上のスペースも多く必要となります。一方、統計量を用いた方法は、目視での比較のような曖昧性がなく、また多くの紙面を必要としないという点でとてもエコロジカルです。

　可視化については第7章で扱ったので、本章ではさまざまな統計量を中心に扱います。可視化については、統計量との関わりという観点から再考されます。

8-1　1変数データのまとめ方

　ここでは、1変数の量的データの要約に使われる（要約）統計量の扱い方を解説します。要約統計量は、与えられたデータを代表する値である代表値（平均値・中央値・最頻値）と、データのバラツキの程度を表現する散布度（分散・標準偏差・四分位数など）から構成されます。代表値も散布度もデータの基本的な特徴を記述するために不可欠な道具なので、確実にマスターするようにしましょう。

8-1-1　代表値

　データが与えられたとき、私たちはデータの全体像を大まかに把握したり、データに含まれる「普通の値」や「典型的な値」を確認したりすることによってデータを理解しようとします。全体像を把握するには、データの可視化が使われることが

多く、データの「普通」を知るためには**代表値**と呼ばれる値が計算されます。

例）年収のデータ

　たとえば自分の会社の年収データが与えられた場合、私たちは平均年収や、年収の分布を知りたくなることが多いようです。それによって自分の年収がどの位置にいるのか、どの程度「普通」なのか（もしくは「普通」から離れているか）を確かめたくなるのでしょう。平均値のような「普通」を定義する値を、統計学では「代表値」と呼びます。

▶ 3つの代表値：平均値・中央値・最頻値

「普通」という言葉が一通りではないのと対応して、代表値もまた平均値だけではなく、平均値・中央値・最頻値の3種類があります。それぞれの定義を見てみましょう。

- **平均値**：データの総和をデータ数で割った値
- **中央値**：データを大きい順に並び替えた場合に、真ん中の位置にくる値
- **最頻値**：データの中で最も度数（出現回数）の多い値

例）年収のデータ

　年収を例に確認してみましょう。年収の平均値は平均年収です。年収の中央値はちょうど真ん中の人の年収ということになります。年収の最頻値は、その年収をもらっている社員数が最も多いような年収額です。平均値・中央値・最頻値はそれぞれが「普通」という感覚を反映している値であることがわかります。

8-1-2　平均値

　平均値の最大の特徴は「**誰もが知っている**」ということです。中央値や最頻値は、定義は簡単であるものの、一般的とは言えないため、データの「普通」としては多くのビジネスシーンで平均値が使われます。平均値は使用場面が多いからこそ、さまざまな特徴をきちんと理解しておくことが重要です。

・平均値は合計と関連が強い

　平均値の特徴は**合計**との関連の強さにあります。平均値がわかっていれば、その集団から**サンプリング**したときの合計を即座に見積もる（推定する）ことができます。平均値にサンプル数を掛け算すればよいのです。たとえば、ある店舗の（これ

までの）平均購買金額が800円だとして、その日の客数が50人ぐらいであれば、その日の売上を40,000円程度であると即座に見積もることができます。

極端に大きい値に注意

平均値は、極端に大きな値に影響を受けやすい代表値です。特にデータ数が少ない場合に、その影響は大きくなります。例で確認しておきましょう。

例）年収のデータ
A社　：300, 350, 450, 450, 500, 600, 700（万円）
平均値：約479万円　中央値：450万円　最頻値：450万円
B社　：300, 350, 450, 450, 500, 600, 2000（万円）
平均値：約664万円　中央値：450万円　最頻値：450万円

この例でA社とB社では中央値や最頻値（階級値）はまったく同じですが、平均値には大きな差があります。平均値はすべてのデータの値を計算に用いるため、同じような分布のデータセットでも、最大値の値が大きく違うだけで平均値に差がついてしまう場合があるのです。このような平均値の性質は「**平均値の罠**」と呼ばれます。平均値を扱ううえで常に注意をしておかなければならない性質です。

8-1-3　中央値

中央値の特徴は、割合との関連が強いことです。たとえばある店舗の（これまでの）購買金額の中央値が700円の場合、今店舗にいる人のおおよそ半分（50%）の人の購買金額は700円以下であると予想することができます。平均値の場合、割合と関連づけることは一般的にはできません（ただし、平均値の2倍以上の値をとるデータの個数は全体の2分の1以下、などのことは言えます）。

中央値と5数要約値と箱ひげ図

中央値を境にデータセットを2つに分けた場合の、小さいほうのデータセットの中央値を第1四分位数、大きいほうのデータセットの中央値を第3四分位数と呼びます。第1四分位数、第3四分位数はともに中央値と同様、割合と直接結びついており、第1四分位数以下の値は全体の25%、第3四分位数以下の値は全体の75%であることが即座にわかります（定義そのものですね）。

中央値を示す場面では、第1四分位数、第3四分位数、および最小値と最大値がセットで使われることが多く、これら5つの統計量は**5数要約値**と呼ばれます。

5数要約値の可視化表現は、以下のような箱ひげ図を使うのが一般的です。

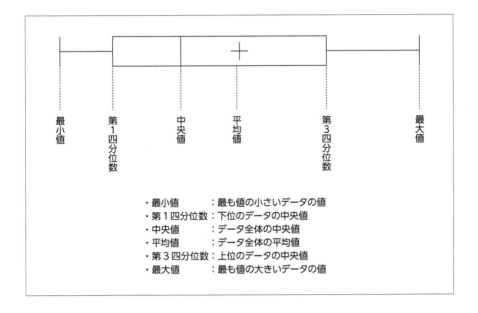

- ・最小値　　　　：最も値の小さいデータの値
- ・第1四分位数：下位のデータの中央値
- ・中央値　　　　：データ全体の中央値
- ・平均値　　　　：データ全体の平均値
- ・第3四分位数：上位のデータの中央値
- ・最大値　　　　：最も値の大きいデータの値

極端な値にも強い、ただし知名度が低い

圧倒的な知名度を持つ平均値と比べると、中央値の知名度はやや低くなっています。そのため、業務で中央値を使う場合には「平均値を使わない」ことに対するExcuse（言い訳）が必要になることが多いでしょう。中央値が使われる理由としては、中央値が平均値と違い**「極端に大きな値からの影響を受けにくい」**ということが挙げられます（「8-1-2 平均値」の例も確認しておきましょう）。2つのデータセットの代表値を、少数のデータ数をもとに比較しなければならない場合が、中央値の活躍シーンとなります。

8-1-4　最頻値

　最頻値は確率との関連が強い代表値です。ある店舗の（これまでの）購買金額の最頻値が500円の場合、次にレジに並ぶ人の購買金額は、500円である確率が最も高そうだと予想できます。

　ただし、最頻値の場合は、単純に登場回数の多いデータの値を最頻値として採用することはまれで、通常は度数分布上で定義された最頻値の値を用いることが多いです。度数分布上での最頻値の定義を、例をもとに確認してみましょう。

例）売上データ

| 323,000 | 432,400 | 531,394 | 345,500 | 442,500 | 389,900 |
| 351,000 | 488,200 | 291,394 | 690,500 | 225,000 | 589,900 |

　たとえば、上の「売上データ」の場合、データの値ごとに登場回数に差がない（どの値も1回ずつ登場する）ため、そのままの値に対して最頻値を定義してしまうとすべての値が最頻値になってしまいます。これは量的データの「細かさ」から、いつでも起こりうる事態です。

　そこで、最頻値は通常、度数分布表を作成したのち、**最も度数の多い階級の階級値**として定義されます。

　上のデータの場合は、たとえば100,000刻みで階級をとり、階級値を各階級の中央値として定めることにより、300,000-400,000が最も度数の多い階級となるため、階級値350,000が最頻値となります。

▶ 最頻値とヒストグラム

　中央値や5数要約値は箱ひげ図という表現と直接結びついていましたが、最頻値はヒストグラムと直接結びついています。

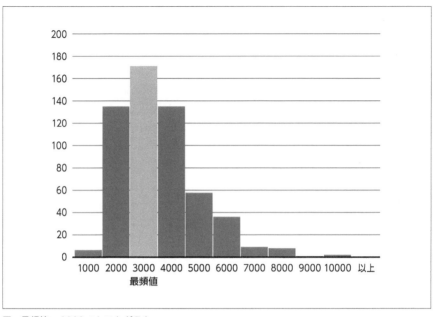

図：最頻値＝ 3000 のヒストグラム

　ヒストグラムを作成すれば最頻値（階級値）は一目瞭然となります。上のヒスト
グラムの場合は3000台の度数が最も多いことがわかるので、階級値3000が最頻
値となります。一方、平均値や中央値はヒストグラムから直接読み取るのは難しい
ということも覚えておきましょう。

階級のとり方の恣意性に注意

　ただし、最頻値を最大度数の階級の階級値で定義する場合、階級の設定はそもそ
もグラフの作り手に任されていることに注意しましょう。階級の設定は、印象操作
できるほどの影響力を持つことはマレですが、階級幅が狭いほど最頻値の粒度は細
かくなり、階級幅が広くなるほど最頻値の粒度が粗くなることは押さえておきま
しょう。

　せっかくデータ数が多くなっても、階級幅があまりにも広く取られている場合は、
中央値や平均値と同列に並べて比較することが不適切になってしまいます。

8

統計学の基本

8-1-5　平均値と可視化

　中央値は箱ひげ図という可視化と結びついており、最頻値はヒストグラムという可視化と結びついていることをここまで見てきました。それでは平均値はどのような可視化と結びついているでしょうか？ 実は、平均値と直接結びついている可視化手法というものは、標準的な可視化手法にはありません。ただし、よく使われる可視化と平均値の関係についてはいくつか特徴があるので、ここで押さえておきましょう。

棒グラフと平均値

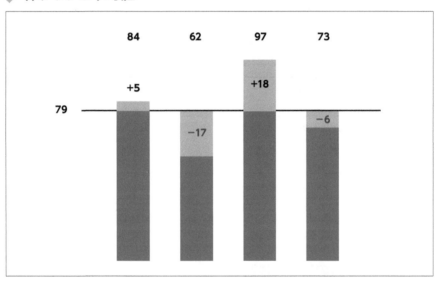

　まず、棒グラフ上に平均値を表す線を書き込む場合、平均値の線を超える部分の面積の合計（＋部分の合計）と平均値線を下回る部分の面積の合計（－部分の合計）は必ず一致します。各データから平均値を引いた値が正になったものが＋部分であり、負になった部分が－部分なので、今述べた性質を言い換えると、**各値から平均値を引いた値の合計は常にゼロになる**、ということになります。実際、図の例で計算してみると、5 −17 +18 − 6 = 0 となります。ここで示された、各値から平均値を引いた値には**偏差**という名前が付いているので、さらに言い換えると**各値の偏差の合計は常にゼロになる**とまとめられます。

ヒストグラムと平均値

ヒストグラム上の平均値の位置もまた、ヒストグラムを見るだけでは直接はわかりませんが、最頻値との相対的な位置関係はヒストグラムの形から推測することができます。たとえば、次の図のような右に裾の長い分布の場合、平均値は最頻値よりも右側（大きな値）になります。

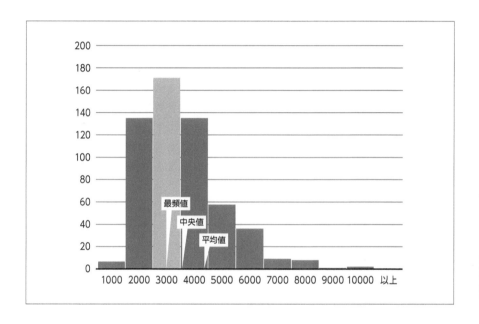

これは「極端に大きな値に影響を受けやすい」という平均値の性質から起こる結果です。右の裾側に少数の極端に大きな値を持つ分布は、裾が長くなるほど、平均値を右に「引っ張る」働きをします。

分布の裾が短くなり、分布が左右対称に近づいていくと、最頻値と中央値、平均値の位置は近づき、完全に左右対称な分布では、3つの代表値の大きさが一致します。

「適切な代表値を使う」のではなく「すべての代表値を使う」

代表値が3つもあると、状況による使い分け方を覚えなくてはいけないような気がしてしまいますが、実際には、データを理解するという目的を考えると「すべての代表値を求める」という態度が適切な場合が多いでしょう。たとえば、中央値と平均値に大きな隔たりがあれば、分布の形が右に裾の長い分布になりそうだと、あたりをつけることができます。

8

統計学の基本

プレゼンテーションの場でも同様です。平均値のみを表示するならば、平均値が極端に大きな値の影響を受け、代表性を失っている可能性を考えなければならず、中央値のみを表示するならば、平均値を使わないことへの説明を毎回求められるでしょう。であれば、初めからすべての代表値について値を求めておき、必要であれば即座に答えられるようにしておくことが望ましい態度でしょう。

「どれが主役か?」と言われれば平均値

代表値の使い方としては「すべての代表値を求めておく」のが適切だとしても、統計学という学問は平均値を中心にして展開していきます。

確かに平均値は極端に大きな値の影響を受けやすいという、一見短所に見える性質があります。しかし、中央値や最頻値がこのような性質を持たないのは、これら2つの代表値がいわば**情報を切り捨てている**からなのです。その点、平均値はすべての情報をきちんと使っている（ゆえに大きな値にも影響される）情報量の多い代表値と言えます。これが統計学の主役が平均値である理由です。

8-2　散布度

代表値という「普通」の値がわかった後は、代表値を用いることで1つ1つのデータがどの程度、「普通」なのか、あるいは「普通」から離れているのかを**評価**したくなります。それにはどのような方法をとればよいでしょうか。

たとえば代表値として平均値を用いる場合、今注目しているデータの値と平均値の差をとることでその値がどの程度平均値から離れているかを見ることができます。このようにして計算した値は（そのデータの）**偏差**と呼ばれるのでした（「8-1-5 平均値と可視化」を参照）。偏差が大きいデータは当然、平均値より大きく離れていて、偏差が小さいデータは平均値に近い値です。

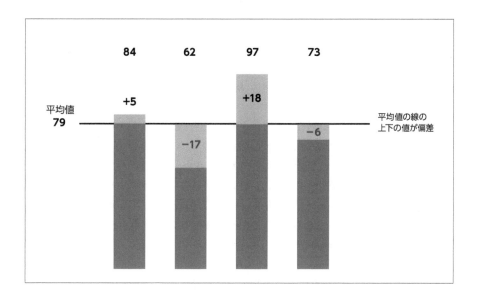

　偏差は良いアイデアですが、実際には偏差だけで個々の値の「普通らしさ（もしくは異常さ）」を判定することはできません。たとえばある人の年収が、同世代の平均年収より50万円高かったとすれば、偏差は+50万となります。しかし偏差が+50万だからといって、この人の年収が「普通」の範囲なのか、異常に高いのかは判断できません。

　多くの人が平均年収±10万の範囲に収まるのであれば、平均年収より50万高い年収は相対的にはものすごく高い年収であり、同世代の「普通」からはハミ出ていると言えるでしょう。ところが、平均年収より300万以上高い人もいれば300万以上低い人もいるような会社の場合、平均値+50万という値は平均値にとても近い値であり、「普通」の範囲にあると判断されるでしょう。

　このように、個々の値の評価は「データセット全体がどの程度の幅に分布をしているか」や「普通のデータからの典型的な離れ具合」に、依存していることがわかります。

8-2-1　散布度の種類

　「データセットのバラツキ具合」を表す統計量や、「普通のデータからの典型的な離れ具合（データの平均的なバラツキ具合）」を表す統計量を**散布度**と呼びます。代表値と同じく、散布度もまた1種類ではありません。特に散布度の場合は、値をそのまま解釈できる統計量と、値自体を積極的に解釈はしないけれども値の大小で

バラツキを比較することはできるような統計量があります。

・値をそのまま解釈できる散布度

範囲　　　：最大値から最小値を引いた値です。データ全体が含まれる区間の大きさを表します。

四分位範囲：第3四分位数から第1四分位数を引いた値です。中央値を基準としてデータの50%が含まれる区間の大きさを表します。

標準偏差　：平均値からの標準的なバラツキ具合を表す値です。「平均値−2×標準偏差」〜「平均値+2×標準偏差」の範囲にデータの75%以上が含まれます。「平均値−1×標準偏差」〜「平均値+1×標準偏差」の範囲に含まれるデータを「(幅付きの) 普通」とするような運用がよく行われます。

・値をそのまま解釈はしないがバラツキを比較するのに使える散布度

分散　　　：偏差を二乗した値の平均値です。この値の正の平方根をとった統計量が標準偏差です。

「値をそのまま解釈できる散布度」と「値をそのまま解釈はしないがバラツキを比較するのに使える散布度」の違いは、前者がデータと同じ単位なのに対して、後者がデータとは異なる単位であることによります。分散は偏差の二乗と同じ単位となるため、元のデータの単位が円ならば分散の単位は円^{2}となります。この単位は解釈できる単位ではないため、分散は単に大きさを比較することにしか使えません。

8-2-2　範囲と四分位範囲

　データ全体のバラツキを表現する値として最も直感的な値は、データに含まれる最大値と最小値の幅の大きさでしょう。このような幅をデータの**範囲（Range）**といいます。箱ひげ図で言うと、ひげの先端からひげの末端までの長さにあたる量です。

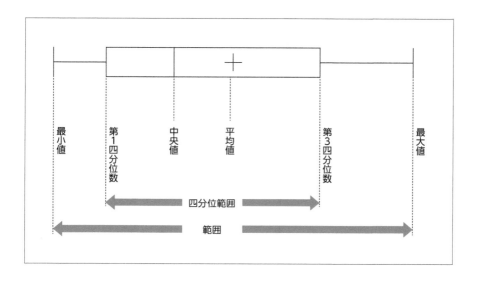

　データ全体のバラツキ度合いを表すだけであれば範囲があれば十分なように思えますが、範囲は平均値と同じように極端に大きな値（最大値）の影響を直接受けます。最大値だけが異なる2つのデータセットでも、最大値が大きく異なる場合、2つのデータセットのバラつき（範囲）は数値上、大きく異なってしまいます。

　そこで、2つのデータセットのバラツキを比較する場合には、**四分位範囲**を用います。四分位範囲は第3四分位の値から第1四分位の値を引いた値であり、箱ひげ図の「箱」の長さを表します。

▶ 四分位数で値を評価する

　個々の値を普通か異常か**評価**するためには、「幅付きの普通」もしくは「普通のデータからの平均的なバラツキ具合」を定義する必要がありました。

　代表値として中央値を採用する場合に、これを与える統計量が四分位数と四分位範囲です。要するに、1つの値としての「普通」を中央値とする場合には「幅付きの普通」を第1四分位から第3四分位までに含まれるデータ（箱ひげ図の「箱」に含まれるデータ）とみなします。この区間には全体のデータの50%が含まれ、四分位範囲は区間の大きさを表します。

▶ データセットの評価とデータの評価

　四分位範囲は「複数のデータセットのバラツキ度合いを比較するための尺度」でかつ四分位数は中央値とセットで用いられて、個々の値の「普通らしさ」を評価するために用いられるということに注意してください。

散布度はいつも「**複数のデータセットのバラツキ度合いを比較するための統計量**」であると同時に、代表値とセットで使われることで「**データセットに含まれる個々のデータを評価する統計量**」にもなる、という2つの機能を持ちます。

8-2-3　分散と標準偏差

偏差の合計値を求めてみると、どのようなデータであっても常に0（ゼロ）となってしまうことがわかりました。そこで、偏差ではなく偏差を二乗した値の平均値を使ってデータセットのバラツキを表現する、という発想が出てきます。このようにして計算した統計量は**分散**と呼ばれます。

$$分散 = \frac{偏差を2乗した値の合計値}{データ数}$$

分散は元々のデータを二乗しているため、元のデータと単位が変わってしまっています。そこで分散の正の平方根をとり、元のデータと同じ単位にした**標準偏差**という統計量も用意します。

$$標準偏差 = \sqrt{分散}$$

2つのデータセットのバラツキを比較する場合、分散が大きいデータセットは、必ず標準偏差も大きくなるので、分散か標準偏差、どちらか一方を使って比較を行えば十分です。しかし、平均値とともに用いてデータセットに含まれる個々のデータの「普通らしさ」を評価する場合に使うことができるのは、標準偏差**だけ**です。

なぜなら、分散は元のデータと単位が異なるため、当然平均値とも単位が異なり、平均値に加えたり平均値から引き算をしたりして「幅付きの普通」を定義することができないからです。長さと面積の足し算や引き算がナンセンスな演算になってしまうことと同様です。

そこでこの後は、標準偏差を中心にして、データのバラツキと評価の問題を扱っていきます。

▶ 標準偏差の使い方

標準偏差は割合や合計値などのよく知られた概念とどのように結びついているのでしょうか。「チェビシェフの公式」というものを使うと、平均値と標準偏差をデータの割合と関連づけることができます。ここでは「チェビシェフの公式」そのものではなく、「チェビシェフの公式」から得られる主要な結果を記載するのみにとどめます。

チェビシェフの公式の主要結果：平均値±k×標準偏差に含まれるデータ割合

- 平均値から標準偏差2個分以上離れたデータの割合はどのようなデータセットであっても25%以下になります。言い換えれば、平均値±2×標準偏差の間に少なくとも75%のデータが含まれるということが、どのようなデータセットでも成り立ちます。
- 平均値から標準偏差3個分以上離れたデータの割合はどのようなデータセットであっても9分の1以下になります。言い方を換えれば平均値±3×標準偏差の間に少なくとも9分の8以上（約88.9%以上）のデータが含まれるということが、どのようなデータセットでも成り立ちます。
- チェビシェフの公式の特徴は、その結果がどのようなデータセットにも同様に適用できるということです。ただしこれは、データセットごとの個性（分布の形など）を無視していることの裏返しとも言えます。そのため、チェビシェフの公式から導かれる結果は**かなり大雑把**だということを覚えておきましょう。

正規分布と標準偏差

　データセットの分布が定まっている場合（もしくは仮定できる場合）にはチェビシェフの公式よりさらに精密にデータ割合を求めることもできます。たとえばデータセットが正規分布と呼ばれる分布に従うとわかっている場合は以下のようになります（実際にはあるデータが正規分布に従っているということが「わかる」ことはほとんどありません。実務上は「データが正規分布に従っていると仮定することがそんなにおかしなことではない場合」があるにすぎません。以下に示す関係は、そのような場合に、データ割合を推定するヒントとなります）。

正規分布の場合の標準偏差とデータ割合の関係

- 平均値±標準偏差1個分の区間には全データの約68%が含まれます。
- 平均値±標準偏差2個分の区間には約95%のデータが含まれます。
- 平均値±標準偏差3個分の区間には約99.8%のデータが含まれます。

　チェビシェフの公式のような○○%以上というような曖昧さを含んだ表現ではなくなっていることにも注意してください。

　正規分布に近い分布を仮定できるデータセットや、可視化をした結果、おおむね正規分布に従うと判断できるデータセットであれば、平均値±標準偏差1個分の区間におおむねデータの6、7割が、平均値±標準偏差3個分の区間には**おおむねす**

べてのデータが含まれる、というような「ざっくり」とした感覚を持っても大きく
は外さないでしょう。

　標準偏差がわかれば、平均値を中心としたある幅の中に含まれるデータの割合を
大まかに推測できることがわかりました。

8-2-4　標準偏差を評価に使う

　標準偏差という「標準的な偏差の値」を用いることで、個々のデータの「普通ら
しさ」を評価することができます。代表値として平均値を用いる場合、「幅付きの
普通」は平均値 ± 1 × 標準偏差の区間が使用されます。つまり、平均値 ± 1 × 標準
偏差の区間に含まれるデータを「普通」とみなすということです。

　これは、個々のデータの偏差を標準偏差で割った場合に -1 ～ +1 になるような
データを「普通」とみなす、ということと同じです。

　実は、**偏差**を標準偏差で割った値、つまりデータが平均値から標準偏差の何倍離
れているかを示す値は、データを評価するための統計量として非常によく使われて
います。

$$z 値 = \frac{個々のデータ - 平均値}{標準偏差}$$

　この値は **z 値**（もしくは**標準化点**、**標準化得点**など）と呼ばれ、個々のデータを
評価するときの指標として用いられるだけでなく、統計学の多くの場面で重要な量
として登場します。

▶ 3 σ 基準

　それでは z 値を用いたデータの評価方法を確認してみましょう。チェビシェフの
公式や正規分布の性質を考えると、平均値から標準偏差 3 個分以上離れたデータ（z
値が 3 以上もしくは -3 以下のデータ）は非常にまれなデータだということがわか
ります。実際、チェビシェフの公式からは、そのようなデータは多くても 1/9 以下
であることがわかり、正規分布の性質からは（そのデータが正規分布に従うならば）
平均値から 3 σ 以上離れるデータの割合は 0.2% 程度と言えます。

　そこでデータ解析の文脈では z 値が 3 以上もしくは -3 以下のデータを異常値も
しくは外れ値の候補と考える、ということがよく行われます。このような方法は「**3
σ（3 シグマ）基準**」と呼ばれます。

例）z値のさまざまな応用：偏差値・IQ……

z値は指標作りに応用されることの多い概念です。たとえば受験業界で多用される「偏差値」はz値の直接的応用であり、次のように定義されます。

$$偏差値 = 50 + z値 \times 10$$

z値が2以上の場合、つまり得点が平均値よりも標準偏差2個分以上高くなる場合に偏差値は70以上となります。偏差値が80以上になるのはz値が3以上であることと同じです。偏差値の感覚を持っていると、3σ基準（z値3以上を外れ値と判定する基準）が感覚と合った基準だと感じられることでしょう。

心理学で用いられるIQもまた偏差値と似た発想でz値からスコアを作っています。

▶ データセットを評価する

ここまでは標準偏差やz値を、データセットに含まれるデータの「普通らしさ」を評価するのに用いました。標準偏差はデータセットのバラツキ具合の表現であるため、異なるデータセット間の比較にも用いられます。

例）金融におけるリスク＝標準偏差

金融の世界では、金融資産（株や債権）の収益率の標準偏差を**リスク**と表現し、金融資産の評価を行うのに用います。すなわち2つの金融資産があるとき、過去の収益率の期待値（平均値）が等しい場合には、過去の収益率の標準偏差が小さいほうの金融資産が優れているとします。得られる儲けが同程度ならば、より安定しているほうがよいと考えるためです。

例）ポートフォリオ（金融資産の組み合わせ保有）によるリスクヘッジ

さて、保有している金融資産のリスクをコントロールするために「収益率の相関が負になるような金融資産を組み合わせて保有する」というテクニックがよく用いられます。相関が負になるということは、一方の資産の収益率が下がったときには、もう一方の資産の収益率が上がる傾向が強く、また一方の資産の収益率が上がった場合には、もう一方の資産の収益率が下がる傾向が強い、ということを意味します。したがって、収益率の相関が負の金融資産を組み合わせて保有すると、個々の金融資産の収益率の上がり下がりが相殺されることで、全体の収益率のバラツキ（標準偏差＝リスク）が小さくなって、収益率が安定します。

8-2-5　質的データの整理

　ここまで1変数の量的データについて、代表値や散布度という統計量を扱ってきました。それでは、質的データについてはどのように整理されるでしょうか。

　質的データについては、値ごとに度数を比較するか割合を比較するかなど、よく知られた整理方法で十分です。値ごとの割合や度数が直接求められるのが質的変数の特徴だからです。

　量的データでは、階級を設定して度数分布表を作らないと度数についての議論ができず、代表値と散布度を用いないと割合についての議論ができなかったことを思い出してください。質的データの扱いやすさは、量的データの扱い難さと対照的です。実は、これまで扱ってきたような量的データの整理は、量的データを質的データのように加工するような整理方法と見ることもできます。たとえば、階級の設定は、階級値という値を持つような質的データを作ったと見ることもできるのです。

8-3　2変数データのまとめ方

　ここまで扱ってきた代表値や散布度といった統計量は、1つの変数（表形式のデータであれば表中の1列）の性質を要約した統計量でした。たとえば平均年収や年収の標準偏差は、年収という1つのデータさえあれば計算してしまえる統計量です。

　ここでは、2つの変数の関係性を要約するような統計量を扱います。2つの変数の関係性を考える場合、2つの変数の種類に応じて3通りの組み合わせを考える必要があることに注意しましょう。

```
量的変数 ― 量的変数
量的変数 ― 質的変数
質的変数 ― 質的変数
```

図：2つの変数の組み合わせ

▶ 相関

　統計学において「関係がある」という表現はどのように定義されているのでしょうか。たとえば、私たちは広告を出した場合と出さない場合とを比べて、広告を出した場合に（広告を出さない場合より）売上が伸びるならば「広告と売上には関係がある（もしくは広告効果がある）」と表現します。逆に広告を出しても出さなく

ても売上が変わらない場合は「広告と売上には関係がない（もしくは広告効果がない）」と表現するでしょう。

このように、一方の変数の値を変えた場合に、連動してもう一方の変数の値も変わる傾向が強い場合に私たちは2つの変数の間に「関係がある」といいます。そして、統計学では、このような2変数間の関係のことを**相関**と表現します。この節で扱うのは2つの変数の相関の程度を表現するような統計量です。

8-3-1　量的変数×量的変数の整理

2つの量的変数の相関を見たいとき、私たちは散布図を使います。散布図は第7章でも扱いましたが、ここでは量的変数の相関との関わりから散布図を扱います。

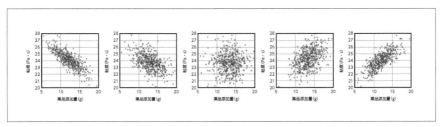

図：散布図の例

上の散布図のうち、1番右のような散布図の場合、明らかに2つの変数には関係があるとわかります。実際、一方の変数の値が大きいときにはもう一方の変数の値も大きく、一方の変数の値が小さいときにはもう一方の変数の値も小さいという関係性が成立しています。このような関係を、統計学では**相関が強い**と表現します。1番左の散布図も、同様に**相関が強い**ことがわかります。

その一方で、中央の散布図の場合には、2つの変数の間に関係があるとは言えないでしょう。中央の散布図の場合、一方の変数の値が大きくても、もう一方の変数が大きいとは限りません。大きい場合も小さい場合も同じくらいありそうな様子が散布図からわかります。このような関係を、統計学では**相関が弱い**と表現します。

直感的に表すなら、散布図の全体を楕円で囲んだ場合に、楕円の幅が狭くて直線に近い場合には相関が強く、楕円の幅が広くて直線とは遠い場合（円に近くなる場合）には相関が弱くなると言えます。

8

統計学の基本

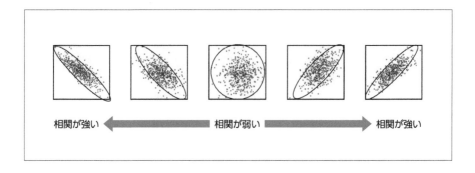

8-3-2　相関係数

2つの量的変数の相関の程度を数値で表現する**相関係数**という統計量は、−1〜+1までの値をとり、相関が強い場合（散布図が直線的になる場合）に絶対値が1に近くなり、相関が弱い場合（散布図が円に近くなる場合）に値が0に近づく統計量です。定義の前に、散布図と相関係数の値の対応関係を確認してみましょう。

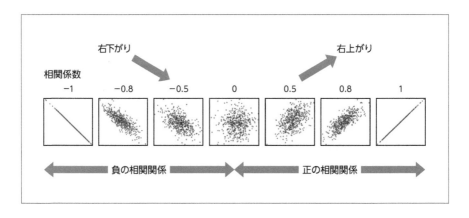

　図からわかるように、2つの変数の関係性が**右下がり**の場合に、相関係数は負の符号をとり、2つの変数の関係性が**右上がり**の場合には、相関係数は正の符号をとります。そして、相関係数が負になるような関係を**負の相関関係**と呼び、相関係数が正になるような関係を**正の相関関係**と呼びます。正負どちらの相関関係の場合でも、直線の程度が強くなると、相関係数の絶対値は1に近づきます。すなわち、負の相関関係が強くなると、相関係数は−1に近づき、正の相関関係が強くなると相関係数は+1に近づきます。

　特に、相関係数の絶対値がちょうど1のときは、**完全相関**と呼ばれます。これは2つの変数の散布図が完全に直線になる場合に対応しています。一方、相関係数の絶対値がちょうど0になるときは、2つの変数が**無相関**と呼ばれます。

▶ 相関係数と平均値

　最後に相関係数の定義式を確認しておきましょう。

$$\text{相関係数} = \frac{\text{X と Y の共分散}}{\text{X の標準偏差} \times \text{Y の標準偏差}}$$

$$\left(\frac{\frac{1}{n}\sum_{i=1}^{n}(x_i - \bar{x})(y_i - \bar{y})}{\sqrt{\frac{1}{n}\sum_{i=1}^{n}(x_i - \bar{x})^2}\sqrt{\frac{1}{n}\sum_{i=1}^{n}(y_i - \bar{y})^2}} \right)$$

n：データ数
x_i：X の i 番目のデータ，y_i：Y の i 番目のデータ
$\bar{x}$：X の平均値，$\bar{y}$：Y の平均値

　定義を見ると、式のいたるところで平均値が使われていることがわかります（学びはじめの段階では式を細かく理解できなくてもかまいません。平均値がよく登場する、という事実のみ押さえておいてください）。平均値は、極端に大きな値からの影響を受けやすい統計量でした。したがって、平均値が多用される相関係数もまた、いずれかの変数に極端に大きな値が含まれる場合に影響を受けやすい統計量であることがわかります。

例）極端なデータを除去する前と極端なデータを除去した後の相関係数

　下の図を見ると、1点の極端なデータを除去するかしないかで相関係数の値が大きく異なることがわかります。

8

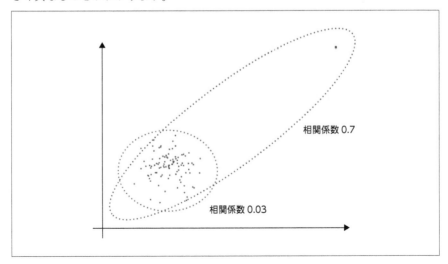

相関係数 0.7

相関係数 0.03

相関係数に限らず、**定義に平均値が含まれる統計量全般が「大きな値の影響を受けやすい」**可能性があるということを覚えておきましょう。

▶ 相関という言葉の2面性

「相関」という言葉の意味は少しやっかいです。たとえば、ある2つの変数が「相関が強い」と表現された場合、「一方の変数の値を変えた場合に、連動してもう一方の変数の値も変わる傾向が強い」という一般的な意味の場合と、「一方の変数の値を変えた場合に、連動してもう一方の変数の値が**直線的に**変化していく傾向が強い」という「相関係数が高い」ことの言い換え表現である場合の2通りがあります。

後者が成り立つ場合は前者も成り立ちますが、前者が成り立つからといって後者が成り立つとは限りません。2変数の関係性は直線関係ばかりが考えられるわけではないからです。たとえば、次の散布図はいずれも、明らかにX軸の変数とY軸の変数に関係がありそうですが、相関係数は0となります。

図：相関係数0の散布図のイメージ

8-3-3　相関と因果の違い

相関係数を扱ううえで、**最も注意しなくてはいけないことは「相関関係と因果関係を混同すること」**です。2つの変数の相関関係が強いことは、因果関係があることを**意味しません**。例を見ながら確認してみましょう。

例）ポストの数とインフルエンザの罹患者数

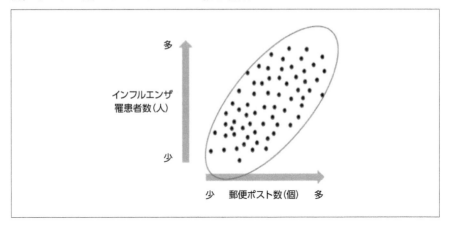

　この散布図は、適当に選んできた市町村区ごとの、郵便ポストの数（横軸）とインフルエンザの罹患者数（縦軸）の散布図です。一見してわかるように、明らかな右上がりの直線関係（正の相関関係）があります。しかし、ポストの数がインフルエンザに影響を与えていると考える人はいないでしょう。この例のように、相関があることと因果関係があることはまったく別のことなのです。

　ところで、なぜこのような散布図ができあがるのでしょうか。それは、人口が多い行政区は当然インフルエンザの罹患者数が多く、ポストも多くなる一方、人口の少ない行政区はインフルエンザの罹患者数も少なく、ポストも少ないという関係性があるためです。

擬似相関との見分け方

　もし、ポストの数だけがインフルエンザの罹患者数に影響を与えているということ、つまり「その他の条件がすべて等しければ、ポストの数が多い行政区のほうがインフルエンザの罹患者数も多くなる」ということを主張したいのであれば、人口や面積など、今注目している2つの変数（ポストの数とインフルエンザ）に影響を与えていると考えられる**ほかの変数の影響を制御した**うえで、行政区同士を比較する必要があります。これはたとえば、人口がおおむね同じくらいの規模となる行政区のデータだけを抽出して、ポストの数とインフルエンザの罹患者数を比較するということです。このとき、人口のように、値を揃えられた変数（制御された変数）を**制御変数**と呼びます。

8

統計学の基本

層別解析

　制御変数を導入した解析は、**層別解析**とも呼ばれます。層別解析を可視化で表現する場合には、制御変数の値ごとにマーカーの色や形を分けて表現した**層別散布図**が使われます。

例）ポストの数とインフルエンザの罹患者数の層別散布図

　ポストの数とインフルエンザの罹患者数の散布図データに対して、人口がある一定規模より大きな行政区は「人口大」とし、人口がある一定規模より小さい行政区には「人口小」としてみましょう。

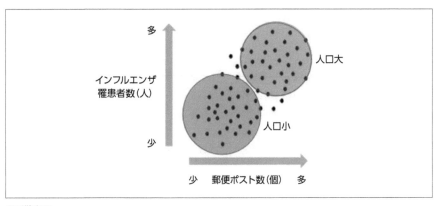

層別散布図

　「人口大」と「人口小」ごとに相関の強さ（楕円の形）を考えると、正の相関関係が消えている（楕円の形が円に近くなっている）ことがわかります。これはまさに、ポストの数とインフルエンザの罹患者数との相関が、人口という制御すべき変数を制御しなかったことによって現れた擬似的な相関（擬似相関）であったことを表しています。

CBAS 試験範囲外：偏相関

　可視化による層別解析は、擬似相関を見分けるための有効な方法ですが、制御変数の候補が多くなる場合にその作業はとても煩雑なものになります。そこで、擬似相関を検出するために、ある制御変数が対象としている2つの変数の相関関係にどの程度影響を与えているかを定量化する**偏相関**という統計量を使う場合があります。

CBAS 試験範囲外：共分散

今、2つの変数を用意して相関係数を計算し、その後で一方の変数をシャッフルしてあらためて相関係数を計算します。

変数 B をシャッフル

変数 A	変数 B
1	2
2	3
3	2
4	7
5	6
6	6
7	8
8	9
9	11
10	11
平均値	5.50	6.50
標準偏差	2.87	3.20

変数 A	変数 B
1	2
2	3
3	11
4	2
5	6
6	11
7	7
8	8
9	9
10	6
平均値	5.50	6.50
標準偏差	2.87	3.20

このとき、相関係数の定義式の**分母**（それぞれの変数の標準偏差の積）

$$\frac{\frac{1}{n}\sum_{i=1}^{n}(x_i-\bar{x})(y_i-\bar{y})}{\sqrt{\frac{1}{n}\sum_{i=1}^{n}(x_i-\bar{x})^2}\sqrt{\frac{1}{n}\sum_{i=1}^{n}(y_i-\bar{y})^2}}$$

は共通なので、相関係数の大小は定義式の分子だけを比較すればよいことがわかります。この分子の式は**共分散**と呼ばれ、この例のように、おおよそ同じ単位のデータセットペアの相関を比較するための統計量として使用されることがあります。ただし、分散が単位の異なるデータセットの比較に向かないのと同様に、共分散も単位の異なるデータセットペアの比較には向きません。

8

統計学の基本

8-3-4　相関係数の利用

相関係数は非常に有用であり、また実務上も多用される統計量なので、ここでその使われ方を詳しく見てみましょう。

▶ 相関係数の表現

相関係数はその値に応じて、次の図のように表現されることが多いです。このような表現は絶対的なものではなく、**慣習的**にそう表現されることが多いというものにすぎませんが、相関係数を使った会話ではよく現れる表現なので確認しておきましょう。

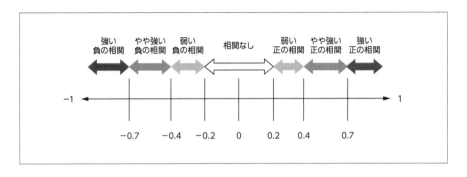

次に、業界や場面によってどのように相関係数の強さの基準が変わってくるかを、例を通して確認してみましょう。

例）相関係数 0.2 でも十分うれしい金融業界

ある企業の明日の株価の上がり下がりと相関するような投資指標が見つかれば、当然儲けを得ることができます。日次で与えられるこのような投資指標については、翌日株価との相関係数が0.2程度でも十分高い相関を持っていると評価されます。先行指標と呼ばれるこのような投資指標を見つけることはそれほど難しいのです。「多数の取引を繰り返す中で最終的に勝つ」という条件のもとでは、投資指標がクリアすべき相関係数の値がそれほど大きい必要はありませんが、便利な投資指標は他の人にもすぐに見つけられてしまい、運用に用いることができなくなってしまうのです。

例）「テスト」と信頼性：相関係数 0.8 以上の世界

TOEIC（受験者数の多い英語能力テスト）のような試験を何度も受けて、その

スコアの上がり下がりに一喜一憂するのは、毎回の試験が、基本的には同じような
レベル・内容であるという信頼があるからでしょう。このような信頼性を担保する
ためにも相関係数は使われます。簡略化して言えば、同じ人に（間に勉強の機会を
入れず）2つの試験を受けてもらい、2つの試験スコアの相関係数が0.8以上であ
る場合に2つの試験をおおむね同レベルであると判定するのです。このように使わ
れる相関係数の基準は、普通0.8以上の非常に高い値となります。

▶ 相関係数行列

　相関係数を求める場面では、データセットに含まれる量的変数の**すべての組み合
わせ**を同時に求めることが多いです。このとき求められた相関係数は**相関係数行列**
と呼ばれる表にまとめられます。

例）製品アンケートデータの相関係数行列

	総合満足度	本体価格	本体の重さ	画面の大きさ	カメラの画素数	反応速度	メモリの容量
総合満足度	1						
本体価格	0.864	1					
本体の重さ	0.654	0.674	1				
画面の大きさ	0.476	0.577	0.570	1			
カメラの画素数	0.458	0.031	0.535	-0.612	1		
反応速度	0.619	0.488	0.531	0.327	0.357	1	
メモリの容量	0.533	0.426	0.487	-0.333	0.307	0.584	1

　この表の見方を確認しながら、相関係数の意味を復習してみましょう。

・同じ変数同士の相関は必ず1になるので、表の**対角線上の値はすべて1**です。
・AとBの相関係数もBとAの相関係数も等しいため、多くの場合、**表の上半分
は省略**されています。
・上の例で、相関係数の絶対値が最も高い変数のペアは「総合満足度」と「本体価

格」で、この2変数の正の相関は強いです。つまり価格が高い製品ほどおおむね満足度も高いと言えます。

・相関係数の絶対値が最も低い変数のペアは「本体価格」と「カメラの画素数」で、この2つにはほとんど関係がないことがわかります。

CBAS 試験範囲外：さまざまな1相2元データ

　本項で扱った相関係数行列のように、行と列が同じ対象からなるこのような表は**1相2元データ**と呼ばれ、統計学では非常によく出現します。ここでは相関係数行列以外の1相2元データを紹介します。

類似度行列：各セルが2つの変数の類似度を表します。

	野球好きの集団	サッカー好きの集団	バスケ好きの集団	アメフト好きの集団
野球好きの集団	1	0.95	0.78	0.54
サッカー好きの集団	-	1	0.76	0.30
バスケ好きの集団	-	-	1	0.68
アメフト好きの集団	-	-	-	1

　相関係数も2つの変数の類似性を表現しますが、2つの変数の類似性を定義するのは相関係数だけではありません、目的やデータに応じてさまざまな**類似度**が定義されています。たとえばcosine（コサイン）類似度は、会員制サイトの購買履歴データから、会員同士の類似性や2つの商品の類似性を測定するのに使われます。そして求められたcosine類似度の値は**リコメンドエンジン**の中で活用されます。

距離行列：各セルが2つの変数の距離を表します。

	商品A	商品B	商品C	商品D
商品A	0			
商品B	0.75	0		
商品C	0.50	0.90	0	
商品D	0.24	0.99	0.89	0

類似性ではなく距離（非類似性）が定義される場合もあり、このような表は**距離行列**と呼ばれます。類似度とは逆に、距離行列では値が0に近いほど類似性が高く（距離が近く）、値が大きくなるほど離れたデータと解釈します。

8-3-5　量的変数×質的変数の整理

2つの変数のうち、一方の変数が量的変数であり、もう一方の変数が質的変数であるような場合に、2つの変数の関係性（相関）はどのように調べればよいでしょうか。よく用いられるのは、質的変数の値ごとに量的変数の平均値をプロットするような可視化方法です。

例）運動している人の割合（左：年代ごと　右：性別ごと）

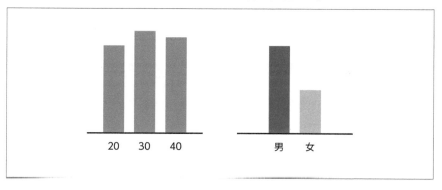

統計学的に関係がある（相関が強い）というのは「一方の変数の値を変えたときにもう一方の変数の値が変わる傾向がある」ということを思い出してください。上の右図のグラフはこのような状態をよく表していますが、左図のグラフを見ると質的変数（年代）の値によって量的変数の値（運動している人の割合）が影響を受けている、とは言えないでしょう。

8

統計学の基本

CBAS 試験範囲外：相関比

　質的変数の値ごとの量的変数の平均値の組み合わせが等しいような以下の2つのグラフを見てみましょう。右のグラフを見ると、平均値こそそれぞれ異なっていますが、質的変数の値ごとに分けたグループ内のバラツキが大きく、グループごとに分布の重なりも多いため、質的変数の影響は小さく見えます。一方、左のグラフを見ると、質的変数の値が、量的変数の値に対して支配的なことがわかります。

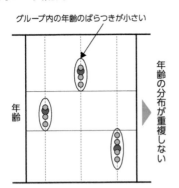 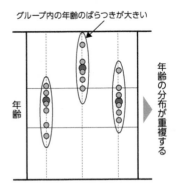

　そこで、量的変数×質的変数については「質的変数の値ごとに分けた量的変数の平均値の差が大きくなる場合」および「質的変数の値で分けたグループごとの量的変数のバラツキが小さくなる場合」に「相関が強い」と表現するのがよいでしょう。

　このような発想を反映した統計量として**相関比**と呼ばれる統計量があります。相関比は、質的変数によって層別にしたときの平均値差が大きいほど1に近づくと同時に、質的変数によって層別にしたグループ内のバラツキが小さいほど1に近づくような統計量です。

8-3-6 質的変数×質的変数の整理

2つの変数がともに質的変数の場合、2つの変数は**クロス表**によって整理され、相関を定義するような統計量もクロス表上で定義されます。クロス表の見方は簡単です。

例）小売店舗の顧客調査

	新商品購入あり	新商品購入なし	合計
チラシを見て来店	15	30	45
チラシを見ずに来店	40	80	120
合計	55	110	165

上のクロス表は、来店客に対して（新商品を紹介している）チラシを見ての来店かどうかと、新商品を購入したかどうかを、帰り際に店舗出口において任意に聞き取り調査した結果です（N=165）。クロス表における各セルの値は、セルに対応する表頭と表側の値に共通して当てはまるデータの度数を表します。上の表であれば「チラシを見て来店」かつ「新商品を購入」した人は15人、「チラシを見ずに来店」してかつ「新商品を購入しなかった」人は80人、などと読み取ります。

上の表を見ると、新商品購入の有無に対して、チラシの効果はあまり関係が**ない**、ということがわかります。なぜならば、「チラシを見て来店」でも「チラシを見ずに来店」でも合計人数に対する「新商品購入あり」の割合が変わらないからです（どちらも33%）。

同様にこのとき、「新商品購入あり」の合計人数のうち「チラシを見て来店」の人の割合と、「新商品購入なし」の合計人数のうち「チラシを見て来店」の人の割合も等しくなります。

▶ 行比率・列比率・相対度数

先のクロス表の例は、行ごとに比率を求めるとよりわかりやすくなります。

たとえば次の図のように行ごとの比率を求めることで、左図の場合には「チラシの効果があった」と判断でき、右図のような場合には「チラシの効果はなかった」と判断できます。

8

統計学の基本

	新商品購入あり	新商品購入なし	合計
チラシを見て来店	20	25	45
チラシを見ずに来店	35	85	120
合計	55	110	165

	新商品購入あり	新商品購入なし	合計
チラシを見て来店	15	30	45
チラシを見ずに来店	40	80	120
合計	55	110	165

	新商品購入あり	新商品購入なし	合計
チラシを見て来店	44%	56%	100%
チラシを見ずに来店	29%	71%	100%
合計	33%	67%	100%

	新商品購入あり	新商品購入なし	合計
チラシを見て来店	33%	67%	100%
チラシを見ずに来店	33%	67%	100%
合計	33%	67%	100%

　ここで求めた行ごとの比率は**行比**と呼ばれ、同様に列ごとの比率は**列比**と呼ばれます。各セルの度数を全体度数で割った値は単に**相対度数**あるいは**セル比率**と呼ばれます。

　対象となる集団からデータを**ランダムサンプリング**してクロス表を作成した場合には、行比も列比も相対度数もすべて意味を持つことに注意しましょう。

▶ 行比と列比の扱い方の注意点

　クロス表における行比と列比は、いつも意味を持つとは限らない概念です。たとえば、クロス表の元になるデータが**行ごとにサンプリングされている場合**、行比は意味を持ちますが、列比は意味を持ちません。

例）チラシと新商品の購入

　広告チラシを見て来店した人を50名集めて新商品の購入の有無を確認した後、広告チラシを見ずに来店した人を150名集めて新商品の購入の有無を確認し、以下のようなデータを得ました。

要因	反応		合計
	新商品購入あり	新商品購入なし	
チラシを見て来店	40	10	50
チラシを見ずに来店	30	120	150
合計	70	130	200

　このとき、チラシを見て来店した人の新商品購入割合（40/50）などの**行比**には明確な意味がありますが、新商品を購入した人のうちチラシを見て来店した人の割合（40/70）などの**列比**の値は意味のない数字です。

　なぜなら、40/70という値は**今回たまたま**チラシを見て来店した50名とチラシを見ずに来店した150名を別々に集めて調査したことで得られた結果であり、サン

プル数を変えると（たとえばチラシを見て来店した人を50名集めるのではなく、100名集めることにすると）列比の値は変わってしまうからです。次の表を確認してみましょう。

要因	反応		合計
	新商品購入あり	新商品購入なし	
チラシを見て来店	80	20	100
チラシを見ずに来店	30	120	150
合計	110	140	250

列比は変わっていても、行比は変わっていないことに注意しましょう。

このように行ごとにサンプリングされたデータのクロス表では、行比のみが意味を持ち、列ごとにサンプリングされたデータのクロス表では、列比のみが意味を持ちます。そして、層別にせずにランダムサンプリングされたデータから得られたクロス表は行比も列比も意味を持ちます。

CBAS試験範囲外：クロス表解析と連関係数

質的変数×質的変数の相関についてもこれまでと同様に「一方の変数の値を変えたときにもう一方の変数の値が変わる傾向が強い場合」に「相関が強い」と表現し「一方の変数の値を変えても、もう一方の変数の値が変わらない」場合に相関が弱いと表現します。2×2クロス表でこの状況を確認してみましょう。

	Y1	Y2	合計
X1	55	45	100
X2	45	55	100
合計	100	100	200

	Y1	Y2	合計
X1	60	40	100
X2	40	60	100
合計	100	100	200

	Y1	Y2	合計
X1	70	30	100
X2	30	70	100
合計	100	100	200

3つのクロス表のうち左のクロス表は、XとYの相関が弱そうに見えます。それは一方の変数に注目して、行比や列比を見た場合に、大きさがほとんど変わらないからです。一方、右のクロス表は、明らかにXとYの相関が強いと言えるでしょう。クロス表上の相関を定義する（クラメールの）連関係数はこのような感覚を数値化した統計量です。

8

統計学の基本

r=-1

	Y1	Y2	合計
X1	0	100	100
X2	100	0	100
合計	100	100	200

r=0.01

	Y1	Y2	合計
X1	50	44	94
X2	52	48	100
合計	102	92	194

r=0.1

	Y1	Y2	合計
X1	55	45	100
X2	45	55	100
合計	100	100	200

r=0.2

	Y1	Y2	合計
X1	60	40	100
X2	40	60	100
合計	100	100	200

r=0.29

	Y1	Y2	合計
X1	40	34	74
X2	28	80	108
合計	68	114	182

r=0.4

	Y1	Y2	合計
X1	70	30	100
X2	30	70	100
合計	100	100	200

r=0.6

	Y1	Y2	合計
X1	80	20	100
X2	20	80	100
合計	100	100	200

r=0.8

	Y1	Y2	合計
X1	90	10	100
X2	10	90	100
合計	100	100	200

r=1

	Y1	Y2	合計
X1	100	0	100
X2	0	100	100
合計	100	100	200

　連関係数は0〜1までの値をとります。2×2クロス表の場合は、対角線上のセルの値が0になる場合に1となり、すべてのセルの度数が等しい場合に0となります（ただし連関係数は任意のN×Mクロス表に対して定義されます）。

8-3-7　オッズとオッズ比

　クロス表において、一方の変数がもう一方の変数に影響を与える、という影響の方向性があるとき、影響を与えるほうの変数を**要因**、影響を与えられるほうの変数を**反応**と呼びます。広告を見る/見ないによって購買のあり/なしが影響を受けると考えるなら、広告を見る/見ないが要因であり、購買のあり/なしが反応です。

　今、要因と反応からなるクロス表を考えるとき、要因ごとに計算した「**反応数÷非反応数**」を**オッズ**と言い、それぞれの要因のオッズの比を**オッズ比**と言います。**オッズと行比は異なることに注意しましょう。**

　オッズ比は、要因を表す値が2種類あるとき、要因1と要因2における反応（購買のあり/なし）の「しやすさ」を比較するような統計量になっています。もし要因と反応に相関がなければ、オッズ比は1に近くなるはずです。このように、オッズ比はクロス表において素朴な相関を表現する指標になります。例で確認しておきましょう。

例）広告を見た場合と見ていない場合（要因）の新商品の購買の有無（反応）

要因	反応		合計	オッズ	オッズ比
	新商品購買アリ	新商品購買ナシ			
広告を見て来店	20	30	50	0.66666667	2.66666667
広告を見ないで来店	30	120	150	0.25	
合計	50	150	200		

要因	反応		合計	オッズ	オッズ比
	新商品購買アリ	新商品購買ナシ			
広告を見て来店	10	40	50	0.25	1
広告を見ないで来店	30	120	150	0.25	
合計	40	160	200		

　上のクロス表は要因と反応で相関がある場合のクロス表であり、下のクロス表は要因と反応に相関がない場合のクロス表です。オッズ比が、相関の程度を表す指標として機能していることがわかります。

▶ オッズ比とリスク比

　オッズ・オッズ比と似ている概念で**リスク・リスク比**というものがあります。要因1のリスクは要因1にあたるデータのうち反応を示した（購買ありの）データの割合のことをいいます。同様に、要因2のリスクは要因2にあたるデータのうち、反応を示した（購買ありの）データの割合になります。リスクとは、要するに要因を表側に置いた場合の反応の行比のことです。そして、要因ごとのリスクの比をとったものを**リスク比**と呼びます。

　オッズ比の便利な性質とは**「クロス表から計算したオッズ比が、<u>母集団全体におけるリスクがごく小さいときに、母集団におけるリスク比の良い推定量になる</u>」**ということです。

8

統計学の基本

例）広告を見た場合と見ていない場合の新商品の購買の有無

「母集団全体におけるリスク（母リスク）がごく小さい」というのはたとえば、「母集団全体では新商品の購買をする人の割合が1%」のような状況を指しています。このとき、母集団全体のクロス表を仮に作ると、次の2つ目の表のようになります。1つ目の表から計算したオッズ比と、2つ目の表から計算したリスク比がよく似た値になっていることがわかります。

要因	反応		合計	オッズ	オッズ比
	新商品購買アリ	新商品購買ナシ			
広告を見て来店	10	20	30	0.5	6
広告を見ないで来店	10	120	130	0.08333333	
合計	20	140	160		

要因	反応		合計	リスク	リスク比
	新商品購買アリ	新商品購買ナシ			
広告を見て来店	10	283	293	0.034129693	5.82593857
広告を見ないで来店	10	1697	1707	0.005858231	
合計	20	1980	2000		

　オッズ比を用いた母リスク比の推定は、元々のクロス表が行ごとにサンプリングしたものであっても列ごとにサンプリングしたものであっても成り立ちます。

第 9 章

統計手法の基本

　この章では、統計手法についての説明を行っていきます。数学の知識が少なくても読めるように、実用を想定した文章にしているので、安心してお読みください。

9-1 推測統計入門

9-1-1 統計一般の基礎知識

　さて、検定や推定といったこの章の内容は、統計の中でも数学的にはかなり難しく、加えてわかりづらいやっかいな範囲です。なぜ難しいかを、統計学の「骨組み」から振り返って見ていきましょう。

　本書で扱う統計は、**記述統計**と**推測統計**の2つとなります。それぞれ説明します。

・**記述統計**：データが与えられたとき、そのデータが表す性質をまとめるもの
・**推測統計**：データが与えられたとき、そのデータが持つ性質を予測するもの

　具体例を見ていきましょう。

例1）表が出る確率が判明していないコインを1000回投げて表が550回出た

・記述統計：表は平均で0.55回出た。
・推測統計：表が出る確率をpとする。pの95%信頼区間は、
　0.519 < p < 0.580
　である。

　信頼区間の詳しい説明は後で行うので、ここでは、何となくこんな感じの言及ができるんだというイメージで十分です。

例2）ある会社の洋服の売上データを受領した

・記述統計：洋服は平均で毎期20億円の売上を出しており、標準偏差は5億円である。
・推測統計：来季の洋服の売上モデルを立てたところ、95%の確率で15億円以上との見込みである。

　例1、**例2**を見て、記述統計と推測統計がイメージできたでしょうか？ 改めて説明すると、次のようになります。

> ・記述統計：手元のデータから**確実にわかる**ことを述べている。
> ・推測統計：手元のデータから**推測できる**[1] ことを述べている。

「確実にわかる」と「推測できる（確実にはわかっていない）」の違いが大きく、推測統計のほうが難しくなっています。感覚的にも、これまでのデータをまとめるより、これからのデータを結論するほうが難しいのは明らかではないでしょうか。たとえば、過去の株価データをまとめるよりも、将来の株価を予測するほうが遥かに難しいはずです。

そして実務上、筆者の考える推測統計の難しいところを紹介しましょう。

> ・推測統計は「何も確定しない」学問である
> ・基本理論が可視化しづらい
> ・使う手法の選び方が難しい

これを1つずつ解説していきましょう。

・推測統計は「何も確定しない」学問である

これはとても大切です。推測統計はさまざまなものを予測の対象とすることができますが、すべて「予測」するだけで、何も確定しません。

たとえば、「プレミアム会員」のような特別会員制度の、入会割引クーポンを発行するとします。そのクーポンを50万人に発行して、1万人以上が新規加入するかどうか、つまり加入率pが2%以上かどうかを（過程は略しますが）調べて、95%で$p > 0.02$であると結論されたとしましょう。また、1万人は、本企画のコストから算出された損益分岐点であるとします。この例は仮説検定の使い方としては典型的なものです。

さて、上の例ですが、これだけでもなかなか示唆に富むものとなっています。

大きな注意点は、「95%は100%ではない」というあたり前のことです。上のクーポンについても、「95%で1万人以上が新規加入してペイできると判断する」と仮定しても、絶対ではありません。もしあなたが100社から同様の依頼を受けたら、5社程度は損益分岐点を割ることになります。大事なのは、あくまで「確率に基づく結果」ということを、私たちは理解する必要があるということです。「絶対損益分岐点を割らない」などと説明をしてしまうものなら、詐欺で訴えられても仕方ありません。

「当たる確率は低いものでも、何度もトライしているからいつかは当たってしま

※1　予測・推測・推定の3つは、本書では同じ意味の単語で、区別する必要がないと思ってください。

う」という概念があるかどうかで、視野が大きく変わります。

・基本理論が視覚化しづらい

　グラフや図で説明することが難しく、数式や文章で説明する必要性がかなり高い分野です。そのため、説明文がどうしても長くなりやすく、他の範囲に比べて読む側に根気が要求されます。本書ではなるべく、文章でかみくだいた説明を心がけていますが、それでも他の範囲に比べて大変な分野であると言わざるをえません。

・使う手法の選び方が難しい

　サービスのアンケートをとり、満足した/満足していない、の2種類でアンケート結果を分類したとします。そして、「あるサービスオプションを利用しているか否かで、満足の割合が変わるかどうかを調査したい」というケースを仮定しましょう。ここで、どのような調べ方をするとよいでしょうか？　本書では各ケースにおける手法を載せていますが、実践では「皆さんが責任を持って選ばないといけません」。つまり、勉強段階で、①どういう状況で、②どういう目的で、使える手法なのかを身に付けないと、実践では役立ちません。もっとかみくだいて言うと、「"よくわからないけど公式だけ丸暗記して当てはめればいいや"では時間の無駄！」ということです。その点、本書ではさまざまな例を用いて解説しており、手元に置いていつまでも参考にしていただける構成となっています。

用語の定義

　実際の手法の解説に入る前に、用語の定義から行います[2]。

> ・**母集団（population）**：何かしらの共通のルールに従って生成されていると考えられる情報全体
> ・**パラメータ（parameter）**：母集団に関係する数字
> ・**標本（sample）**：母集団に含まれる情報のうち、手に入る情報
> ・**統計量（statistic）**：標本の性質を表す数。検定目的の場合は**検定統計量**と強調することもある

　たとえば、ある会社経営者がレポート作成のために、来年の業績予測を作成する必要が生じたとします。標本＝「手に入る情報」は今年の業績で、「手に入らないが今年の業績と共通のルールに従って生成される（と仮定して扱う）情報」が来年の業績となります。そのため、「今年の業績」と「来年の業績」を合わせたものが

---

[2]　これらの用語は頻出なのですが、数学と実務とで用語の意味が大きく異なるのが要注意な点です。ここでは、数学的な定義でなく、実務での定義を述べています。そのため、他書の母集団などの数学的な定義とは、見た目がやや異なっていると感じられるかもしれません。

母集団となります。

　母集団の「何かしらの共通のルールに従って生成されていると考えられる情報全体」という定義が、難しいのではないかと思います。しかし、これは推測統計の作業から考えると、必然の定義です。なぜなら、推測統計は、

> 手に入る情報について共通のルールを見出す
> →そのルールは手に入らない情報についても当てはまると考える
> →見出したルールから手に入らない情報を予測する

という流れが基本となるからです。「手に入る情報」「手に入らない情報」双方に共通のルールがあるはずで、それを発見して予測していこうという思想なので、「**共通のルールがあるはずのものを、まとめて母集団と名付けた**」と捉えるといいでしょう。定義自体はわかりづらく、直感的とは言えませんが、作業から考えると自然な定義なのです。

　パラメータについても、「**母集団の共通のルールに関わる数字**」と考えたほうが理解しやすいかもしれません。

　まとめると、以下が推測統計の実務の基本的な流れです。

> 　①ビジネス課題と母集団を定める
> →②標本の抽出（＝課題ごとのデータの受領）
> →③標本から統計量を作成
> →④統計量からパラメータを推定

　①はビジネス的な面が強く、②はSQLやPythonでの作業のウェイトが高いです。そのため、「9-2 仮説検定」では数学範囲である③、④の解説が主となります。

9-1-2　数学的な準備

▶ 標本平均

　n個の標本を、$X_1, X_2, \cdots, X_n$とします。これらについて、**標本平均$\overline{X}$**を、

$$\overline{X} = \frac{X_1 + X_2 + \cdots + X_n}{n}$$

と定義します。この標本平均は検定において頻出するので、まず標本平均と仲良くなるところから、勉強を進めてみましょう。

　$\overline{X}$は、抽出した標本たちの平均値なので、標本の性質を表すのに活躍してくれそうです。実務で出てくる検定の多くは、「$\overline{X}$がこの値なら有意水準5%で帰無仮説は棄却されない」のような形に整理されます。イメージとしては、来季の1人あた

り購入額を予想するのに、今季の1人あたり購入額の標本平均を用いて、「おそらく来季も標本平均と大きく離れた値は出てこないだろう」という見通しを立てるというところです。

▶ 確率分布

　続いて、確率分布の説明と、確率分布の中でも特に基本的である、二項分布と正規分布の説明を行います。

　確率的に値が定まるものを**確率変数**といい、確率変数が各値をとる確率をまとめたものを、**確率分布**といいます。確率分布は、値とその値をとる確率の対応が与えられていたら、表でもグラフでも関数でも、どれでもよいです。

例1)

　確率変数 X [3] を、表が出る確率が0.2のコインで、表が出たら1、裏が出たら0とします。

　つまり、表でまとめると以下のとおりになります。

確率	0.2	0.8
値	1	0

例2)

　確率変数 X を、顧客に対してアポの予約を取って予約を取れたら1、取れなかったら0とします。今回は予約が取れる確率は0.2であると仮定します。

　こちらも表でまとめると、以下のとおりです。

確率	0.2	0.8
値	1	0

　上の2つの例ですが、コイントスと顧客のアポという一見すると何の関係もなさそうなものなのに、どちらも1となる確率が0.2、0となる確率が0.8となっていて、等しい確率分布です。表もまったく同じです。このように見た目は異なるけれども数学的には同じようなものに対して、確率分布という概念を使うと、「見た目まで」同じになります。Yes / Noのように2つに分類できる問題については、コイントスに端を発する二項分布という分布に落とし込むのが定石となります。

※3　確率変数は大文字で表すのが慣例です。

・二項分布 $B(n, p)$

二項分布は、以下のように定義できます。

> 確率変数 X は、表が出る確率が p である n 枚のコインを投げて、表が出た回数を表すものであるとする。このとき、X の確率分布を**二項分布**という。X の確率分布が $B(n, p)$ である[4] ことを、$X \sim B(n, p)$ と表記する[5]。

たとえば、表が出る確率が 0.5 のコインを 5 回投げて表が出た回数を x とすると、X の確率分布は以下の表のようになります。これが、$B(5, 0.5)$ の確率分布表です。

表の出た回数	0	1	2	3	4	5
確率	0.031	0.156	0.312	0.312	0.156	0.031

他の例だと、100 人の顧客にアポの電話をして、取れたアポの合計を X とします。1 人あたりの予約が取れる確率を 0.2 とすると、$X \sim B(100, 0.2)$ と表せます。

「二項分布は 2 種類に物事を分類するときに便利[6]」と覚えておきましょう。後にも扱いますが、社員の退職する/しない、のような判断で利用できます。

二項分布は $0, 1, 2, \cdots, n$ という飛び飛びの値をとる確率分布です。このように飛び飛びの値をとる分布を「離散型確率分布」といいます。本書では離散型確率分布は、二項分布を中心に扱います[7]。

平均値と分散

$B(n, p)$ の平均値は np で、分散は $np(1 - p)$ です。平均値は、(コインを投げた回数) × (コインが表の確率) なので解釈しやすいでしょう。分散は解釈が難しいですが、結果を覚えておいてください。二項分布の分散を計算で求めるのは難しくないので、意欲的な人はやってみてください。

確率密度

離散型確率分布でない (値が飛び飛びでない) ものを、**連続型確率分布**といいます。たとえばですが、次のような問題を考えてみましょう。

---

[4] B は binomial (2 項式) に由来し、口頭では二項分布である分布を「binomial な分布」のように言うこともあります。

[5] 「~」は「ティルダ」「チルダ」と発音します。また、$X \sim B(n, p)$ であることを 、「X の分布は $B(n, p)$ に従う」、もしくは「X は $B(n, p)$ に従う」のように表現します。

[6] 機械学習範囲まで広げると、ロジスティック回帰、決定木なども手法として存在します。

[7] 離散型確率分布は、ポアソン分布、幾何分布、超幾何分布、負の二項分布なども有名ですが、本書では深入りしません。

9

統計手法の基本

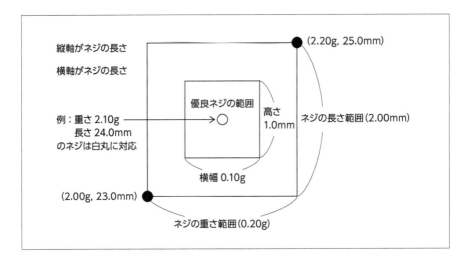

　手持ちの大量のネジのうち、特に品質が良いネジだけを抜き出したいということを考えます。ネジは長さが23.0mmから25.0mmの間、重さが2.00gから2.20gの間で、このうち、長さが23.5mmから24.5mmの間、重さが2.05gから2.15gの間のものだけ抜き出したいとします。さらに、各ネジについて、長さは23.0mmから25.0mmの間の値をどれも等しい確率でとり、重さも2.00gから2.20gの間をどれも等しい確率でとるものとします。

　このように、連続的に値が変化するときは、**面積比**を考えることになります。

　この場合、ネジ1本は、（単位を無視して）面積0.4の正方形の中のどれかの点に対応します。そのため、1本のネジを抜き出して特に品質が良い確率は、抜き出したネジに対応する点が品質の良い真ん中の四角形に含まれる確率であると考えられます。そこで、ネジ全体の存在する面積と、品質が良いネジが存在する面積の比をとって、$\frac{1}{4}$であると言えます。

　この例のように、連続的に値が変化するときは、面積比から確率を求める考えに親しんでいきましょう。

確率密度関数と正規分布

　面積比の考えを進歩させて、飛び飛びに値をとらない確率変数に関して、**確率密度関数**という概念を導入します。確率密度関数は、横軸に確率変数の値をとったときに、縦軸にとった値が「確率を考える面積を出すための高さ」になるものです。面積を考える高さにならないといけないので、確率密度関数は必ず0以上、つまり「マイナスになることはない」ことに注意してください。

　有名な標準正規分布を紹介します。確率密度関数

$$f(x) = \frac{1}{\sqrt{2\pi}} e^{-\frac{x^2}{2}}$$

である連続分布[8]を、**標準正規分布**といいます。標準正規分布は、平均値が0で、分散が1です。確率密度関数は現時点で覚える必要はありませんが、統計を本格的に勉強すると必須なので、意欲的な人は覚えておきましょう。

標準正規分布の確率密度関数のグラフが次の図です。

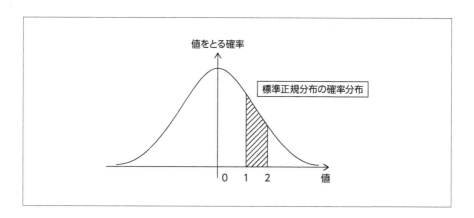

この図は、正規分布という超有名な分布に従う確率変数について、横軸に確率変数の値、縦軸でそうなる確率を表すグラフです。

図の説明を続けると、まず確率は全体で「100% = 1」なので、確率密度関数のグラフと横軸で囲まれる面積は「1」です。これはどのような確率密度関数でも同じで、全体の確率が100%なのはあたり前から生まれる制約だと思ってください。

そして、たとえばXの確率分布が標準正規分布のとき、$1 \leq X < 2$となる確率は、面積比で考えて、図の斜線部の面積と全体の割合となります。ただ、確率密度関数は全体が1になるという計算に優しい制約があるので、図の斜線部の面積を求めると、そのまま確率となります。また、いちいち言葉で書くと長くなるので、$a \leq X \leq b$となる確率は、$P(a \leq X \leq b)$のように表すことが多いです。

9

統計手法の基本

---

[8]　e=2.718281828 …となる数で、数学的には次の式で定義されます。

$$e = \lim_{n \to +\infty} \left(1 + \frac{1}{n}\right)^n$$

「2.7 に近い数値で、正規分布の確率密度関数に出てくる大事な値」という理解があれば、実務上は十分です。

ここでちょっと難しいのは、曲線に関連した面積は積分でないと求められないということです。そのため、

$$\int_1^2 f(x)dx$$

として、このときの確率は与えられます。積分が入ると難しくて嫌になる人も多いのではないかと思いますが、「積分式は面積を表す記号」だと解釈して本書では問題は起きません。

一般に、平均値が μ で分散が σ^2 である正規分布[9]の確率密度関数 $f(x)$ は、

$$f(x) = \frac{1}{\sqrt{2\pi\sigma^2}}e^{-\frac{(x-\mu)^2}{2\sigma^2}}$$

となります。平均値 μ で分散が σ^2 である正規分布は $N(\mu, \sigma^2)$ と表し[10]、確率変数 X が $N(\mu, \sigma^2)$ に従うことは、二項分布のときと同様に、$X \sim N(\mu, \sigma^2)$ と表記します。標準正規分布は、平均値 0 で分散 1 なので、$N(0, 1)$ ということです。

正規分布を扱う大事なコツは、標準正規分布に「変換」して計算することです。

たとえば、$X \sim N(2, 3)$ だったとします。このとき、

$$Y = \frac{X-2}{\sqrt{3}}$$

とすると、$Y \sim N(0, 1)$ になります。一般の正規分布の場合も、

$$Y = \frac{X-\mu}{\sigma}$$

とすると標準正規分布になります。

※9　μ は「ミュー」と読み、アルファベットの m に相当します。平均値は mean なので、ギリシャ文字の m を使うことが多いです。σ は「シグマ」と読み、アルファベットの s に相当します。こちらは、標準偏差（standard deviation）に由来しています。
※10　正規分布は英語で normal distribution ということから、N で表します。

数学的な準備の要点まとめ

- 飛び飛びの値をとる確率分布を離散確率分布という。
- 離散確率分布は二項分布 $B(n, p)$ が基本的である。これは、表の出る確率が p のコインを n 回投げたときの、表が出る回数の確率分布を表す分布である。
- 二項分布は2種類のクラスタリングにおいて便利である。
- 値が飛び飛びでないものを、連続確率分布という。確率密度関数は、連続確率分布について、値をとる確率を定めるものである。
- $f(x) \geq 0$ （マイナスにならない）
- $\int_{-\infty}^{\infty} f(x)dx = 1$ （横軸と確率変数のグラフで囲まれる面積は、必ず1）
- 確率変数 X の確率密度関数が $f(x)$ であるとき、X の値が a から b の間、つまり $a \leq X \leq b$ となる確率

$$P(a \leq X \leq b) = \int_a^b f(x)dx$$

として求まる。
- 確率密度関数が

$$\frac{1}{\sqrt{2\pi\sigma^2}}e^{-\frac{(x-\mu)^2}{2\sigma^2}}$$

である分布を、平均値 μ、分散 σ^2 である正規分布といい、$N(\mu, \sigma^2)$ で表す。正規分布は次のコラムで述べるが、最も重要な分布である。
- $N(0, 1)$ を標準正規分布といい、$X \sim N(\mu, \sigma^2)$ のとき、

$$Y = \frac{X - \mu}{\sigma}$$

とすると、$Y \sim N(0, 1)$ になる。正規分布は毎回、標準正規分布に直すのがコツである。

9

統計手法の基本

共通のルールの「正体」

　本節では母集団を、「共通のルール」という言葉から定義しました。この共通のルールとは、実は「確率分布」を指しています。母集団に関係する定義を「確率分布」を用いて再定義すると、

・母集団：ある確率分布に従って生成される情報の全体
・パラメータ：母集団の確率分布を規定する数値

　たとえば、二項分布 $B(n, p)$ では p（1回コインを投げて表の出る確率）がパラメータ。n もパラメータだが、実務では n は「手に入った標本の数」に相当して（最初から判明して）いるので、パラメータとして扱うことは少ない。

・正規分布 $N(\mu, \sigma^2)$：平均値 μ と標準偏差（分散の平方根）σ
　推測統計の作業も改めてまとめると、「母集団のうち手に入った情報を用いて、母集団の確率分布を推測する」こととなります。たとえば、

企業の売上（母集団）は正規分布（母集団が従うと考えられる確率分布）に従って生成されると考える
↓
手元にある企業の売上（標本）から、企業の売上の平均値と分散（パラメータ）を予測する

となります。このように考えると、ビジネス課題とそれに対する具体的な取り組みが、数学的な文章に置き換わります。
　そしてこの例は、母集団について、「どのような確率分布」なのか、または「どのようなモデルで表されるのか[11]」を仮定しないと、「推測統計の実務が行えない」ことも示唆しています。ついつい書くのを忘れがちな、「企業の売上が正規分布に従って生成されると考える」のような一文は、課題を統計的に扱うためには必要不可欠なのです。

---

[11]　モデルについては「9-3 線形回帰」で説明を行います。

正規分布って何？

正規分布という、いかつい確率密度関数を持った連続分布が最初に現れるのが、初学者に大変優しくないところでしょう。正規分布を強調しているのは読者への嫌がらせでは断じてなく、必要なものだからです。そこで、なぜ正規分布が大事かを、ここで述べていきます。

正規分布は**ガウス分布**（Gauss distribution）とも呼ばれます。ガウスという偉大な数学者がその研究・発展に大きく寄与をしているからです[12]。ガウスが正規分布を発見した考え方は、そのままデータサイエンスにも使える考え方なので、ここで紹介をしていきます。

1817年に発行されたガウスの『天体運行論』という書籍で、次のような考えが述べられています。

「天体の観測値をXとおく。しかし、この観測値Xは本当の天体の位置ではなく、観測に伴う誤差が入っているはずである。本当の天体の位置がYであって、誤差ϵを用いて、

$$Y = X + \epsilon$$

となると考える。つまり、（天体の位置）＝（観測値）＋（誤差）である」

この後、誤差の分布が正規分布となることを数学の手法で証明しています。

この話は一般化できます。実際に観測できる（起こった）値Xは、真の値（理論的に起こる値）に比べて、必ず誤差が生じて、その誤差は正規分布になるという一般化です。このため、たとえば売上を予測するとき、Xが予測値であるとします。このXが理論的に好ましい値Yを正しく言い当てるのならば、X, Yの差は、正規分布となるはずなのです。そのため、「実際の値と予測値の差が正規分布であると仮定して、矛盾が起きるかどうか」で、モデルが正しいかどうかをチェックする機会が非常に多いのです。

ほかには、二項分布が正規分布で近似できるという話が大切です。二項分布$B(n, p)$の確率計算はnが大きいと手間がかかるのですが、実は、$X \sim B(n, p)$でnが十分大のとき、

$$\mu = np, \sigma^2 = np(1-p), Y = \frac{X - \mu}{\sigma}, y = \frac{x - \mu}{\sigma}$$

とすると、

$$P(X = x) \fallingdotseq \frac{1}{\sqrt{2\pi\sigma^2}} e^{-\frac{y^2}{2}}$$

が成立するので、$Y \sim N(0,1)$ となります。n が大きいときの二項分布の確率計算が標準正規分布の確率計算に置き換えられ、手間が大きく減ります。

9-2　仮説検定

9-2-1　仮説検定入門

母集団（の確率分布）に関わるパラメータ θ（シータと読みます）を標本から作った統計量を用いて調べたいというシチュエーションで、**検定**が用いられます。この θ は、たとえば「会員のうち、オフラインイベントに参加する人の割合」「顧客1人あたりの年間購入額」「従業員の会社満足度の平均値」などがあります。大別すると、

CASE 1：割合（顧客のうちの優良顧客の割合など。2つの集団に分類するときの割合）
CASE 2：連続的に変化するもの（売上などの金銭的な指標、顧客数などの人数的な指標）
CASE 3：5段階評価のように、連続的変化でもないが2つよりは細かい分け方

が本書で扱う対象となります。CASE 1の場合は2つに分類するので、二項分布 $B(n,p)$ で考えることになり、p がパラメータ θ となるでしょう。CASE 2のときは、連続的に変化するので正規分布を考えることが多くなり、正規分布の平均値がパラメータ θ となることが多いでしょう。

CASE 3については「9-3 線形回帰」で扱います。本節では主に、CASE 1、CASE 2についての検定方法の紹介をします。

▶ 検定の形式

パラメータ θ に関連する「成立しているか興味がある状況」を考えます。たとえば、「売上が1億円に到達する」「商品をレコメンドして買ってくれる場合」などです。この興味ある状況を、いちいち言葉で書くと長くなるので、A と文字で表してみましょう。

「θ が A に該当している」

という仮説を、**帰無仮説**といいます。逆に、

「θがAに該当していない」

という仮説を、**対立仮説**といいます。対立仮説は、場合によっては別の条件文になることはありますが、おおむねこのイメージで問題ありません。具体的に帰無仮説と対立仮説の設定方法をまず見てみましょう。

［例］スーパーでバーゲンを行う。ここで、ある地域 D にチラシを配ったとき、配っていないときの売上のデータが、それぞれ十分な数あるとする。このとき、チラシを配ったときのほうが全体の売上が高いと見込めるかどうか、検定で判断したい。

さて、このようなケースはまさに検定の出番です。

データ分析の業務として最初にやることは、この例のような状況を、数学的・統計的に表現することです。現在の状況を抽象的に表現すると言い換えてもかまいません。

考え方の一例を述べていきます。

①今回は売上なので、連続型データの見積もりと思っていいだろう。売上は正規分布とみなしてみよう。

注意：ここでは構成の都合上、正規分布と断定していますが、スーパーの売上について知見があり、「いやいや、ここは他の分布のほうがいい」と判断できるのならば、そちらのほうが好ましいです。現場知識と手法が融合できる方こそ素晴らしいデータサイエンティストです。正規分布と断定する前にも、本当は売上のヒストグラム（横軸が売上、縦軸が特定の範囲の売上となった回数で作る）を眺めて、正規分布になっているか検討するほうが模範的です。

②チラシを配ったとき、チラシを配っていないときのデータがある。これらを正規分布で表現したい。配ったか配っていないかの2通りの状況があるので、正規分布を2つ用意しよう。

配ったとき：$N(\theta, v)$

配っていないとき：$N(a, v)$

と2つの正規分布に売上が従うと仮定しよう。

注意：やさしくなるように2つの分散 v が等しいと仮定していますが、分散が異なると仮定したとき用の検定手法もあります。本節の最後のABテストの項で扱います。

③効果があるかどうかだから、検定したい内容は、「$\theta = a$」かどうかだな。これを帰無仮説にして、対立仮説を「$\theta \neq a$」にしよう。

④つまり正規分布2つの平均値が一致するかどうかの検定に問題を落とし込めた。よし、検定を実行しよう。やり方は本を参考にすると……（終）。

　多少の簡略化はしていますが、筆者が検定を実行しようとすると、上のような思考で手を付けていきます。

　統計の本で検定のやり方を調べただけでは、④のやり方だけ調べたようなもので、それ以前は行えていません。その上、①②③のほうが頭をひねる要素があり難しいと言えます。本節では、上のように考え方もフローチャート化して紹介していきます。ぜひ結果だけでなく、思考過程も身に付けていってください。

　検定は基本的には、「Aに該当していると考えておかしなことにならないかどうか」を調べる流れになります。

仮説を立てる
→仮説が正しいときに本当に標本がこうなるか検証する
→普通はありえないことが起きているから仮説が間違っていると判断しよう

という流れです。

　ここで最初のほうの注意で述べたとおり、推測統計に「絶対はありません」。すべては確率をベースにした不確かな結論にしかなりません。そこで、**P値と有意水準**という概念が登場します。これらを使って、確率的に結論を出すのが検定です。

・**P値**：帰無仮説が正しいと仮定したとき（θがAに該当すると仮定したとき）に、標本から得られた統計量が実現する確率、およびそれより"極端な"統計量が得られる確率の合計[13]。
・**有意水準**：P値として許容できる値の最低値。つまり、これよりP値が低ければ帰無仮説が正しいという仮定が間違っているだろうと判断するライン。

例)

　帰無仮説を、1単位を100万円として、「1カ月の売上Yは$Y = 10 + X$、ただし$X \sim N(0,1)$と表される」とします。そして、有意水準を5%、統計量として、先月

[13]　P値は多くの本でこのような説明がなされていますが、「極端な値をとる」というのが大変曖昧な表現で、仮説検定初学者にとって理解の壁となっています。初学者のうちは、「極端な値をとる」について、「平均値から離れた値をとる」と考えて問題ありません。たとえば、帰無仮説の元でXの平均値が10で、観測値が12なら、12とそれより平均値から離れた値をとる確率の和で、$P(X \geq 12)$がP値となります。

の売上が1200万円、つまり$Y = 12$を採用します。

ここで、P値は、売上が1200万円**以上**（Xの平均値が0と仮定したので、それより平均値から離れる方向を考えるので"以上"が付く）となる確率、つまり

$$P(X \geq 2) = \int_2^\infty f(x)dx$$

ただし、$f(x)$は標準正規分布の確率密度関数、となります。Excel、Python、R、関数電卓、正規分布表のいずれでも調べられます。たとえばExcelなら、「1-NORM.S.DIST(2,TRUE)」と入力すると計算できて、2.28%とわかります。

有意水準の5%よりP値が低いので、「帰無仮説を仮定したら許容より低い確率の出来事が起きたことになる。帰無仮説は成り立たないと判断しよう」と考えるのが統計的な検定の基本思考です。

P値が有意水準より低かったら帰無仮説が成り立っていると考えるのはやめようという結論になるのですが、これを「**帰無仮説を棄却する**」といいます。逆に、P値が有意水準より高かったら、「帰無仮説が成り立っていない」とは言えないという結論になります。

さて、ここからが統計の帰無仮説の一番難しいところの話です。

帰無仮説の棄却は、いわゆる数学でいう「背理法」に相当し、

帰無仮説が成り立っていると仮定する
→有意水準より低いことが起きる
→めったに起こらないはずの珍しいことが起こっていることになる
→帰無仮説が成り立っていないと考えたほうが自然だろう
→帰無仮説を棄却する

という流れです。ここで、もし「帰無仮説が成り立っていると仮定して、有意水準より高いことが起きていることになった」としましょう。ここはさまざまな立場があるのですが、本来の数理統計では、「帰無仮説が成り立っているとも成り立っていないとも今回は結論できなかった」と結論します。ビジネス上「帰無仮説が成り立っていると判断しよう」と動くこともありますが、本来の統計は、**帰無仮説を積極的に肯定することはありません**。なお、「帰無仮説が成り立っていると判断する」ことを、**帰無仮説を採択する**といいます。もし検定後に「帰無仮説が成り立っていると判断する」立場を取るのであれば、「帰無仮説を採択した」と明記することが推奨されます。

検定をうまく扱うコツは、「帰無仮説は棄却されたときのほうが手に入る情報量が圧倒的に多い」ということです。つまり、

> 「C が成り立っている」ということについて検定したい
> → 「C が成り立っていない」を帰無仮説にする
> → 「棄却されたから C は成り立っている」

という流れが、結論したい内容について、最も情報量の多い手順となります。この、「本当に言いたい内容とは逆の内容をあえて検定の主張にするほうが情報量が多い」のが、ひねくれていて直感と反していて、検定で難しいところではないかと思います。

有意水準には3つ注意があります。

・1つ目：有意水準はデータを見る前に決めておくのが好ましいです。データを見てから決めると、たとえ正しい過程を踏んでいても、恣意的に担当者が有意水準をいじったかのような印象の悪さを与えます。
・2つ目：有意水準は慣例的に 0.05、つまり 5% を採用することが多いです。より厳しく判断するときは 0.01 (1%) を採用することもありますが、5% を採用しなかった場合は何かしらの根拠が言えないと納得が得られづらいです。
・3つ目：正式な場に提出するレポートや論文は、P 値は値を小数点以下第 3 位まで書くことが推奨されます。先述の例だと、P 値は 0.028、有意水準は 0.05 と明記すべきです。P 値が 0.001 未満なら、「P 値 < 0.001」と書くだけで十分です。

線形回帰でも紹介しますが、統計ソフト R をはじめ多くのソフトウェアでは、P 値と有意水準に関して、

```
0  '***'  0.001  '**'  0.01  '*'  0.05  '.'  0.1  ' '  1
```

のように表示されます。意味の解説をしましょう。「0.03 *」のように P 値が表示されていたとします。

P 値 = 0.03 ですと、0.01 < 0.03 < 0.05 なので、有意水準 5% なら棄却されますが、有意水準 1% なら棄却されません。そのような P 値をまとめて、* と表示しているということです。

多くのソフトウェアでは、* が付いていたら有意水準 5% で棄却されたという意味になります。慣れると、* の数を見ただけで、検定が棄却されたかどうかわかるので、大変便利です。

ここまでが有意水準の説明ですが、有意水準はあくまで「帰無仮説が正しいと仮定したときに矛盾が起きるかどうか」を調べる基準だということに注意が必要です。「帰無仮説が成り立つ」といっているわけではなく、「帰無仮説が成り立つと仮定して今後動いても、大きな矛盾は出ないと予想される」程度の弱いことしか主張でき

ません。これが冒頭で、推測統計は確定した情報を提供するわけではないという注意を述べた背景です。

第一種の過誤、第二種の過誤

> ・**第一種の過誤**とは、帰無仮説が正しいときに帰無仮説を棄却してしまうこと
> ・**第二種の過誤**とは、帰無仮説が正しくないのに帰無仮説を棄却しないこと

これについてP値と有意水準を用いて書き直すと、

> ・第一種の過誤：帰無仮説が正しいのに、P値が有意水準より小さくなってしまって棄却してしまうこと
> ・第二種の過誤：帰無仮説が正しくないのに、P値が有意水準より大きくなってしまって棄却しないこと

となります。平易に書き直すと、帰無仮説は検定の主張であるので、

> ・第一種の過誤：主張が成り立つのに、運悪く主張が成り立たないという結論に至る出来事
> ・第二種の過誤：主張が成り立たないのに、運悪く主張が成り立たないと気づけない出来事

となります。また、有意水準とは、第一種の過誤が起きる確率であるということもできます。

　ここで強調したいのは、どちらも「運が悪い」出来事だということです。完璧な仕事をしても運が悪かったら陥ります。つまり、「過誤」という名前が付いていますが、発生しても「事務ミス、業務ミスの類ではない」のです。

　第一種の過誤が起きる確率である有意確率と同様に、第二種の過誤について**検出力**という概念が存在します。

> ・検出力：帰無仮説が正しくないときに、帰無仮説を棄却する確率

「1 − 検出力」が、第二種の過誤が起きる確率です。

第一種の過誤、第二種の過誤については、初学者は、

> ・有意水準を大きくすると、第一種の過誤が起きやすくなる
> ・有意水準を小さくすると、第二種の過誤が起きやすくなる

という理解ができれば十分です[14]。特に大事なのは、第一種の過誤と第二種の過誤の起きる確率は、トレードオフであるということです。推測統計において、過誤が

※14　より本格的に統計を勉強すると、第一種の過誤、第二種の過誤の起きる確率を出発点にして、「どのような検定が最も好ましいか」という話題に触れることになります。

まったく起きない検定は存在しません。

　簡単なイメージでは、第一種の過誤の確率を減らすことは、棄却する確率を下げることにつながるので、帰無仮説が成り立たないときに棄却する確率まで下げてしまって、第二種の過誤が起きやすくなる、といったところです。

P値は難しい

　P値は扱うのが難しい統計量で、便利なのですが、振り回される人も多い統計量です。次の例を見て、どのように思うでしょうか？

例）

　部長Oが会社から、「あなたの部署の退職率は高く見えます」と言われ、会社から「偶然部署の退職率が高くなっただけか、本当に高いのか、統計的に結論してレポートを作成するように」とのお達しを受けた。これは会社側が、退職するかしないかには偶然の要素も多く含まれるので、単純に割合を見るだけでなく、きちんと検定して結論を出す必要があると考えたからで、非常に誠実な要求であると言える。

　そこで、部長Oが「自分の部署の退職率が会社全体の退職率と一致する」を帰無仮説にして、検定を行うことにした。

　有意水準5%の検定で、今年のデータからP値を調べたら4.8%であった。ギリギリだったので運が悪かっただけだろうと思い、昨年のデータも加えてもう1回やったらP値が5.1%になったので、帰無仮説が棄却できないという結論で、会社に報告した。

　これはNGの見本です。有意水準とP値は、「1回の試行でどうなるか」しか想定していません。そのため、P値は2回、3回と繰り返すケースを苦手としています。このように、実務者が恣意的に検定を繰り返すというのは、絶対やってはいけないことです。

　特によく聞く気がするのが、「ある事象を検定方法Aで検定したら棄却されなかったから、別の検定方法Bで棄却されたから棄却しよう」です。検定方法を変えても2回3回と繰り返していい理由にはまったくならないので、絶対ダメです。

　P値は1回のチャレンジでの判断指標として優れているので受け入れられている概念ですが、繰り返しに弱いため、安易に用いることに警鐘を鳴らす動きも最近目立ってきているとも感じています。

　この例に限らず、実務者が結果に対して色眼鏡を持ち、恣意性を混ぜるというのは絶対やってはいけないことです。そのため、有意水準も、本来は標本データを受け取る前に設定して、絶対動かさないことが好ましいです。もし、標本データを受け取ってから有意水準を決めているようだと、「実務者の恣意的な有意水準選択が行われたかもしれない」という疑念を抱かれる可能性があるためです。有意水準を変更する場合には理由を述べなくてはならないと先述したのは、この理由が大きいというのが筆者の解釈です。有意水準6.5%のような妙な基準の検定を提出されでもしたら、P値を見て都合よく有意水準をいじったのではないかと、筆者なら思ってしまいます。

帰無仮説と対立仮説は入れ替えられる？

　帰無仮説と対立仮説を入れ替えていいかという質問は定番のものです。「入れ替えていいか」という質問が曖昧ではあるのですが、いったん置いておくと、帰無仮説と対立仮説を入れ替えても、数学的には検定は問題なく行えます。まずはそもそもの定義で、

　　帰無仮説：θがAに該当している
　　対立仮説：θがAに該当していない

を思い出してみましょう。「Aに該当していない」という状況をBと置いてみると、

　　帰無仮説：θがBに該当していない
　　対立仮説：θがBに該当している

となります。ここで、2つの仮説を入れ替えたら、

　　入れ替えた後の帰無仮説：θがBに該当している
　　入れ替えた後の対立仮説：θがBに該当していない

となり、形式的な検定の形は問題ないように見えます。

さて、では入れ替えていいかというと、そういうわけではありません。検定の論理の流れを今一度確認してみましょう。

　前にも述べたとおり、帰無仮説は、「棄却したほうが情報量が多い」が検定の基本です。そのため、ビジネス上は、成り立ってほしいものを対立仮説におき、成り立ってほしくないものを帰無仮説におくのが通常です。つまり、扱う課題に対して何を帰無仮説におくかは、本来迷うものではないのです。帰無仮説と対立仮説の入れ替えについては、「数学的には可能だがビジネス的に意味はほとんどない。それどころか情報量は減ることが多いだろう」と筆者は回答することにしています。

　また、対立仮説：u = 0.5 となるようなケースは、主張：u が厳密に 0.5 ということですが、これは、u=0.500000001，0.50000000000001 のように「0.5 に極めて近いが、僅かな差がある」可能性も排除して、u=0.5 と主張していることを指します。これは、現実では事実上無理だと言えます。そのため、理論上帰無仮説と対立仮説を入れ替えることは可能でも、入れ替えたら対立仮説の主張は現実的に不可能というケースばかりです。

　なお、数学的には意味があります。たとえば、数理統計で基本的となる「一般化されたネイマン－ピアソンの補題」という定理の証明で、帰無仮説と対立仮説を入れ替えて議論をする場面が存在します[15]。数学分野だと入れ替えて得をする場面が確かに存在するのは面白いですね。

※15　吉田朋広『数理統計学』（朝倉書店、2006 年）を参照。

9-2-2　具体的な検定手順

ここからはいよいよ具体的な検定のやり方に入っていきます。

まず、必須の概念である**上側α点**を説明します。

・**上側α点**：それより大きくなる確率がちょうどαとなるような値。たとえば、正規分布だと、図のz_αが上側α点である。

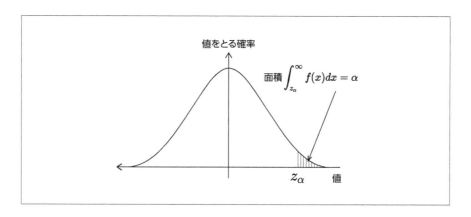

正規分布の上側α点は本書では、z_αと表すことにします。有意水準5%の検定では、

$$z_{0.05} = 1.645, z_{0.025} = 1.960$$

の2つが主に顔を出します。

本節では、「正規分布」「二項分布」の2つについて、主にそれぞれの平均値を対象に、検定手法を紹介します。「二項分布」は「正規分布」で近似できるという話があるので、「正規分布」での手法から紹介します。

▶ 正規分布での検定手法

ここでは、$f(x)$は標準正規分布の確率密度関数を表すものであるとします。

[例]
ある工場で作る部品の重さが、$N(\mu, \sigma^2)$という正規分布に従っていることを前提にする。部品のデータがn個（$X_1, X_2, \cdots, X_n$のn個）あるとき、μがどんな値かを知りたい。今回は、簡単にするために、σ^2は判明しているものとする[16]。

[検定1]
μがある値aと一致するかどうかを検定したい。つまり、
帰無仮説：$\mu = a$
対立仮説：$\mu \neq a$
として検定を行いたい。
このとき、

$$y = \sqrt{n} \times \frac{|\bar{X} - a|}{\sigma}$$

とすると、P値は次のように与えられる。

$$2\int_y^\infty f(x)dx$$

yについては、いったんこの形を作ると都合がいいということを覚えるだけでかまいません。こうすると、yの分散が1になって検定の計算が楽になります[17]。

この場合のP値がなぜこうなるかだけ、簡単に説明します。yは帰無仮説が正しいと仮定したときの、標本平均と正規分布の平均値とのズレを表しています。P値は平均値から離れていく方向の確率を合計するので、ズレがyとなる確率から、ズレが無限大となるまでの確率を合計していきます。しかし、正規分布は左右に広がっていくので、右側にずれるだけでなく、左側にずれる確率も足さなくてはいけません。そのため、2倍してあるということです。

また、上側α点の定義を思い出すと、

$$2\int_{z_{0.025}}^\infty f(x)dx = 0.05$$

です。そのため、$y > z_{0.025} = 1.96$になっていたら、P値が0.05より小さいので、帰無仮説が棄却されるとわかります。検定を、「yがこの範囲なら帰無仮説が棄却される」という形に言い換えることを、「**棄却域を定める**」のようにいいます。

さて、棄却域が$y > z_{0.025}$の形になったということは、「yがある程度大きいと棄却。yがある程度小さいと何もわからなかった（一般的）or 採択」という意味です。こ

---

[16] 判明していない場合の手法もありますが、データ数が30以上なら分散を**標本分散**という、{（データ）-（標本平均）}の二乗のn個の平均値で定義される値であるとみなしてよいといわれています。
[17] 「中心極限定理」という概念が身に付けば、$\sqrt{n}$倍されていることに納得がいきやすくなります。

れは、そもそも y が標本平均と、正規分布の平均値とのズレを表すことを考えると、直感的にも明らかです。ズレが大きかったら、平均値が a であると判断するのは無理があって、ズレが小さかったら「矛盾が出なかったので今回は何もわからなかった」or「矛盾が出なかったので平均値が a と考える」ということです。このように、直感的に考えて出た答えが正しいか検討するようにすると、誤った結論を出すことが激減します。

　具体的な数字でやってみると、100個の部品があり、重さの標本平均が21。このとき、部品の重さが $N(\mu, 25)$ に従うとして、

帰無仮説： $\mu = 20$
対立仮説： $\mu \neq 20$

で検定を行ってみます。

$$y = \sqrt{100} \times \frac{|21 - 20|}{5} = 2 > 1.96$$

したがって棄却となります。P値も調べると次のようになり、確かに 0.05 より低くなっています。

$$2\int_2^\infty f(x)dx = 0.045\ldots$$

　今の y のように、検定するために標本を用いて計算した値を**検定統計量**、または単に**統計量**といいます。

　さて、［検定1］のように、帰無仮説が $\theta = a$ の形式の検定を、**両側検定**といいます。両側というのは、P値で2倍したところと同じで、平均値から大きく増える場合と、大きく減っている場合は、不適切だと判断したいというニュアンスです。実際P値の計算法を見ると、「両側」という名前にも納得がいきやすいのではないでしょうか？

▶ 発展講義：応用的な検定

　多くの統計の本では、両側検定の公式と片側検定の公式を同列に並べていますが、片側検定は難しいので、本節では「発展講義」として扱うことにします。両側検定で実用上は十分なので、こちらは余力がある人向けの内容です。

　両側検定は $\theta = a$ の形の検定のことでしたが、

・**片側検定**：帰無仮説が $\theta \geq a$ または $\theta \leq a$ または $\theta > a$ または $\theta < a$

の形の検定のことを指します。両側検定の「=」が、4種類ある不等号のいずれかに変わったもの、との考えでOKです。

　実はP値は、両側検定のときは計算しやすいのですが、片側検定では計算がしづ

9

統計手法の基本

らいです。両側検定では帰無仮説が成り立つと仮定すると、θの値が1つに決まるので確率計算がやりやすいですが、片側検定では帰無仮説が成り立つと考えたとき、θの値が1つに定まらないのが理由です。片側検定ではP値ではなく「検定統計量」の「棄却域」から話を進めることが多いです。

　なお、P値を計算する場合は、パラメータが帰無仮説と対立仮説の境界値である場合の確率を計算して、その値をP値とします。そのため、P値を計算する場合、実質

　　帰無仮説：$\theta = a$
　　対立仮説：$\theta < a$ or $\theta > a$

となる検定を扱っているのと同じです。簡略化のためにこの形で片側検定を記述することも多いです。

[検定2]
[検定1] から帰無仮説と対立仮説だけ変える。

μがある値aより大きいかどうか検定したい。つまり、
帰無仮説：$\mu > a$
対立仮説：$\mu \leq a$
とする。

　今度は

$$y = \sqrt{n} \times \frac{\bar{X} - a}{\sigma}$$

とします。先ほどと比べて絶対値がありませんが、今回は$\mu > a$を前提にしているから絶対値がなくなっているという理解で大丈夫です。この場合の棄却域は、結果だけ述べると、$y < z_{0.05} = 1.645$となります。

　解釈としては、平均値が小さかったら帰無仮説が成り立たないはずという形の検定を行います。つまり、yがある程度小さかったら対立仮説が成立するはずという意味を表す棄却域となります。

　同じく具体的な数字で検定をやってみましょう。100個の部品があり、重さの標本平均が21。このとき、部品の重さが$N(\mu, 25)$に従うとして、

帰無仮説：$\mu > 20$
対立仮説：$\mu \leq 20$

であるとします。

$$y = 10 \times \frac{21 - 20}{5} = 2$$

で、棄却域は$y < 1.645$。

yが棄却域に入っていないので、有意水準5%で帰無仮説は採択されます。

丁寧にレポートや論文を作るときは、検定統計量（例でいうyの値）を明記した上で、「上側0.05点の1.645との大小からこの結論になった」のような記載があると親切です。

正規分布の差の検定

「ある工場Aと工場Bの部品の重さの平均値が等しいかどうか調べたい」というケースもあるでしょう。ここも簡単にするために、Aの部品が$N(a, \sigma^2)$に従い、Bの方は$N(b, \tau^2)$に従う[18]とします。解釈もやや難しい話なので、棄却域だけ紹介して終わりにします。ただ、AとBの2つの工場の部品の重さの平均値が、ある程度離れていたら棄却するという形の結果になることは、直感的にあたり前だと思えると喜ばしいです。

設定は、Aのn個の部品の標本平均が$\bar{A}$で、Bのm個の部品の標本平均が$\bar{B}$であるとします。まず両側検定ついて

帰無仮説：$a = b$ 対立仮説：$a \neq b$

の棄却域は

$$\frac{|\bar{A} - \bar{B}|}{\sqrt{\frac{\sigma^2}{n} + \frac{\tau^2}{m}}} > z_{0.025}$$

となります。

また（発展的な内容なのでいったん飛ばしてもよいです）片側検定について

帰無仮説：$a > b$ 対立仮説：$a \leq b$

の棄却域は次のようになります。

$$\frac{|\bar{A} - \bar{B}|}{\sqrt{\frac{\sigma^2}{n} + \frac{\tau^2}{m}}} > z_{0.05}$$

※18　τは「タウ」と読み、アルファベットのtに相当するギリシャ文字です。

どちらも「$\bar{A}-B$ がある値より大きいときに棄却される」という形に検定が言い換えられています。

二項分布の検定

[例]
ある部署 A の退職率が 3% と考えてよいか、3% より高いと考えてよいか、加えて会社全体の退職率と比べて高いと考えてよいか、の3つの問題を扱います。
前提：会社は全体で 10,000 人で、今年度の退職者 300 人。部署 A は 400 人で、今年度の退職者 20 人。

この場合は、以下のような流れで考えます。

① 退職はするか／しないかなので、二項分布を用いよう。
② 部署 A の退職数は二項分布で、$B(400, a)$ に従うと考えて、会社全体は、$B(10000, b)$ に従うと考えよう。
③ 今回扱う3つの問題は、帰無仮説が「$a = 0.03$」「$a > 0.03$」「$a = b$」の形の検定だな。
④ 二項分布は十分な標本数のとき[19] は正規分布に近似できるから、近似できると考えて、先ほどの正規分布の公式を当てはめよう。
⑤ $B(n, p)$ は平均値 np、分散 $np(1-p)$ だから、$\mu = np, \sigma^2 = np(1-p)$ として当てはめよう。

これに従って、検定を3つ紹介します。初学者は［検定1］だけわかれば十分で、［検定2］、［検定3］は発展的な内容です。

・［検定1］
まず両側検定から。

帰無仮説：$a = 0.03$
対立仮説：$a \neq 0.03$

部署 A で実際退職した人数の 20 人から、退職率が 0.03 だったときの退職者数の 12 人を引いて、退職率 0.03 のときの標準偏差 $s = \sqrt{400 \times 0.03 \times 0.97}$ で割った値を検定に用いる統計量とします。

※19　平均値が5以上の二項分布は近似しても大きく差は出ないといいます。今回は退職者数が20人、平均値は5より大きそうなので、近似しても問題ないと考えて手を付けていきます。

そして、

$$y = \frac{|20 - 12|}{s}$$

とすると、P値が

$$2\int_y^\infty f(x)dx$$

で、棄却域が $y > z_{0.025} = 1.96$ となります。

　計算すると、$y = 2.344$ となり、棄却域に含まれているので、帰無仮説は棄却されます。なお、P値は0.019です。

・[検定2]
　今度は片側検定です。

> 帰無仮説：$a > 0.03$
> 対立仮説：$a \leq 0.03$

　検定統計量と棄却域の比較は、

$$\frac{20 - 12}{\sqrt{400 \times 0.03 \times 0.97}} > z_{0.05} = 1.645$$

となります。帰無仮説は成り立たない（今回の検定だと何も判明しなかった）or 対立仮説が成り立つ（採択）と判断できます。

・[検定3]

> 帰無仮説：$a = b$
> 対立仮説：$a \neq b$

　2つの二項分布のパラメータが一致するかの検定は、途中計算量がかなり大きくなるので、まず一般の場合の"公式"だけ述べます。

> [公式]
> m人中k人退職した部署と、n人中l人が退職した部署の退職率が等しいかどうかは、
> $$r = \frac{k+l}{m+n}、$$
> $$u = \frac{\frac{k}{m} - \frac{l}{n}}{\sqrt{r(1-r) \times \left(\frac{1}{m} + \frac{1}{n}\right)}}$$
> とおくと、$|u| > z_{0.025}$ が棄却域である。

今回は、

$$m = 400, k = 20, n = 10000, l = 300$$

とすると、

$$u = 2.27 > z_{0.025} = 1.96$$

になるので、帰無仮説は棄却されて、全社より部署のほうが退職率が高いと言っていいだろうということになります。

9-2-3　信頼区間

今度は、「得られた標本平均から、本当の平均値がだいたいどの範囲にあるか調べたい」という問題を考えてみます。有意水準は5%とします。平均値μ分散σ^2のどんな分布でもnが大きいなら、

$$\sqrt{n} \times \frac{\bar{X} - \mu}{\sigma}$$

が標準正規分布に従うと近似してよいことを前提にすると、95%の確率で、

$$-z_{0.025} < \sqrt{n} \times \frac{\bar{X} - \mu}{\sigma} < z_{0.025}$$

となります。これを式変形すると、

$$\bar{X} - \frac{\sigma}{\sqrt{n}} \times 1.96 < \mu < \bar{X} + \frac{\sigma}{\sqrt{n}} \times 1.96$$

となります。このようにして求めたμの範囲を、μの**95%信頼区間**といいます。

信頼区間はここまでの話とは大きく違う点があり、どのような分布に対しても使えます。

100個の部品があり、重さの標本平均が21、標本標準偏差が5という状況をまた考えると、この部品の重さの平均値の95%信頼区間は、

$$\frac{\sigma}{\sqrt{n}} = 0.5$$

から

$$1.96 \times \frac{\sigma}{\sqrt{n}} = 0.98$$

より、$20.02 < \mu < 21.98$となります。

また、二項分布の場合の信頼区間は、間違えやすいので、別個に覚えるほうがいいかもしれません。

コインをn回投げて表がx回出たとします。このとき、標本平均

$$\frac{x}{n} = \hat{p}$$

とおきます。

すると、このコインの表が出る確率pの95%信頼区間は、

$$\hat{p} - 1.96 \times \sqrt{\frac{\hat{p} \times (1-\hat{p})}{n}} < p < \hat{p} + 1.96 \times \sqrt{\frac{\hat{p} \times (1-\hat{p})}{n}}$$

となります。分散 σ^2 に「標本平均の確率で表が出るコインを1回投げたときの分散」を当てはめるのが、慣れないうちは難しいところになるでしょう。

必要なサンプル数

ここまで、「nが十分大きいなら」という、つまりサンプル数が十分なら、という話を続けてきました。さて、どれくらいサンプル数があると十分なのでしょうか？ 二項分布について紹介します。

[例]
ある工場で作成している部品は5%の確率で不良品が混じっていると予想されているが、正確な割合はわからない。そこで、いくつかの部品を抜き出して不良品かどうか調べることで、不良品の割合を、誤差1%以内で推定したい。このとき、いくつの部品を抜き出せばいいだろうか？ ただし、95%の信頼度[20]で考えること。

この問題は、信頼区間の応用問題です。二項分布の95%信頼区間は先述の公式を見ると、中心から

$$1.96 \times \sqrt{\frac{\hat{p} \times (1-\hat{p})}{n}}$$

ずつ左右にずれています。これが"誤差"に相当しているので、

$$1.96 \times \sqrt{\frac{\hat{p} \times (1-\hat{p})}{n}} = 0.01$$

となるnを求めればいいことになります。$\hat{p}$ については、予想されている0.05をそのまま用いれば大丈夫です。計算すると、

$$1.96 \times \sqrt{\frac{\hat{p} \times (1-\hat{p})}{n}} = 0.01$$

は、$n = (1.96 \times 100)^2 \times 0.05 \times 0.95 = 1824.76$ なので、1825個抽出すれば十分です。

※20 「95%信頼区間で考えよ」という意味で使われる言い回しです。

　なお、予想がされてないときは、$\hat{p} \times (1 - \hat{p})$は一番大きいときで0.25なので、$\hat{p} \times (1 - \hat{p})$を0.25で置き換えれば、十分に目的は達することができます。

9-2-4　AB テスト

　いよいよ検定の大詰めで、ABテストを扱います。その前に、確率分布の紹介の締めを行います。

▶ カイ二乗分布

> $X_1, X_2, \cdots, X_n$が$N(0,1)$に従い、互いに独立である[21]とする。このとき、$X_1^2 + X_2^2 + \cdots + X_n^2$の従う確率分布を、自由度 n の χ（カイ）二乗分布といい、$\chi^2(n)$で表す。

　たとえば、$\chi^2(3)$の確率分布関数は次の図のようになります。0以上のものの和なので、$\chi^2(n)$は常に0以上の値をとります。

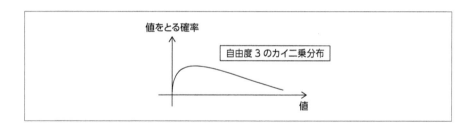

　正規分布は正負で対称なので、そのまま$X_1 + X_2 + \cdots + X_n$を計算すると、大きく出た部分と小さく出た部分が打ち消し合って、0に近い値が出てきます。そのため、$X_1, \cdots, X_n$がどのくらいの大きさか知りたいときは、二乗して0以上の和とするカイ二乗分布が便利です。

　Excelでは、

```
CHISQ.DIST(x,n,TRUE)
```

と入力すると、$X \sim \chi^2(n)$のとき、$P(0 \leq X \leq x)$を求めてくれます。多くの場合は、

```
P値= 1-CHISQ.DIST(x,n,TRUE)
```

として求めることになるでしょう。

---

[21] ある確率変数の結果が他の確率変数の結果に影響を与えないということ。たとえば、標準正規分布に従うX_1からX_4についてX_1からX_3がプラスだったとしても、X_4がプラスの確率は1/2。

▶ t分布

> XとYが独立で、$X \sim N(0, 1)$, $Y \sim \chi^2(n)$のとき、
>
> $$\frac{X}{\sqrt{\frac{Y}{N}}}$$
>
> の従う分布を、自由度nのt分布といい、$t(n)$で表す。

$X \sim t(n)$のとき、$P(0 \leq X \leq x)$は、ExcelでT.DIST(x,n,TRUE) と入力すると求めてくれます。こちらも、P値は1-T.DIST(x,n,TRUE) として求めることが多いでしょう。

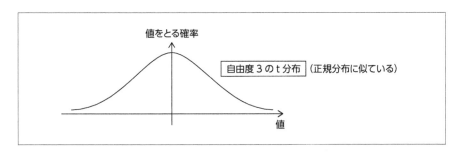

▶ ABテストの概要

> Web広告について、2パターンの広告Aと広告Bを作り、ユーザーがWebサイトを訪れたときにどちらかがランダムで表示されるようにする。このとき、広告表示数と広告クリックを記録し、十分なサンプル数が集まったら、どちらの広告のほうが有効かを検定により判断したい。
> ここで以下のような表 (**クロスデータ表**という) が得られたとする。これをもとに検定せよ。
>
> | | クリックした | クリックしない | 訪問者数 |
> |---|---|---|---|
> | A | ① | ② | ①+② |
> | B | ③ | ④ | ③+④ |
> | 合計 | ①+③ | ②+④ | ①+②+③+④ |
>
> ①②③④のことを、**観測度数**[22] という。

9

統計手法の基本

※22 「実際に起こったことのデータ」を、「観測された値」ということで、観測という表現を使うことは多いです。

・AB テスト用に用語追加

今回のA、Bは、「広告Aが表示された人」「広告Bが表示された人」と2つの母集団があり、それぞれから「一定の期間に実際に表示された人」を標本として抽出したと解釈できる。

このとき、母集団である「Aが表示された人」のクリックする割合をa、母集団である「Bが表示された人」のクリックする割合をbとし、$|a-b|$を**効果量**という。

効果量は大きければ大きいほど、AとBが「違いが大きい」母集団であることを表すので、

> 帰無仮説：$a = b$（aとbが等しい）

に対して第二種の過誤（aとbが異なるのに、$a = b$と結論してしまうこと）が起きる確率は減ります。直感的には、「検定で正しくない結果が出る確率は、"AとBの違いが大きければ大きいほど"低くなる」というイメージです。

・サンプルサイズ

広告Aが既存のもので、広告Bが新しいものの場合、「bがaよりある程度大きいなら広告Bに総入れ替えしたい」という状況もたびたび起こります。

> たとえば、既存のAはクリック率10%。新規のBがクリック率15%より大なら入れ替えたい。既存のAについてサンプル数は1000件取得している。ここで、新しくサンプルを何件取得すると、有意水準5%、検出力80%で、
>
> 　　　　　　　帰無仮説：bは 15% 以下
> を検定できるだろうか。

必要サンプル数を求めるのは、統計ツールRが便利です(Rの使い方については「第14章 Rの基本」を参照のこと)。

```
#  必要パッケージ読み込み
>library(pwr)
#  サンプル数の計算は、
#  pwr.2p2n.test( h=ES.h(既存の率,目的の率),
# n1 = 既存のサンプル数 n2 = NULL
# sig.level = 有意水準 power = 検出力
# alternative = "two.sided"   ("greater","less"も入力できますが今回は説明略)

>pwr.2p2n.test(h=ES.h(0.10,0.15),n1=1000,n2=NULL,sig.level=0.05,power =
  0.8,alternative = "two.sided" )
```

[出力]

```
difference of proportion power calculation for binomial distribution (arcsine
  transformation)

             h = 0.1518977
            n1 = 1000
            n2 = 515.5564
     sig.level = 0.05
         power = 0.8
   alternative = two.sided

NOTE: different sample sizes
```

先ほどNullを入力したn2の値が埋まっています。これが必要サンプル数です。

・AB テストの各種値の関係

```
・第一種の過誤の確率（= 有意水準 = sig.level）
・第二種の過誤の確率（= 1 - 検出力 = 1 - power）
・効果量
・必要サンプル数（= 新たに B について取得が必要なサンプルの数）
```

　上記の4つの値は互いに関係しており、3つを決めたら残り1つが定まります。先ほどは、必要サンプル数の部分をNULLとしてRの関数を実行しましたが、残り3つから必要サンプル数（n2）が計算できるので、n2が出力されたのです。

　3つあれば残り1つが確定するということの確認に、先ほどと少し変えた、以下を実行してみましょう。

```
>pwr.2p2n.test(h=ES.h(0.10,0.15),n1=1000,n2=515,sig.level=NULL,power =
  0.8,alternative = "two.sided")
```

　先ほどとの違いは、n2に前回得られた値を入力して、有意水準をNULLにしています。本当に3つ決めたら残り1つが決まるのなら、sig.level = 0.05 になるはずです。

9

統計手法の基本

実行すると

```
         h = 0.1518977
        n1 = 1000
        n2 = 515
 sig.level = 0.05011687
     power = 0.8
alternative = two.sided
```

と出力されて、0.05に極めて近い値が出力されます。これで3つ決めれば確かに4つ決まるのだろうということが、確認できますね。

　4つがどう関係するかの表を作ると立体表になって逆に見づらくなるのと、パターンが多いので、関係性を調べるのは皆さんへの演習問題としようと思います。

　やることはそう複雑ではなくて、たとえば先ほどのデータから、Bのサンプル数だけを増やしてみましょう。

```
>pwr.2p2n.test(h=ES.h(0.10,0.15),n1=1000,n2=1000,sig.level=NULL,power =
  0.8,alternative = "two.sided")
```

すると、

```
         h = 0.1518977
        n1 = 1000
        n2 = 1000
 sig.level = 0.01062838
     power = 0.8
alternative = two.sided
```

となり、Bのサンプル数を増やすと有意水準が下がるとわかります。

　ここからは少し表示を省略していきます。効果量についても、たとえば、

```
> pwr.2p2n.test(h=0.15,n1=1000,n2=1000,sig.level=NULL,power = 0.8,alternative
  = "two.sided")
```

とすると

```
 sig.level = 0.0119947
```

となります。ここから効果量だけ減らすと、

```
> pwr.2p2n.test(h=0.10,n1=1000,n2=1000,sig.level=NULL,power = 0.8,alternative
 = "two.sided")


sig.level = 0.1630304
```

となり、大きく有意水準が上がることがわかります。

　このように関係性はその場で調べられるので、丸暗記しなくても済みます。いろいろ遊べて楽しいので、ぜひ試してみてください。

AB テストの検定方法

　主なものは3つあります。

・二項分布の平均値の検定

　Aのクリック率pとBのクリック率qの差とみなして、すでに紹介した検定が可能です。

・カイ二乗検定

　統計の本では多項分布の**適合度検定**と呼ばれる手法になります。

	クリックした	クリックしない	訪問者数
A	①	②	①+②
B	③	④	③+④
合計	①+③	②+④	①+②+③+④

という結果が出たときに、有意水準5%、検出力80%で、

帰無仮説：AとBのクリック率は等しい

を検定します。

　もしAとBのクリック率が等しいなら、AとBのクリック率 = (クリック数)/(訪問者数)は、(全クリック数)/(全訪問者数)と一致するはずです。そこから、

⑤ (Aのクリックした数) = (Aの訪問者数) × (全クリック数)/(全訪問者数)
⑥ (Bのクリックした数) = (Bの訪問者数) × (全クリック数)/(全訪問者数)

が、AとBのクリック率が等しいという帰無仮説が成り立っているときに、A、B

9

統計手法の基本

225

のクリック数であると言えます。

　同様に、

⑦ (Aのクリックしない数) = (Aの訪問者数) × (全クリックしない数)/(全訪問者数)
⑧ (Bのクリックしない数) = (Bの訪問者数) × (全クリックしない数)/(全訪問者数)

として、⑤⑥⑦⑧を定めるこれらを、帰無仮説のもとで期待される数として、**期待度数**といいます。

	クリックした	クリックしない
A	観測①期待⑤	観測②期待⑦
B	観測③期待⑥	観測④期待⑧

　上の4つについて、「(観測度数 - 期待度数)^2/期待度数」を計算します。
　その4つの合計をXとおくと、$X \sim \chi^2(1)$ということが知られています。
　そこで、計算したXを用いて、Excelで

```
1-CHISQ.DIST(X,1,TRUE)
```

を求めて、これが有意水準より低かったら帰無仮説を棄却する。大きかったら棄却しない、という手順で検定ができます。
　たとえば、

観測値	クリックした	クリックしない
A	300	1200
B	250	750

として、AとBのクリック率が等しいという帰無仮説を有意水準5%で検定をすると、

期待度数	クリックした	クリックしない
A	330	1170
B	220	780

なので、

$$X = \frac{(330 - 300)^2}{330} + \frac{(1200 - 1170)^2}{1170} + \frac{(250 - 220)^2}{220} + \frac{(750 - 780)^2}{780}$$

となり、$X = 8.741$です。1-CHISQ.DIST(X,1,TRUE) = 0.003なので、帰無仮説は棄却されます。

自由度の補足

自由度は統計分野で頻出の用語なので説明を補足しておきます。

> 自由度と等しい個数の数値が決まると表が完成できる

または、

> 自由度と同じ個数の数値が決まったら、残りの数値が自動的に決まる

というイメージが大事です。自由度と同じ個数の数値を定めたら残りのデータが自動的に定まることから、「自由に動ける/決められるデータの個数」に自由度という名前が付いたというイメージです。

このケースだと、(観測度数 - 期待度数)^2/期待度数 = (1- (観測度)/(期待度))^{2}なので、計算に用いているのは観測度/期待度という割合だと考えられます。割合は合計で1になるので、最後の1個は残りから自動的に決まります。

そのため、2×2のクロス表も、実質1×1のクロス表だと考えてよいので、自由度1というイメージです。

適合度検定はABテスト以外でも現れますが、もし3×4のクロス表なら、実質2×3のマトリクスだと考えてよく、自由度6のカイ二乗分布で検定を行います。

・t検定

この場合は、「分散がわからない2つの正規分布の平均値が一致しているか調べる」という検定問題になり、式の説明が大変難しいので、Rでの操作方法だけ記します。

先ほどと同じ設定でやってみます。

期待度数	クリックした	クリックしない
A	300	1200
B	250	750

のケースで、

> 帰無仮説：AとBの平均値が等しい

をt検定で検定します。Rでまずクロス表を入力します。

```
#  クロス表をデータに

>x <- cbind(c(300,250),c(1200,750))

#  x が入力できているか確認

>x
```

[出力]

```
     [,1] [,2]
[1,]  300 1200
[2,]  250  750
```

```
#  t 検定の実施 val.equal=F はAとBの分散が異なる検定を行う意味。FはFalse(いいえ)の意味。分
   散が一致する場合は、TRUE(はい)に対応するTを入力

>t.test(c(rep(1, x[1,1]), rep(0, x[1,2])), c(rep(1, x[2,1]), rep(0,
   x[2,2])),val.equal=F)
```

[出力]

```
Welch Two Sample t-test

data:  c(rep(1, x[1, 1]), rep(0, x[1, 2])) and c(rep(1, x[2, 1]), rep(0, x[2,
   2]))
t = -2.914, df = 2022.4, p-value = 0.003608
alternative hypothesis: true difference in means is not equal to 0
95 percent confidence interval:
 -0.08365083 -0.01634917
sample estimates:
mean of x mean of y
     0.20      0.25
```

p-value がP値で、0.05より小さく、帰無仮説は棄却されます。

```
95 percent confidence interval:
 -0.08365083 -0.01634917
```

は、「(aの平均値) - (bの平均値)」の95%信頼区間です。

9-3 線形回帰

9-3-1 線形回帰入門

本節では「**回帰分析**」、特にその中で「**線形回帰分析**」を扱います。

回帰分析は、「あるものとあるものの関係性を解き明かして、今後に役立てたい！」というジャンルの分析です。

[例1]
・知りたい：車の原価
・知りたいものを計算するのに使いたいもの：エンジン容量、車内容積など

[例2]
・知りたい：店舗の年間売上
・知りたいものを計算するのに使いたいもの：店舗の広さ、駐車スペースの広さ、扱う商品
　種類、従業員数など

という具合です。例のように、「知りたいもの」と「知りたいものを計算するのに使うもの」の2つが登場するのが特徴です。回帰分析とは、上記の「知りたいものを計算するのに使いたいもの」を使って、「知りたいもの」を表す数式（これを**モデル**、または**回帰モデル**といいます）を作ることです。

[例1続き]
現在手元にある「車の原価」と、「エンジン容量、車内容積など」との関係性をモデルとし、そのモデルを今後作る車に当てはめる

[例2続き]
現在までの「店舗の売上」と、店舗ごとの「店舗の広さ、駐車スペースの広さ、扱う商品種類、従業員数など」の関係性をモデルとし、次の店舗の出店の目安にする

といった利用は、典型的な回帰分析の利用法です。

回帰分析の主な用途は、

・将来の予想：将来の計画に当てはめるために、現在までの情報から共通のルールを見出す
・現在の理由：現在の情報のルールを見出して、事業の業績を分析する（**要因分析**）

の2つです。特に将来を予測するだけでなく、要因分析もできることが特徴です。詳しくは後述しますが、店舗の売上で店舗の広さと従業員数のどちらの影響が大きいかなどを調べることができます。

9

統計手法の基本

回帰分析で用いる用語の、実務用にかみくだいた定義は以下のとおりです。

・目的変数：どうしてその値になるか、ルールを解き明かしたいもの。知りたいもの
・説明変数：目的変数を説明するもの。知りたいものを計算するのに使うもの
・予測モデル：説明変数を用いて目的変数を表す数式
・目的関数：予測した目的変数と実際の目的変数のギャップ

たとえば、

・目的変数：店舗の年間売上
・説明変数：店舗の広さ、駐車スペースの広さ、扱う商品種類、従業員数など
・目的関数：これまでの年間店舗の売上と、モデルから予測した年間店舗の売上のギャップ

となります。「現在までの情報から共通のルールを解き明かしたい」という母集団の解説と同様の発想が、線形回帰の基本です。解き明かしたルールは、「新しくやることに役立てる」「現在の数値を改善する参考にする（**要因分析**という）」の2つの用途で使われるのが主です。

目的変数 ＝ 1つ目の定数× 1つ目の説明変数 ＋ 2つ目の定数× 2つ目の説明変数 ＋ ……
＋ n 個目の定数 × n 個目の説明変数 ＋ 説明変数によらない固定定数

の形の予測モデルを、「**線形回帰モデル**」といいます[23]。

線形回帰は、

・理論的に理解しやすい
・実装が容易
・多くの表計算、統計ソフトにデフォルト実装されている
・精度が十分高い

となっており、手法として「バランス」が大変に優れています。そのような初等的な面を見せつつも、誤用されることも多い特徴があります。
　また、回帰の手法は線形回帰以外にもさまざまな手法があるのですが、線形回帰の考え方を発展させたものが多いです。つまり、より発展的な手法[24]を身に付けるにしても、まず線形回帰がわかっていないと、理解に滞りが出てしまうのです。

※ 23　簡単に「線形モデル」や「線形回帰」と略すことも多いです。線形は英語で「linear」（リニアー）
　　　なので、「linear なモデル」ともいいます。
※ 24　リッジ回帰、ラッソ回帰、時系列解析の ARIMA 過程など。

線形回帰はとても勉強しがいのある分野なので、本節でぜひ身に付けていきましょう。

数式で表すと、

・目的変数：y
・説明変数の個数：k
・説明変数：$x_0, x_1, \cdots, x_{k-1}$
・説明変数に掛け算する定数：$a_0, a_1, \cdots, a_{k-1}$
・説明変数によらない固定定数：a_k （**切片**ともいう）

として、

$$y = a_0 x_0 + a_1 x_1 + \cdots + a_{k-1} x_{k-1} + a_k$$

のように目的変数と説明変数の関係性を構築するのが、線形回帰モデルです。

$a_0, a_1, \cdots, a_{k-1}, a_k$ はこれから計算して求める値で、**回帰係数**という名前が付いています。

たとえば、先ほどの例をそのまま使うと、

・y ：店舗ごとの年間売上
・k ：店舗の年間売上を予想するのに使うデータの種類
・x_0：店舗の広さ
・x_1：従業員数

となります。回帰係数は、手元に n 個のデータがあるとして、その n 個のデータを用いて、「目的関数が小さくなるように」モデルを定めます。先ほどの店舗ごとの売上を例にすると、n はこれまでに出店している店舗で得られた年間売上データの個数です。

n 個のデータは、それぞれ、[目的変数の値、説明変数の値] を情報として持っています。

目的変数は値が1個、説明変数は k 種類あるので、値が k 個となっていて、各データが合計で $k+1$ 個の値を持っていることになります。これを、「各データは $k+1$ 次元である」のように表現します。

線形回帰の中で、説明変数が1個のものを「**単回帰分析**」、2個以上のものを「**重回帰分析**」といいます。

まずはわかりやすさ重視で、単回帰分析で見てみましょう。

有名なトピックの「気温とビールの売上に相関関係がある」を扱いましょう。

> ある日のビールの売上を目的変数 y
> ある日の平均気温を説明変数 x

とすると、

$$y = ax + b$$

と単回帰の予測モデルを立てることができ、誤差が非常に少ないと言われています。そのため、天気予報を参考にして[25]ビールの売上予測がある程度たてられます。

　例として、あるスーパーについて、横軸に気温、縦軸にビールの売上をとって、日々の［気温、売上］のペアがどのように分布するかを表した散布図が次の図です。

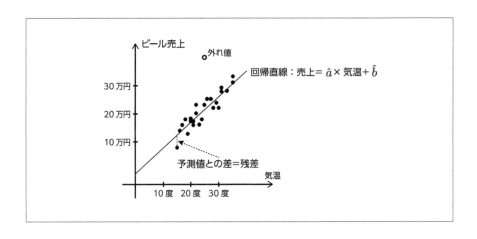

　図の白丸は**外れ値**といい、他の点とは値の傾向が大きく違っているもののことを指します。外れ値は

・何か特別なことがあって、ルールが他の点と異なっている可能性が高い。
・極端に高い（低い）値の点を含めると、予測値が本来より高く（低く）出てしまう。

といった観点から、除くことも多いです。線形回帰は外れ値の影響を比較的受けやすいモデルなので、外れ値の考慮の有無で予測モデルが大きく変わることがあります。

　そして、図の直線が**予測モデル**で、気温に対しての、予測のビールの売上をプロッ

※25　今回は天気予報を参考にしているので、実は説明変数の気温も予測値となっています。少々ややこしいので、簡単に、天気予報が非常に精度が良く、外れることがあまりないという前提でお読みください。

トしたものをつなげた直線です。

単回帰の場合の予測モデル、$y = ax + b$は横軸に説明変数、縦軸に目的変数をとると、「直線」になります。これを、**回帰直線**といいます[26]。

次に、回帰直線はどのように求めるかの解説に入ります。a, bを決めたら回帰直線が求まるので、「どうやってa, bを求めたらいいのか」という話になります。

ここで、データが、$(x_i, y_i)(1 \le i \le n)$のn個であるとします。

x_iを用いて、yを予測した値は、$ax_i + b$です。これを$\hat{y}_i$とおきます。

a, bは、実際の値と予測値との差が小さくなる、つまり、$y_i - \hat{y}_i$が小さくなるように定めたいです。この$y_i - \hat{y}_i$を、**残差**といいます。

ここで気をつけたいのは、$y_i - \hat{y}_i$はプラスのこともマイナスのこともあるので、「単純に足し算しても意味がない」ということです。

たとえば、「C日では予測値が実際より2万円高かった。D日では予測値が実際より2万円低かった。」のようなことがあったとして、単純に足し算をすると、C日とD日の2日で、予測値とのズレがなくて、ぴったり予想できているということになってしまいます。

実際は両日とも2万円ずつずれているので、おかしいですね。

そのため、$y_i - \hat{y}_i$に対して、常にプラスになるような処理をしてから、誤差の評価をしていきたいということになります。

そこで、

・二乗して0以上にする：$(y_i - \hat{y}_i)^2$をモデルとの誤差とする。この誤差を**二乗誤差**という。
・絶対値により0以上にする：$|y_i - \hat{y}_i|$をモデルとの誤差とする。この誤差を**絶対誤差**という。

の2通りの方法があります。ただ、（プログラム的には大差ないでしょうが）数学的には二乗するほうがはるかに扱いやすい[27]ので、二乗を誤差として、

目的関数 = (実際の値 - 予測値)^2 のn個の平均値

または、

目的関数 = (実際の値 - 予測値)^2 のn個の総和

として、目的関数を定めるのが一般的です。どちらを採用しても問題なく、説明によって変わるところです。本節では、「平均値」を定義として採用します。

---

[26] 重回帰モデルの場合は、「回帰平面」「回帰超平面」といいます。単回帰と重回帰を区別せず、まとめて「回帰直線」と表現する人も多いですが、通じるならそれでも問題ないです。
[27] 絶対値は微分ができないけれど二乗は微分ができるのも大きな理由です。微分を用いる手法の勾配降下法も、目的関数を絶対値の総和としてしまうと微分不可能なので適用できなくなります。そのため、絶対値よりも二乗を利用するほうが楽なことが多いです。

数式ではっきり表現すると、

$$目的関数 = \frac{1}{n}\sum_{i=1}^{n}(y_i - \hat{y}_i)^2$$

となります。この目的関数を**平均二乗誤差**といい、Mean Square Errorから名前を取り、**MSE**ともいいます。また、nで割る前の

$$\sum_{i=1}^{n}(y_i - \hat{y}_i)^2$$

は、**残差平方和**といいます。そして、MSEを最小とするように回帰係数を求めることを、**最小二乗法**といいます。

また、MSEは単位が予測したい値と異なっている[28]ので、平方根 (Root) をとり、

$$RMSE = \sqrt{MSE}$$

と定めます。RMSEは単位が揃うため、目的関数、目的関数の予測値と足し算・引き算ができます。

絶対値の場合の目的関数は、Mean Absolute Errorから名前を取り、MAEといい、

$$MAE = \frac{1}{n}\sum_{i=1}^{n}|y_i - \hat{y}_i|$$

と定めます。

本節ではMAEは使うことはありません。MSEのほうが使いやすいことを具体的に見ていきましょう。

たとえば、ある日の売上$y_1 = 100$で、別の日の売上$y_2 = 120$に対して、売上をある定数yで予測したいとします。

$$MSE = \frac{1}{2} \times \{(y-100)^2 + (y-120)^2\}$$

$$MAE = \frac{1}{2} \times \{|y-100| + |y-120|\}$$

で、MSEの場合は、110で最小になるので、直感的です。MAEの場合は、$y = 100, 110, 120$すべてで同じ値になるので、

※28　たとえば目的変数が「メートル」のとき、MSEの単位は平方メートル。

- 答えが１つだけではない
- 110 ではないのが直感的でない

といった問題点があります。

最小二乗法はつまり、

$$f(a,b) = \frac{1}{n} \sum_{i=1}^{n} (y_i - ax_i - b)^2$$

を最小とするような$\hat{a}, \hat{b}$を求めて、それを用いて回帰直線の式とするという手法です。

$\hat{a}, \hat{b}$の求め方は、理論的には「平方完成[29]」「偏微分」で求めるのが一般的です。ですが、実用上はさまざまな表計算統計ソフトで線形回帰は実装されているので、各種のソフトで求めることができ、それで十分です。

回帰モデルの当てはまりを表す指標で、**決定係数**Rがあります。

$$\bar{y} = \frac{y_1 + y_2 + \cdots + y_n}{n}$$

として[30]、

$$R = 1 - \frac{\sum_{i=1}^{n} (y_i - \hat{y}_i)^2}{\sum_{i=1}^{n} (y_i - \bar{y})^2}$$

を決定係数といいます。決定係数は、「回帰直線（または回帰超平面）の近くに点が集まっている度合い」を表します。

決定係数は１以下の値[31]をとり、１に近いほど、予測モデルの「精度が良い」ことを指します。

決定係数１は、すべての目的変数が予測値と一致していることを表します。単回帰でいうと、散布図を作成したときにすべての点が回帰直線の上にあることを指します。

「１に近いほどモデルの当てはまりがよい」ということをより詳しく見ていきましょう。

※29　「(a+4)^2+(a+8)^2=2(a+6)^2+8 を最小にする a は a=-6 だからこれを予測値としよう」のような方針です。

※30　「y バー」といいます。データ分析ではバーを付けると「平均値」という意味になります。

※31　(回帰係数に制限をつけない) 最小二乗法で予測した線形回帰モデルを予測値とすると、決定係数は必ず０以上１以下になりますが、それ以外のモデルだと決定係数はマイナスになりえます。たとえば、「切片 = ０とする」というオプションにチェックを入れると、説明変数がどれも０に近いときに目的変数も０に近くなるという強烈な制限をかけているので、予測精度が悪くなり決定係数がマイナスになりえます。

$$\frac{1}{n} \sum_{i=1}^{n} (y_i - \bar{y})^2$$

は、y の分散、つまり元々の目的変数のデータの散らばり方。

$$\frac{1}{n} \sum_{i=1}^{n} (y_i - \hat{y}_i)^2$$

は実際の目的変数の値と、予測された目的変数とが、「どのくらい離れているか」を表す値です。

そのため、

$$\frac{\sum_{i=1}^{n} (y_i - \hat{y}_i)^2}{\sum_{i=1}^{n} (y_i - \bar{y})^2}$$

は、「(実際の値と予測値との散らばり)/(全体の散らばり)」と考えられます。なお、$\frac{1}{n}$ は分母と分子両方に出てくるので、約分されて省略されていると考えるのがよいです。

これは、「全体の散らばりのうち、予測モデルで説明できる散らばりの割合」と解釈できます。

決定係数が 1 に近ければ近いほど、予測モデルの精度が良く、目的変数が予測モデルで説明できている度合いが高いと言えます。

また、単回帰の場合、決定係数は（目的変数の実測値と目的変数の予測値の）相関係数の二乗になっています。ここから、x と y の相関係数の二乗が 1 に近ければ近いほど、回帰直線 $y = \hat{a}x + \hat{b}$ の周辺にサンプルが集まっていることがわかります。

▶ 発展講義：相関係数の意味

指数関数と対数関数を少し用いるので発展講義としましたが、相関係数について大切な話を紹介します。

x と y の相関係数は確かに、「x と y の関係性を表す指標」なのですが、より踏み込んで、「y を x で単回帰したときの、回帰直線との一致度合いを表す指標」と理解を進めると、さらに有用な理解につながります。

たとえば、指数関数・対数関数で 2 つの関係性が成り立っているときは、相関係数が低く出ます。

より具体的な例で言いましょう。感染症の患者数は指数関数で表せるという有名な話があります。ある感染症 C があり、

- 目的変数y：Ｃの累計感染者数
- 説明変数x：Ｃが登場してからの期間

とすると、yとxには明らかに関係性がありそうなのですが、どのデータを使っても相関係数は低く出るでしょう。これは、感染病は「時間に対して指数関数的に広がっていく」ことが理由です。決定係数も同様で、説明変数と目的変数とで関係性が深くても、「回帰直線で表せる関係」でなかったら、相関係数・決定係数は0に近い値になるのです。

そのため、「相関係数（の絶対値）・決定係数が1に近かったら関係性が深い」という結論は正しいのですが、「相関係数・決定係数が0に近かったら関係性が薄い」と結論するのは危険です。

感染病の例だと、$\log y$を新しい目的変数zとすると改善できます。zとxの相関係数はyとxの相関係数よりだいぶ1に近づくはずです。

対数関数は高校数学の中でも扱いが苦手な人が多い単元だと思われますが、指数関数的な関係にあるものに対して適用すると、線形回帰に持ち込める便利なツールです。「xに対してものすごい勢いで目的変数yが増えるときは$\log y$を新しい目的変数zにすると線形回帰がうまくいくかもしれない」というコツは覚えておいてもよいでしょう。

ダミー変数

ある通販サイトについてのデータ分析の仕事が入りました。そして、個人データを受領し、それを用いて個人の年間購入額についての線形回帰をすることになりました。ここで、個人データには通販サイトを知った動機に、「友人からの紹介」「Web広告」「SNS」などがあり、この"知った動機"も反映して線形モデルを作りたいと先方から依頼が入りました。

さて、「友人からの紹介」「Web広告」「SNS」などは、あくまで、Yes / Noであって数値ではありません。どうやって線形回帰に反映させるべきでしょうか？

こういったケースでの定番の手法が、「ダミー変数」です。「友人からの紹介」に該当したら1、該当しなければ0のような変数を用意します[32]。

たとえば、x_jを友人からの紹介に該当したら1、そうでなければ0、となるダミー変数で、これをもとに回帰係数を求めると、$\hat{a}_j$がx_jに対応する回帰係数になったとします。すると、$\hat{a}_j \times x_j$は、x_jが1ならa_jで、$x_j = 0$なら0となります。これは

---

[32]　if文で実装ができ、ソフトにより書き方は異なりますが、「if 知った動機 = 友人からの紹介 1 else 0 」のように実装できます。またif文を用いずとも、PythonでもRでも、ダミー変数への変換を簡単に行える関数が用意されています。

つまり、友人からの紹介に該当したときだけ$\hat{a}_j$全体に上乗せされるということで、$\hat{a}_j$自体が、友人からの紹介が全体に与える影響を表していると言えます。

　さて、他にもWeb広告、SNSなどが、サイトを知った動機では定番ですが、注意があります。

[NG]：x_jを友人からの紹介に該当したら1、Web広告に該当したら2、SNSに該当したら3のように、まとめてダミー変数を作る。

[OK]：x_jが友人からの紹介を表すダミー変数、x_{j+1}がWeb広告を表すダミー変数、x_{j+2}がSNSを表すダミー変数、のように、別々にダミー変数を作る。

　［NG］がなぜだめかというと、

---

x_jに対応する回帰係数を$\hat{a}_j$とすると、
・友人からの紹介：$\hat{a}_j$
・Web広告：$2\hat{a}_j$
・SNS：$3\hat{a}_j$

となって、回帰にかける前から自分で勝手にそれぞれの動機による影響の大小を、決めていることになっています。ほかにもツッコミどころは多くあり、やってはいけない代表例と覚えておきましょう。

　逆に［OK］のほうですが、それぞれに該当したらどれだけ変化があるかが見えやすいのはいいところです。

▶ 回帰係数の直感的意味

　上のダミー変数の話と通じる話で、回帰係数は、対応する説明変数が1単位増えたときの全体の変化を表します。そのため、回帰係数はそれ単体で意味を持つ値になっています。たとえば、前述のビールの例を用いると、

・y：ビールの売上
・x：気温

で、$y = \hat{a}x + \hat{b}$が単回帰のモデル式であるとすると、$\hat{a}$は気温が1度上がったときの売上変化量の予測を表します。

▶ 自由度

目的変数を推測するために、手元にデータがk種類あったとき、ついついすべて利用したくなるかもしれません。ですが、実は推奨されません。

確かにk種類のデータをすべて使うほうが、決定係数は大きくなりますが、「決定係数が大きかったらよいわけではない」のが回帰分析の難しいところです。

つまり、「予測モデルで良いものを作る」のが目的であって、「決定係数はそのための指標にすぎない」ということです。決定係数は便利な指標なのですが、あくまで指標であって目的ではないのです。手段と目的を履き違えると、決定係数に固執して誤った取り組みになってしまいます。

たとえば、ある目的変数yを、説明変数$x_1, x_2, \cdots, x_k$で説明する線形回帰モデルを作成したところ、決定係数がR_1だったとしましょう。そこに、新たに説明変数x_{k+1}を追加して、決定係数がR_2になったとしましょう。すると、$R_2 \geq R_1$が成り立ちます。つまり、説明変数を追加しても、決定係数が減ることは絶対ありません[33]。

だったら説明変数を増やしたほうがいいかというと、そういうことはまったくありません。

そもそも、「決定係数とは1にならなくて当然」と思うべきです。なぜなら、どんなものにも必ず「誤差」があるからです。ぴったり値を予想できたら、本来あるべき誤差がどこかに消えてしまっているということになります。

では、本来あるべき誤差がどこにいくかというと、説明変数の種類を多くしすぎると、「誤差まで含めてモデル化してしまう」という現象が起きやすいです。

このような場合の具体的な状況は次のような展開になります。

9

統計手法の基本

---

[33] もし追加した説明変数が目的変数と全然関係のない値だったとしても、その説明変数に対応する回帰係数を「0」にしてしまえば、その説明変数の影響を0にできるので、決定係数が減ることはありません。追加しても決定係数が変化しないケースは存在して、たとえばもともと決定係数が1のところに説明変数を追加しても、決定係数は1が最大値なので、1のまま不変です。

目的変数を表す線形回帰モデルを作る。

→目的変数をある程度精度良く予測できている。

→そこに説明変数を追加する。

→追加された説明変数は、「実際の目的変数と予測値との差」を追加前より小さくする働きをする。その結果、決定係数は確かに大きくなる[34]。

→だが、もともと精度良く予測できていたため、追加された説明変数は、あって当然の誤差を小さくするように働くしかない。

→あって当然の誤差を小さくする方向に動くと、ランダムに発生するはずの誤差までモデル化（ルールがあって発生するとみなすことに相当）してしまう。たとえば、重回帰に説明変数を追加するとして、追加前の「目的変数 - 目的変数の予測値」つまり、ここまでの文字で $y_i - \hat{y}_i$ を z とおく。次の散布図の z は目的変数と関係なくランダムに生成してある。ここで、追加した説明変数 x で無理やり回帰直線を作ると図のようになった。

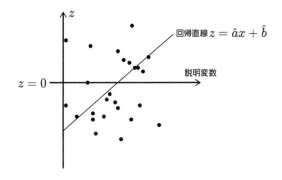

ランダムに配置されているものに対して回帰直線を作ってしまって、$z = \hat{a}x + \hat{b}$ であると予測していることに相当する。が、本当は z はランダムな値なので、標本についての決定係数は上がったものの、標本以外のデータへの当てはまりは低下してしまう。

→説明変数を追加して決定係数が上がったのに、モデルの精度は下がるという事態が招かれている。

　このように、説明変数を多くすることで、誤差まで含めてモデル化してしまって標本以外のデータへの精度を落とすことを、「**過学習**[35]」といいます。「第10章 機械学習の基本」でも改めて出てきます。

---

[34]　追加前に決定係数が1の場合は今回は無視します。

[35]　「過学習」はなかなかに示唆的なネーミングです。人間でいうと、「丸暗記して当てはめるのにこだわった結果、見たことのない問題がまったく解けない状況になった」のような状態を表します。

　過学習を避けるための手法としてはさまざまなものがあります。

　ここでは、**自由度調整済み決定係数**を紹介します。発想は、元々の決定係数の式の「目的変数と予測された目的変数の散らばり」である

$$\frac{1}{n} \sum_{i=1}^{n} (y_i - \hat{y}_i)^2$$

の部分について、「説明変数の数kが増えれば増えるほど」大きくなるようにしようという発想です。そこで、標本数がnで説明変数がk種類のとき、

$$1 - \frac{\frac{1}{n-k-1} \sum_{i=1}^{n} (y_i - \hat{y}_i)^2}{\frac{1}{n-1} \sum_{i=1}^{n} (y_i - \bar{y})^2}$$

を自由度調整済み決定係数と定義します。

　分数部分の分母については、

$$\bar{y} = \frac{y_1 + y_2 + \cdots + y_n}{n}$$

という関係があるために、分散と比べて自由度がnから1減って$n-1$。なお、

$$\frac{1}{n-1} \sum_{i=1}^{n} (y_i - \bar{y})^2$$

は**不偏分散**といい、より詳しく統計を勉強したら統計全範囲において頻出する統計量です。

　分数部分の分子については、不偏分散からさらに、説明変数の個数のkだけ自由度が減って、自由度$n-k-1$になっていると考えたものです。

　自由度調整済み決定係数は、説明変数を増やしたときに低下することがありうるので、説明変数を増やしすぎじゃないかと疑問に思ったときの判断材料になります。

　ほかにも、今回は紹介しませんが、説明変数が増えれば増えるほど「ペナルティー」を課すというアイデアで過学習の発生を抑制するものも一般的です。赤池情報量、リッジ回帰、ラッソ回帰、といった単語にも、より本格的に勉強すると出会うことでしょう。

9

統計手法の基本

▶ 多重共線性

例）

「不動産の物件の値段が、物件の情報からどう推測できるか調査してくれ」という依頼が入ったとします。

今回は、ある地域の「2階建て」マイホームの値段についての調査が依頼されました。

依頼された情報は、細かくデータが分けられ、「値段」だけでなく「1階部分の面積」「2階部分の面積」などほとんどの物件のデータが入っていました。

さて、データが十分に揃っているので、

- 目的変数 y：値段
- 説明変数その1 x_1：1階部分の面積
- 説明変数その2 x_2：2階部分の面積
- その他多数の説明変数

を用いて、y の重回帰モデルを作りました。そして x_1, x_2 に対応する回帰係数が $\hat{a}_1, \hat{a}_2$ と求まったとします。

早速モデルへの当てはまりを見るために、x_1、つまり「1階部分の面積」が1平方メートル（1単位）増えたら値段がどれだけ増えるのかチェックします。x_1 に対応する回帰係数が $\hat{a}_1$ なので、1単位増えるごとに $\hat{a}_1$ だけ値段が上がるモデルになるはずです。ところが、今回のモデルを見ると、1階部分の面積が1平方メートル増えても、家の値段が1,000円しか上がらないという結果になってしまって、直感的に相当、違和感が出てしまいました[36]。

とはいえ、不動産物件の値段は線形回帰モデルの当てはまりは比較的よいという有名な話があるはずですし、回帰係数は説明変数が1単位増えたときの目的変数の変化を表すはずです。

さて、どうしてこうなるか説明できるでしょうか？

答えは、x_1 と x_2 の2つを両方、説明変数に採用したことが今回の大きな理由です。

通常は「2階の面積」と「1階の面積」はかなり近い値であるはずです。今回は簡単に、

$$2階の面積 = 1階の面積の90\%$$

という関係が成り立っているとしましょう。

---

[36]　直感に合った結果になっているかのチェックをするのは大事です。クセにしましょう。

すると、$x_2 = x_1 \times 0.9$という関係式が成立していることになるので、重回帰モデルの式の「$\hat{a_1}x_1 + \hat{a_2}x_2$」部分が、

$$\hat{a_1}x_1 + \hat{a_2}x_2 = \hat{a_1}x_1 + \hat{a_2} \times 0.9 \times x_1 = (\hat{a_1} + 0.9 \times \hat{a_2})x_1$$

と変形されます。つまり、本当はx_1を1単位増やしたら

$$\hat{a_1} + 0.9 \times \hat{a_2}$$

だけ変化すると予想できるところを、x_1, x_2が2つで変化量を$\hat{a_1}$と$\hat{a_2} \times 0.9$に分け合ってしまったのです。

そのため、1階部分の面積を1単位変化させたときの変化が、回帰係数と一致しないという事態を招いています。このような状況を「**多重共線性**」といいます。

多重共線性は、ある説明変数zが他の説明変数xを用いて、

$$z = ax + b$$

の形に分布しているときに起きる現象です。先ほどの不動産の例は、$a = 0.9, b = 0$に相当します。

多重共線性という名前は、重回帰の線形回帰モデルの式の内部に、「他にも線形回帰モデル式が入り込んでいる」ことから付いた名前だとイメージすると覚えやすいのではないでしょうか。

線形回帰モデルの内部で、別個に線形回帰モデル式が隠れていると、予測はうまくいかないのです。

別の言葉では、$z = ax + b$という単回帰モデルで表したときに決定係数が大きい状態、つまり、zとxの相関係数の絶対値が大きいときに起きる現象であるとも言えます。

なので、各説明変数の間の相関係数を調べることで、多重共線性は予防することも、陥った後に気づくこともできます。

そもそも過学習を防ぐ観点からも、用いる説明変数は多すぎないほうがよいです。

予測をする前に説明変数を眺めて、明らかに関係が大きそう（相関係数が大きそう）な説明変数同士を発見したら、何かしらの対処を考えてもいいでしょう。「片方を使わない」「2つを足したり掛けたりして新しい値（**特徴量**という）を作り、それを説明変数にする」といった対処が定番です。

新しく特徴量を作るというのは、たとえば、「野菜とドレッシングの売上の相関係数が高かったから、2つをまとめて新しく"野菜＋ドレッシング"の売上で1つの説明変数にしよう」のような発想です。

変数の標準化

　回帰係数は「説明変数が1単位増えたときの予測される目的変数の変化量」ということをおさらいしておきましょう。ですが、サイズ感が異なるものを説明変数に同時に使用して、目的変数を予測することも多く、その場合は「1単位の重み」が異なってくるので、結果がわかりづらくなるという欠点があります。

　たとえば、店舗の売上を目的変数として、「扱う品目数、従業員数」を説明変数として回帰分析を行うとします。

・扱う品目数に対応する回帰係数は、1品目の売上の増加量
・従業員数に対応する回帰係数は、1人増えたときの売上の増加量

となりますが、回帰係数を並べてみても、「品目と従業員でより大事なのはどちらか」とは、なかなか判断できないのではないでしょうか。

　そこで、変数の標準化という操作を行うと、すべての説明変数の値を、「平均値から標準偏差いくつ分ずれているか」に置き換えることができるので、サイズ感が統一され、それぞれの説明変数の効果の比較がより明快になります。

　標準化については、「第10章 機械学習の基本」の最後で具体的な手順を紹介するので、ここでは略します。

線形回帰と分類

　Yes / Noの2種類を判別したいというケースも多いです。

[例]
過去の社員データから、離職する社員の傾向を分析し、現在の社員の1年以内の離職について予測したい。

　このようなケースで、以下のように分析を行うことについてどう思うでしょうか。

・離職する / しないをダミー変数とし、目的変数とする。つまり、目的変数yは離職したら1、離職しなかったら0である。
・その他の社員データ（年収など）を説明変数とし、目的変数について線形回帰を行う。
・予測値$\hat{y}$が得られたが、$\hat{y}$はぴったり0や1になるわけではなく、0.1や0.7、それどころか0より小さい値、1より大きい値などが含まれている。これを0または1に直すために、0.5を境目にして、それより小さければ0、大きければ1とした。
・以上の手順で、離職する / しない を予測する線形回帰を行った。

　このような分析が行われているとたびたび耳にはしますが、以下で述べるような欠点と、さらに妥当な分析法に修正する方法があるので、推奨はされません。

　簡単にするために、目的関数の予測値を軸にとった数直線を考えます。この数直線上でたとえば0.7という点は、「離職する / しない」を目的変数にした線形回帰分析で、目的関数の予測値が0.7になった人を表します。また、白丸が標本のうち離職していないもの、黒丸が標本のうち離職したもの、だったとします。

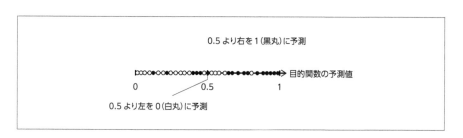

　すると、白丸が予測値0の付近に多くなり、黒丸が予測値1の付近に大きくなる傾向はどの場合でも出てくるでしょう。

　しかし、0.5の近辺は、白丸と黒丸がどうしても入り混じってしまうでしょう。境目近辺は、線形回帰でどちらとも判断のつかないものが多いはずなので、誤分類がかなり多くなってしまうのです。

　さらに、そもそも0.5を境目とするのが本当に論理的に正しいか？ のような疑問も発生します。

・ 境目の付近で誤分類が多くなる
・ 境目の決め方が曖昧

　よって、線形回帰が2種類への分類に適していないことの理由がまとめられます。

　機械学習の章で扱うロジスティック回帰は、予測値が「0に近い値」「1に近い値」のどちらかとなりやすいように修正した線形回帰であり、線形回帰を分類に適用する際の問題を克服した手法です。2種類に分類したいときは、線形回帰よりロジスティック回帰を用いましょう。

　ただ、線形回帰で2種類への分類を行うことがまったくの無意味とはいいません。

　たとえば、離職率の線形回帰の例で、標準化した「年収」「残業時間」を説明変数にし、線形回帰を行ったとします。そしてたとえば、

　年収に対応する回帰係数の絶対値　＜　残業時間に対応する回帰係数の絶対値

となったとします。

　絶対値をつけているのは、年収は大きいほうが離職しづらく、残業時間は大きいほうが離職しやすいので、離職に対する効果が正負逆転しているので、プラス・マイナスを揃えないと比較できないからです。

　目的変数が1のときに離職を表すので、回帰係数が大きいほうが予測する目的変数が大きい、つまり離職に近いと予想していることを踏まえると、

「年収を伸ばすのと残業時間を減らすのでは、残業時間を減らすほうが社員の定着に効果的である」

と、社内の傾向が予測できます。といっても、本当に大まかな予測にすぎないので、その他の手法で詳しく調べる必要がありますが、考えの取っ掛かりには十分です。

　正式なレポートで2種類への分類に線形回帰を行った分析を提出するのはよくないのですが、"様子見"として線形回帰分析を行って、手がかりを探すのは悪いとは言えません。

5段階評価で線形回帰

　2種類への分類に線形回帰はよくないという話をしましたが、5種類への分類に線形回帰が行われている場面はしばしばあり、こちらは問題があるとは言われていません。5段階評価の線形回帰は、目的変数を従業員満足度、給与、残業時間、リモートワーク日数、（ダミー変数化して）転勤の有無などで回帰して、要因分析をする場面などで用いられています。

　では、どのような違いがあるのか考えてみましょう。

　2種類への分類で線形回帰がよくなかった理由は、ひとえに"誤分類が多い"ということが理由です。

　2種類への分類のときは、線形回帰で得られた値が0～0.5のときは0に分類して、0.5～1は1に分類するとしました。

　5段階評価で、線形回帰で得られた値と目的変数との値の対応を、次の表のようにしたとします。

線形回帰の予測値	1～1.5	1.5～2.5	2.5～3.5	3.5~4.5	4.5~5
目的関数の予測値	1	2	3	4	5

さて、2種類のときと何が大きく違うかというと、誤分類は起きるものの、誤分類の影響が著しく小さくなっているのです。

2段階評価の場合は、0と1を間違えるのは影響がとても大きいです。意味を考えても、離職「する」と「しない」では予測結果が全然違います。

翻って5段階評価の場合、線形回帰の予測値が1.5の周辺のものは、2段階評価の場合と同様に、1と2で誤分類は多く発生します。しかし、5段階評価の従業員満足度で1または2で誤分類が発生しても、影響はだいぶ低いです。私たちが自分自身で5段階評価でチェックするときに、1 or 2のどちらかにすることが迷うことがあるぐらいなので、1 or 2の誤分類程度は許容してもほぼ問題が起きないでしょう。

ということは、5段階評価も2段階評価と同じく誤分類は起きるものの、「細かく分けているから、隣同士で誤分類が起きても影響が小さくて無視できると考えられる」から、線形回帰を行うことが正当化できていると言えます。

この考えを発展していくと、5段階よりさらに細かく分けて10段階評価で線形回帰を行うと、さらに問題点が薄くなります。分割は細かくすればするほど、線形回帰を行う問題点が薄くなります[37]。5段階評価でも十分細かく分類できていると考えて問題は起きづらいことが多いと思われるので、5種類以上への分類のときは線形回帰を使っても問題ないでしょう。

ただ、できればこのコラムのように、2種類の分類と5種類の分類で、線形回帰を使っていいか悪いかの違いがどうなっているかが、説明できるようにはしておくほうが、質問をされたときのことを考えると安全です。

9-3-2 Rで線形回帰

ビールの売上と気温を例にし、Rで線形回帰を行ったときの表の見方を説明します。

LR_CBASというデータの、売上を目的変数、気温を説明変数とし、線形回帰を行いました。

その線形回帰の結果の見方を説明します。

※37 そのまま分類する種類を多くしていって、無限に細かく分類することを考えると、通常の線形回帰に一致します。実は通常の線形回帰は、無限種類への分類だったと考えられるのです。

```
########## 以下結果のRの出力


Call:
lm(formula = 売上 ~ 気温, data = LR_CBAS)        }① 


Residuals:
    Min      1Q    Median     3Q      Max        }②
-12.3011  -3.8189   0.5386   4.9639  10.0966
Coefficients:                               ③
          Estimate Std. Error t value Pr(>|t|)
(Intercept)  7.6140    3.7463   2.032   0.0488 *
気温         2.3215    0.1456  15.940   <2e-16 ***
---
Signif. codes:  0 '***' 0.001 '**' 0.01 '*' 0.05 '.' 0.1 ' ' 1    ④


Residual standard error: 5.715 on 40 degrees of freedom     }
Multiple R-squared:  0.864,     Adjusted R-squared:  0.8606   }⑤
F-statistic: 254.1 on 1 and 40 DF,  p-value: < 2.2e-16      }



######### ここまでが出力です
```

①

```
Call:
lm(formula = 売上 ~ 気温, data = LR_CBAS)
```

　この意味は、LR_CBAS というデータの、売上を目的変数、気温を説明変数として線形回帰を行った結果を呼び出しているということです。

②

```
Residuals:※38
    Min      1Q    Median     3Q      Max
-12.3011  -3.8189   0.5386   4.9639  10.0966
```

※38　residual で「残差」という意味

　線形回帰したときの残差の、最小値、第1四分位点、中央値、第3四分位点、最大値の出力です。

　予測モデルが目的変数を正確に表していると、残差の分布は正規分布に近づくはずなので、

・中央値が0に近い値になっているか
・中央値を中心にして左右対称のようになっているか

のような着眼で、予測モデルが適切かどうかの判断に利用できます。

③

Coefficients:[39]

　回帰係数についての結果の出力です。

・Estimate：回帰係数の推定量
・Std. Error：標準偏差
・t value：回帰係数＝0を検定するための統計量
・Pr(>|t|)：回帰係数＝0のP値

・(Intercept)：切片
・気温：自分で設定した目的変数

となっていて、たとえば気温に対応する回帰係数の推定量を、2.3215と推定しています。

　後半のt検定に関するところの解説をします。

帰無仮説：（切片以外の）ある回帰係数＝0

である検定を、**有意性検定**といいます。つまり、棄却されたら、
「回帰係数は0ではない」＝「説明変数が変化したら目的変数に影響を与える」
という結論になります。

　今回は、

$$気温についてのP値 < 2e-16 = 2 \times 10^{-16}$$

※39　coefficientで「係数」という意味

であるため、

> 帰無仮説：気温についての回帰係数 = 0

は棄却されます。つまり、気温はビールの売上を表すのに有用な説明変数ということになります。

　その他の使用例は、

> ・目的変数：会社ごとの離職率
> ・説明変数：会社ごとの平均年収、残業時間

として、

> 離職率を線形回帰して、「残業時間が離職率に関係ある」という結論を出したい
> ↓
> 「残業時間が離職率に関係ない = 回帰係数が0である」という帰無仮説で検定を行う
> ↓
> 否定されたから、「残業時間は離職率と関係ある」と結論づける

といった具合です。

④

```
Signif. codes:
0 '***' 0.001 '**' 0.01 '*' 0.05 '.' 0.1 ' ' 1
```

　P値の横に書いてある記号の補足説明です。たとえば (**) は、P値が$0.001 <$ P値< 0.01の範囲にあることを指します。

⑤

```
Residual standard error: 5.715 on 40 degrees of freedom
```

は、残差の標準偏差が5.715。「自由度 = 標本数 - 1 -説明変数の数 =40」という意味です。

```
Multiple R-squared:  0.864,        Adjusted R-squared:  0.8606
```

は、決定係数が0.864、自由度調整済み決定係数が0.8606という意味。

```
F-statistic: 254.1 on 1 and 40 DF,  p-value: < 2.2e-16
```

　本書では紹介していませんが、**F検定**という検定についての情報です。

どのような検定かというと、

> 帰無仮説：切片を除くすべての回帰係数が０である

に対して検定していて、簡単には「説明変数は目的変数に一切関係ない」を帰無仮説にしています。棄却された場合、「説明変数の中に、目的変数に関係するものが含まれている」と言えます。

> 自由度が１と40であるＦ検定において、検定に用いる統計量が254.1で、Ｐ値は2.2×10^{-16}未満である。

というように先のＲの結果を読み取ることができます。

9

統計手法の基本

MEMO

第10章

機械学習の基本

　機械学習のアルゴリズムは、取り組む課題によって「**教師あり学習**」「**教師なし学習**」「**強化学習**」という3種類に分類されます。本章では、データ分析実務スキル検定の出題範囲である「**教師あり学習**」「**教師なし学習**」の入門事項を扱います。まず具体的な学習テーマを確認しておきましょう。

教師あり学習のテーマ

　教師あり学習は、正解データである「目的変数」と、目的変数の特徴を表していると考えられるデータである「特徴量」から、汎化性能（予測の精度）の高い予測モデルを作成することが目的です。

　そして教師あり学習が取り組む典型的な問題は、以下の2つです。
・回帰問題
・分類問題

・「回帰問題」とは
　回帰問題では、連続数値である目的変数を予測します。
　具体例としては、特徴量として物件情報を利用し、目的変数である物件価格を予測します。

・「分類問題」とは
　分類問題では、フラグやラベルである目的変数を予測します。
　具体例としては、特徴量である顧客情報を利用し、目的変数である「顧客が債務不履行になるか否か」を予測します。

　上記の「回帰問題」と「分類問題」で大きく異なる点は、以下の3点です。
・目的変数の種類（連続数値か、ラベルやフラグか）
・予測モデル
・精度評価指標

教師なし学習のテーマ

　教師なし学習は、教師あり学習とは異なり、学習データに目的変数を含みません。そして教師なし学習が取り組む典型的な問題は、以下の2つです。
・次元圧縮
・クラスタリング

・「次元圧縮」とは
　次元圧縮とは、高次元データを、可能な限り情報量を失わないようにして低次元で表現することを言います。高次元データを可視化するために利用されることがあります。

・「クラスタリング」とは

　クラスタリングでは、データをいくつかの類似性の高いグループに分けます。

　具体的な例としては、ニュースキュレーションアプリの各ユーザーの行動データを利用して、ユーザーをいくつかの類似性の高いグループに分けます。

10-1　代表的な教師あり学習

　ここでは、代表的な教師あり学習である、決定木、ランダムフォレスト、ロジスティック回帰について解説します。代表的な教師あり学習として線形回帰分析もありますが、第9章で説明しているため、本章では割愛します。

　なお、本節で取り上げるアルゴリズムを学習する際は、以下のポイントを押さえながら読み進めてください。

・予測値の算出方法
・解釈性と汎化性能

10-1-1　縦線・横線でデータを分ける［決定木］

　決定木は、回帰問題、分類問題のどちらに対しても利用することができます。そのため、回帰問題の場合は「回帰木」、分類問題の場合は「分類木」と表記されることもあります。

　本章では**解約ユーザーのデータ**（分類問題）を使って、分類木の説明をしていきます。

例）解約ユーザーのデータ

　あなたはファッションECサイト運営会社に勤めています。そしてあなたは、サイトの行動データを特徴量として、解約しそうなユーザーを予測する予測モデルの作成を求められています。また、あなたは予測モデル作成に加えて、予測モデルから解約に関係する特徴量について説明することを求められています。

　このような状況における予測モデルの候補の1つに、決定木があります。

10

機械学習の基本

▶ 決定木の概要

　ファッションECサイトのユーザーごとの「先月の訪問数」と「直近の購入金額」に関するデータがあります。そして継続しているユーザーは●、解約しているユーザーは×でプロットしたものが以下の図です。

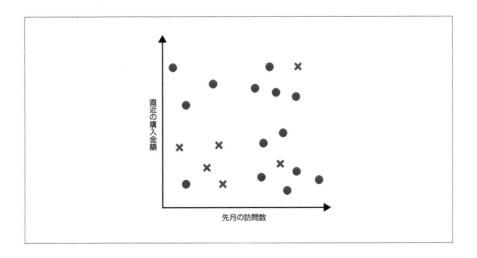

　このファッションECサイトのユーザーのデータにおいて、縦線と横線を引くことで、●もしくは×のみが存在するような小部屋を作るのが、**分類木**という手法です。

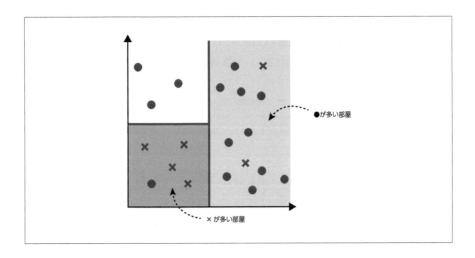

　つまり、決定木というアルゴリズムは、縦線と横線（決定境界という）のみを駆使して、目的変数（ここでは解約するかしないか）の値が偏るように小部屋に分ける手法です。そして各小部屋の●と×の比率を計算することで、予測値を算出します。

　そして予測する際には、たとえば「先月の訪問数が10回以下」かつ「直近の購入金額が1,000円以下」であるユーザーがいた場合は、解約の確率が80％（つまり継続の確率が20%）と予測します。つまり、分類木の「予測値の算出方法」は、各小部屋の解約であるユーザーの割合です。

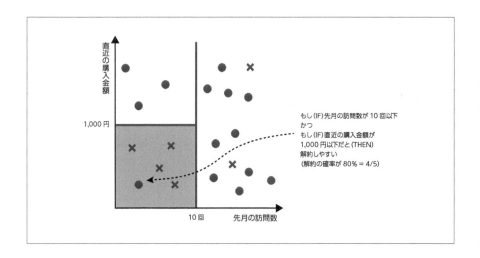

　また、縦線と横線による分類結果は、次の図のようなIF〜THENルールで記述することができます。

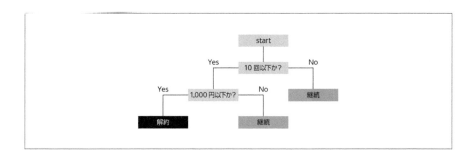

▶ 決定木の詳細

　決定木の目的関数のコンセプトは、「各小部屋における解約（×）か継続（●）かの偏り」を最大化させることです。小部屋の中の「純度」とも言えます。

　そして決定木というアルゴリズムの中で、「純度」を測定する指標として以下の2つがあります。

・ジニ不純度

　ジニ不純度は「ばらつき」を表す指標です。ジニ不純度の値が小さいほど、各小部屋が偏っていると考えることができます。

　ジニ不純度の定義は、

$$\text{Gini} = 1 - \Sigma_i (\text{クラス } i \text{ の出現割合})^2$$

です。実際に計算例を見たほうがわかりやすいので例を示します。

例1）10人中5人が解約、5人が継続した場合のジニ不純度は？

計算方法：

「解約」と「継続」の出現割合は、それぞれ

　解約は、5人/10人＝0.5

　継続は、5人/10人＝0.5

となります。

　なので、ジニ不純度は

$$\text{Gini} = 1 - (0.5^2 + 0.5^2) = 1 - (0.25 + 0.25)$$
$$= 1 - (0.50) = 0.50$$

となります。

　つまり10人中5人が解約、5人が継続した場合のジニ不純度は0.5となります。

例2）10人中1人が解約、9人が継続した場合のジニ不純度は？

計算方法：

「解約」と「継続」の出現割合は、それぞれ

　解約は、1人/10人＝0.1

　継続は、9人/10人＝0.9

となります。

なので、ジニ不純度は

$$\text{Gini} = 1 - \left(0.1^2 + 0.9^2\right) = 1 - (0.01 + 0.81)$$
$$= 1 - (0.82) = 0.18$$

となります。

つまり、10人中1人が解約、9人が継続した場合のジニ不純度は0.18となります。「例1) 10人中5人が解約、5人が継続した場合」と比較すると、「例2) 10人中1人が解約、9人が継続した場合」のほうがジニ不純度（ばらつき）が小さい、つまり純度（偏り）が大きいことがわかります。

例1・例2で単体の小部屋におけるジニ不純度の計算方法はわかりました。しかし決定木では複数の小部屋を作るので、ここでは複数の小部屋におけるジニ不純度の計算方法を紹介します。

以下の図のように2つの小部屋が存在しているとします。

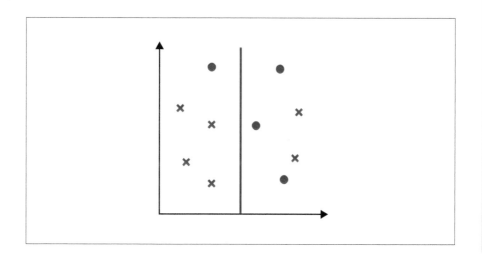

左側の小部屋は5人中4人が解約、1人が継続しているので、ジニ不純度は

$$\text{Gini} = 1 - \left(0.8^2 + 0.2^2\right) = 1 - (0.64 + 0.04)$$
$$= 1 - (0.68) = 0.32$$

右側の小部屋は5人中2人が解約、3人が継続しているので、ジニ不純度は

$$\text{Gini} = 1 - \left(0.4^2 + 0.6^2\right) = 1 - (0.16 + 0.36)$$
$$= 1 - (0.52) = 0.48$$

10

機械学習の基本

そして2つの小部屋のジニ不純度を合算するときは、データの数で重み付けします。

2つの小部屋のジニ不純度＝
左側の小部屋のジニ不純度 × 全データに対する左側の小部屋のデータ割合 ＋
右側の小部屋のジニ不純度 × 全データに対する右側の小部屋のデータ割合
＝ 0.32 × 5/10 ＋ 0.48 × 5/10
＝ 0.16 ＋ 0.24＝0.40

以上で複数の小部屋におけるジニ不純度の計算方法がわかりました。これで複数の縦線において、どの縦線が最もジニ不純度を下げることができるのかを判断することができます。

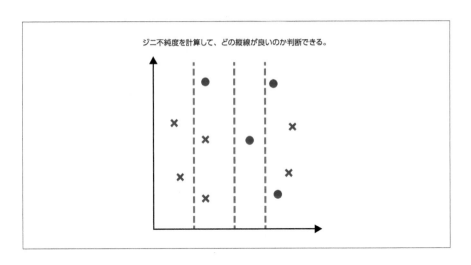

また、決定木において、最初に分岐で使われた特徴量は、不純度を下げる際に最も役立つ特徴量です。そのため、最初に分岐で使われた特徴量を、重要な特徴量だと考えることができます。

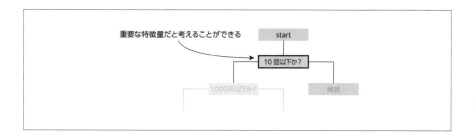

・エントロピー

　情報理論などで使われる「エントロピー」という指標も不純度を表せます。値が小さいほど純度が高くなります[※1]。

　分類木では、ジニ不純度（またはエントロピー）を目的関数として、ジニ不純度が小さくなるように、縦線と横線で分割を行います。

　つまり、分類木というアルゴリズムの「目的関数の値を減少させるための手順」は、
1. ジニ不純度（またはエントロピー）の値が小さくなる縦線（または横線）を探す
2. 縦線（または横線）を引いて小部屋を作る
の繰り返しです。

　ここで問題となるのが、上記の手順をどの程度、続けるのかということです。

　もし無制限に分岐を繰り返していくと、「小部屋」にデータ点が1つになるまで分類木を伸ばせてしまいます（どの程度分岐を繰り返すかを「木の深さ」と言います。そして「木の深さ」は、分析者が設定するパラメータです。このように分析者が設定するパラメータを、**ハイパーパラメータ**と呼びます）。

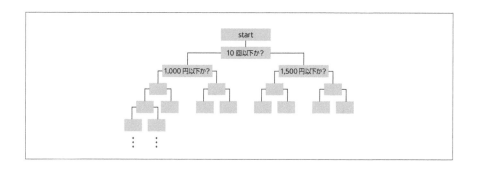

※1　詳しくは触れませんが、「純度」を測定する指標の1つにエントロピーがあるということは押さえておいてください。また、「純度」を測定する指標として、ジニ不純度とエントロピーのどちらを利用しても、結果が極端に変わることはありません。

このような状況になると、目的関数の値は小さくなりますが、未知のデータに対する予測の精度が悪くなる可能性があります。このような状況を**過学習**と言います。たとえば「先月の訪問数」と「直近の購入金額」がともに多いユーザーは優良ユーザーであり、本来は継続しやすいとします。しかし学習データに偶然「先月の訪問数」と「直近の購入金額」が多くて解約したユーザーが含まれていたときに、無制限に分岐を繰り返していくと、「先月の訪問数」と「直近の購入金額」が多いユーザーは解約すると予測します。

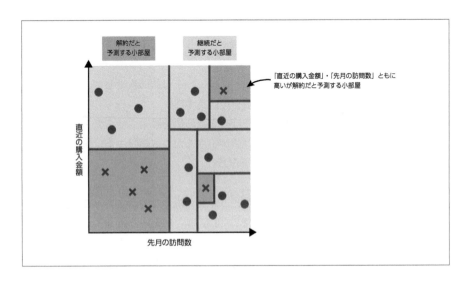

このような過学習に陥らないような「木の深さ」を決めるため、実際には後述のクロスバリデーションというテクニックを用いて、小部屋の作成をストップさせます。

回帰問題の場合

回帰問題においても、縦線と横線のみを駆使して小部屋に分割するというコンセプト自体は変わりません。しかし、分類問題のときと目的関数が異なります。分類問題のときは、目的関数が「ジニ不純度（エントロピー）」でしたが、回帰問題のときは、目的関数が「分散」です。そのため、回帰問題のときは、それぞれの小部屋に該当するデータの分散が小さくなるように、縦線と横線のみを駆使して小部屋に分割します。そして「各小部屋の平均」が予測値になります。

たとえば、ある月におけるユーザーの購入金額を予測するとき、そのユーザーが「先月の訪問数が10回以下」かつ「サイト滞在時間が60秒以下」である場合は、3,000

円と予測します。

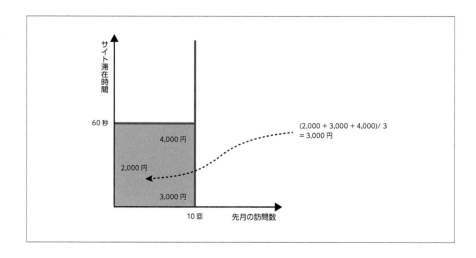

　回帰問題における分岐ルールについて説明します。回帰問題のときは、複数の縦線（または横線）において、どの縦線（横線）が最も分散を下げることができるのかを判断し、変数としきい値が選択されます。**最も分散を下げる変数としきい値**とは、

　分割前の小部屋の分散－（分割後の左小部屋の分散＋分割後の右小部屋の分散）

が最大となる変数としきい値のことです。

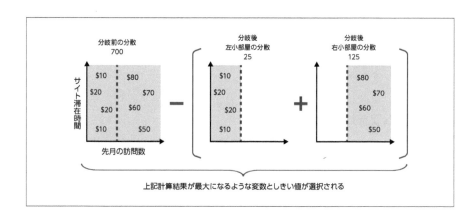

この項目のPOINT

- 決定木は、分類問題の場合はジニ不純度（またはエントロピー）、回帰問題の場合は分散が小さくなるように、縦線・横線を引く。
- 決定木は決定境界として縦線・横線しか使えないので、予測精度が高くない。そのため、予測モデルとしての利用機会は少ない。一方で解釈しやすいため、データ理解や重要な特徴量の理解には役に立つ。
- 決定木で最初に分岐で使われた特徴量は、予測に役立つ特徴量だと考えられるため、重要な特徴量を探すために使われたりもする。

10-1-2　多数決でデータを分ける［アンサンブル学習］

　アンサンブル学習は、「複数の予測モデルを組み合わせることによって、予測精度を向上させよう」という仕組みです。つまり、アンサンブル学習は、複数の予測モデルによる多数決を行う手法です。

　アンサンブル学習を利用した予測モデルは複数ありますが、今回はその中でも代表的な手法の1つである**ランダムフォレスト**を説明します。

例）解約ユーザーのデータ

　あなたはファッションECサイト運営会社に勤めています。そしてあなたは、サイトの行動データを特徴量として、解約しそうなユーザーを予測する予測モデルの作成を求められています。決定木の例とは異なり、予測モデルから解約に関係する特徴量の説明を行うことよりも、予測精度の高さを求められています。

　このような状況における予測モデルの選択肢の1つに、ランダムフォレストがあります。

▶ ランダムフォレストの概要

　ランダムフォレストは、回帰問題と分類問題のどちらに対しても利用することができます。

　分類問題のときは、分類木を複数作成し、その複数の分類木による多数決の結果を予測値とします。また、回帰問題のときは、回帰木を複数作成し、その複数の回帰木の平均を予測値とします。

　決定木は前述のとおり、予測精度を高めようとするとすぐに過学習に陥ってしまうため、予測精度は高くありません。しかし、ランダムフォレストは、予測精度が

高くない決定木を複数組み合わせることによって、過学習を避けながら予測精度を
高められるアルゴリズムです。

　ここで「どのような決定木を複数作成すれば予測精度が上がるのか？」を考えて
みてください。まったく同様の決定木を作成した場合、複数の決定木による予測値
も、単体の決定木による予測値も変わらないことは想像に難くないと思います。そ
のため「類似しない決定木を複数作成したほうがよいのではないか？」と考えられ
ます。それでは以下、「ランダムフォレストの詳細」にて確認していきましょう。

▶ ランダムフォレストの詳細

　ランダムフォレストは「決定木を複数組み合わせる」ことだと先に言及しました。
以降においては、
・どのように「決定木」を作成するのか
・どのように予測値を出力するのか
・ランダムフォレストの解釈性
を詳しく説明していきます。

・どのように「決定木」を作成するのか

　ユーザーのサイト行動データのデータセットは1つしかありません。そして、決
定木はそのデータで最も「偏り」があるように決定境界が引かれています。つまり、
1つしかないデータセットをすべて利用して決定木を作成しても、まったく同様の
決定木しか作成できないのです。前述のとおり、まったく同様の決定木を作成した
場合、複数の決定木による予測値も、単体の決定木による予測値も変わりません。

　そのため、多様な決定木を作成するために、ランダムフォレストでは以下の2つ
の方法によってデータをサンプリングし、異なるデータを人工的に作って複数の決
定木を作成しています。

1. 決定木の作成に利用するデータ（行）を、重複を許してランダムに抽出（ブー
　トストラップサンプリング）
2. 決定木の作成に利用する特徴量（列）をランダムに抽出サンプリング

・どのように予測値を出力するのか

　今回は、分類問題における予測値の算出方法を説明していきます。基本的には「ラ
ンダムフォレストの概要」に記載したとおりですが、ここでは図を示しながら確認
していきましょう。

　まず学習データから「重複を許してランダムにデータを抽出」、「列もサンプリン

グ」し、複数の決定木を作成します。ここで作成する決定木の本数は、分析者が決定するハイパーパラメータです。

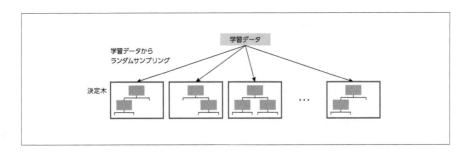

　次に各決定木の出力の多数決を取ります。そして各決定木の出力をもとに、「解約」または「継続」の予測を出力します。

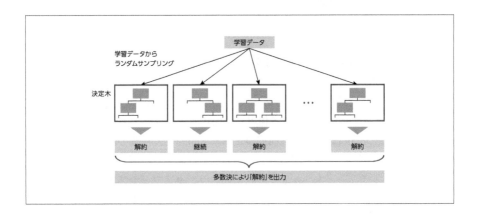

・ランダムフォレストの解釈性
　ランダムフォレストは複数の決定木による多数決を行っているので、予測値の算出までの過程が決定木よりも複雑になっています。そのため、決定木のように「ある変数がXXより大きければ解約」というわかりやすい解釈ができません。だからといってまったく解釈できないわけではなく、「特徴量ごとの予測値算出に対する影響度」を知ることはできます。

　前述のとおり、ランダムフォレストは、利用するデータ（行）を重複を許してランダムに抽出します。そのため、一部データは抽出されず、学習データとして利用されません（この一部データをOut-of-Bagと言います）。このOut-of-Bagを用いて各変数の重要度を調べることができます。各変数の重要度の調べ方は以下のとおりです。

① サンプリングして得られた学習データでランダムフォレストを作成します。
② ①で作成したランダムフォレストで、Out-of-Bagを予測し精度を算出します。
③ Out-of-Bagにおいて重要度を調べたい変数（列）のデータをシャッフルします。
④ ①で作成したランダムフォレストで、シャッフルしたOut-of-Bagを予測し精度を算出します。
⑤ 重要度を調べたい変数（列）について、シャッフルする前の精度とシャッフルした後の精度を比較します。
⑥ ①〜⑤の手順を各変数（列）に対して実施します。

　そして精度の乖離が大きい場合は、シャッフルした変数（列）は予測値算出に対する影響度が高かったと判断します。反対に精度の乖離が小さい場合は、シャッフルした変数（列）は予測値算出に対する影響度が低かったと判断します。予測値算出に対する影響度が低い特徴量は目的変数との関係性が薄い特徴量、つまり予測値算出において不要な特徴量であると考えることができます。したがって、各特徴量の影響度の結果から、予測モデル作成時の特徴量選択を行うことができます。

10

機械学習の基本

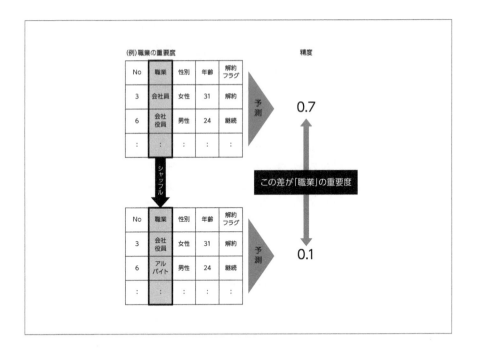

　ここで注意が必要なポイントがあります。それは上記の方法では、予測値算出に対して各変数がどのように影響を与えているかを理解できません。つまり「ある変数が大きくなればなるほど解約しやすい」というような解釈はできないということです。あくまで予測値算出に対する影響度の相対的な大小関係のみを把握することができます。

この項目の POINT

- ランダムフォレストは「重複を許してランダムにデータを抽出」「列もサンプリング」することで、類似しない決定木を複数作成している。
- 予測値を出力するときは、複数の決定木における多数決で行っている。
- 各特徴量が予測精度に対してどの程度影響を与えているかを把握することができるので、特徴量選択を行うときに利用されることもある。

10-1-3 直線でデータを分ける［ロジスティック回帰］

　ロジスティック回帰は、分類問題に対して利用することができます。各特徴量が目的変数に対してどのように影響を与えているかを理解することができるので、解釈性が求められる場面では、よく利用されます。

例）解約ユーザーのデータ

　あなたはファッションECサイト運営会社に勤めています。そしてあなたは、サイトの行動データを特徴量として、解約しそうなユーザーを予測する予測モデルの作成を求められています。また、あなたは予測モデル作成に加えて、解約に関係する特徴量の説明を求められています。

　このような状況における予測モデルの選択肢の1つに、ロジスティック回帰があります。

▶ ロジスティック回帰の概要

　ロジスティック回帰は、分類問題で利用されるアルゴリズムです。

　ロジスティック回帰は、目的変数がフラグのような2値でも、ラベルのような3値以上でも利用することができます。今回は2変数のデータで、目的変数がフラグのような2値の分類問題におけるロジスティック回帰を説明していきます。

　ロジスティック回帰というアルゴリズムは、直線を引くことでデータを分類する手法です。

　縦軸が「直近の購入金額」、横軸が「先月の訪問数」として、上記の解約ユーザーのデータをプロットします。この解約しそうなユーザーを予測する例でいうと、データが**"基準となる直線（決定境界）"**よりも下側に存在する場合は「解約（×）」しやすい、つまり予測値が0.5よりも大きくなります[2]。また、上側に存在する場合は「解約（×）」しにくい、つまり予測値が0.5よりも小さくなります。

10

機械学習の基本

※2　上記の例は解約と継続の2値分類であり、今回は解約するユーザーを予測したいので、解約ユーザーを1、継続ユーザーは0とします。

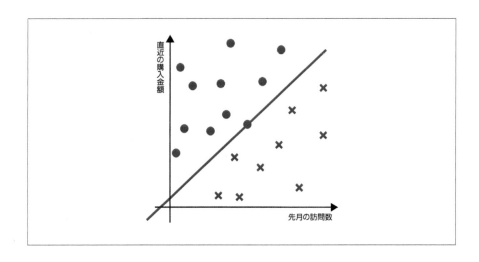

ロジスティック回帰の詳細

「ロジスティック回帰の概要」に記載のある"基準となる直線"とは何でしょうか？
それは

$$0 = 切片 + 回帰係数1 \times 「先月の訪問数」 + 回帰係数2 \times 「直近の購入金額」$$

です。

そしてユーザーごとに「先月の訪問数」と「直近の購入金額」は変動するので、
左辺を変数uで置き換えると、

$$u = 切片 + 回帰係数1 \times 「先月の訪問数」 + 回帰係数2 \times 「直近の購入金額」$$

と書くことができます。

このuの値で分類するのが、ロジスティック回帰です。uの値が0よりも大きい
場合は、データが「"基準となる直線"よりも下側に存在する」ので「解約（×）」
と判断できます。uの値が0よりも小さい場合は、データが「"基準となる直線"よ
りも上側に存在する」ので「継続（●）」と判断できます。

ここで、なぜ「uの値が0よりも大きい（小さい）場合は、データが"基準とな
る直線"よりも下側（上側）に存在する」と言えるのかを確認しましょう。

そのために、まず"基準となる直線"の式の「切片＝3」「回帰係数1＝0」「回帰係
数2＝－1」である場合を考えます。

$$0 = 3 + 0 \times \text{「先月の訪問数」} + (-1) \times \text{「直近の購入金額」}$$

上記の式の場合は、横軸「先月の訪問数」に平行な直線になります。

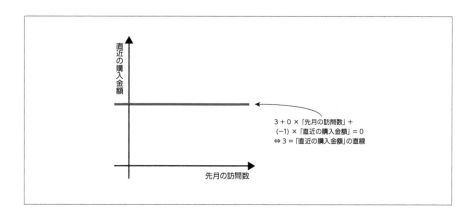

この「先月の訪問数」に平行な直線の上側と下側はどのような式で表せるかというと、以下のとおりです。

上側：3＜「直近の購入金額」
下側：3＞「直近の購入金額」

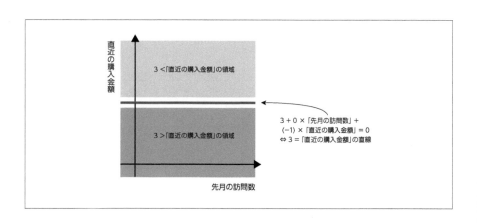

10

機械学習の基本

　次に "基準となる直線" の式の「切片 =3」「回帰係数1=1」「回帰係数2= − 1」
である場合を考えます。

> 0 = 3 + 1 × 「先月の訪問数」+ (− 1) × 「直近の購入金額」

　上記の式の場合は、傾きが正である直線を引くことができます。

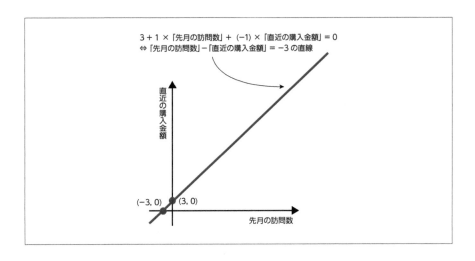

　先ほどの「先月の訪問数」に平行な直線の例と同様に考えると、この傾きが正で
ある直線の上側と下側はどのような式で表せるかというと、以下のとおりです。

上側：「先月の訪問数」－「直近の購入金額」< －3

　　⇔ 3 ＋「先月の訪問数」－「直近の購入金額」< 0

下側：「先月の訪問数」－「直近の購入金額」> －3

　　⇔ 3 ＋「先月の訪問数」－「直近の購入金額」> 0

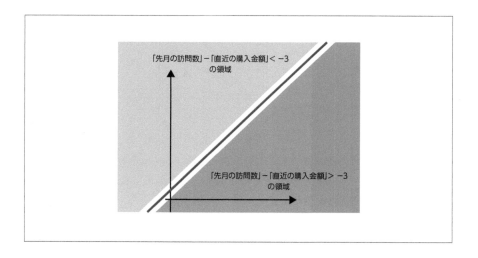

つまりこれは

u ＝ 切片 ＋ 回帰係数 1 ×「先月の訪問数」＋ 回帰係数 2 ×「直近の購入金額」

である u の値が、0 よりも大きい（小さい）場合は、データが "基準となる直線" よりも下側（上側）に存在するということです[※3]。

　つまり "回帰係数1"、"回帰係数2" を求めたのち、ユーザーの「先月の訪問数」と「直近の購入金額」のデータから u を計算し、0 と比較することで、「解約（×）」と「継続（●）」については予測できます。

　しかしこのままでは「解約（×）」と「継続（●）」について予測することができても、「解約（×）」する確率を予測することができません。

10

※3　(回帰係数 1 < 0, 回帰係数 2 < 0) のときは、同様に考えることができます。しかし (回帰係数 1 > 0, 回帰係数 2 > 0) または (回帰係数 1 < 0, 回帰係数 2 > 0) のときは、u の値が 0 よりも大きい（小さい）場合は、データが "基準となる直線" よりも上側（下側）に存在します。

　そこで登場するのが、**シグモイド関数**です。シグモイド関数は、0～1までの値を出力する関数です[4]。

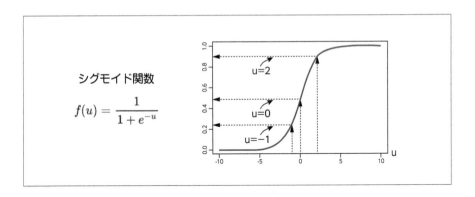

　ユーザーの「先月の訪問数」と「直近の購入金額」からuを計算し、そのuの値を利用してシグモイド関数を計算することによって、該当するユーザーが「解約（×）」に属している確率を予測します。
　ここで質問です。

u = 切片 + 回帰係数1 ×「先月の訪問数」+ 回帰係数2 ×「直近の購入金額」

　この回帰係数や切片はどのようにして求めるのでしょうか？
　以下では回帰係数や切片の求め方について説明していきます。

▶ ロジスティック回帰の回帰係数と切片

　ロジスティック回帰の目的関数は**交差エントロピー**と言います[5]。

$$E = \sum_{k=1} -y_k \log t_k - (1 - y_k) \log(1 - t_k)$$

　ここでy_kは目的変数であるフラグ（0または1の2値）で、t_kは予測値です。以下の2つの目的変数と予測値の組み合わせパターンにおいて、どちらのほうが交差エントロピーが小さくなるか確認してみましょう。

※4　シグモイド関数が難しいと感じられた方は、グラフの形を覚えておけば十分です。
※5　交差エントロピーが難しいと感じられた方は、どのようなときに交差エントロピーの値が大きくなるのかを覚えておけば十分です。

パターン1

y_k（フラグ）	1	0	0	1
t_k（予測値）	0.9	0.1	0.1	0.8

$$E = \{ -1 \times \log(0.9) - (1-1)\log(0.1) \} + \{ 0 \times \log(0.1) - (1-0)\log(0.9) \}$$
$$+ \{ 0 \times \log(0.1) - (1-0)\log(0.9) \} + \{ -1 \times \log(0.8) - (1-1)\log(0.2) \}$$
$$= \{ -1 \times \log(0.9) \} + \{ -(1-0)\log(0.9) \} + \{ -(1-0)\log(0.9) \} + \{ -1 \times \log(0.8) \}$$
$$= 0.54$$

パターン2

y_k（フラグ）	1	0	0	1
t_k（予測値）	0.1	0.7	0.8	0.2

$$E = \{ -1 \times \log(0.1) - (1-1)\log(0.9) \} + \{ 0 \times \log(0.7) - (1-0)\log(0.3) \}$$
$$+ \{ 0 \times \log(0.8) - (1-0)\log(0.2) \} + \{ -1 \times \log(0.2) - (1-1)\log(0.8) \}$$
$$= \{ -1 \times \log(0.1) \} + \{ -(1-0)\log(0.3) \} + \{ -(1-0)\log(0.2) \} + \{ -1 \times \log(0.2) \}$$
$$= 6.72$$

　パターン1は、フラグ1のデータに対して、フラグ1である確率（陽性確率）が高いと予測できています。そしてフラグ0のデータに対して、フラグ1である確率（陽性確率）が低いと予測できています。

　一方でパターン2は、フラグ1のデータに対して陽性確率が低いと予測し、フラグ0のデータに対して陽性確率が高いと予測しています。

　交差エントロピーの値を確認すると、パターン1のほうがパターン2よりも小さくなっています。つまり、交差エントロピーは、目的変数を正しく予測できていればいるほど値が小さくなり、0に近づきます。一方で目的変数を正しく予測できていなければ、値は大きくなり、上限はありません。

　ロジスティック回帰の回帰係数や切片は、この交差エントロピーを最小にする回帰係数や切片です。交差エントロピーを最小にする回帰係数や切片を求める上で出てくる手法として、勾配降下法があります。

10

機械学習の基本

交差エントロピーを最小にするパラメータを求める[勾配降下法]

　勾配降下法を直感的に理解するために、暗闇の中の下山をイメージしてください。前後左右がわからない中、皆さんならどのように下山しますか。おそらくどちらに傾いているかを少しずつ確認しながら、下に傾いているほうへ進むと思います[※6]。

　勾配降下法の考え方も、暗闇の中の下山と同じです。現在の回帰係数と切片における目的関数の値を確認します。そして回帰係数と切片を少し変動させたときの目的関数の変化率（傾き）を求めます（どちらに傾いているかを少しずつ確認）。その後、目的関数の値が小さくなるほうへ、回帰係数と切片を更新します（下に傾いているほうへ進む）。

　以上をまとめると、勾配降下法における回帰係数と切片の算出手順は以下のようになります。

① 回帰係数と切片の値を少し変動させたときの目的関数の変化率を求める。
② 目的関数の変化率から、回帰係数と切片を更新する。
③ ①と②を繰り返す。

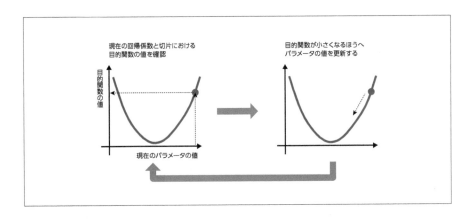

　この勾配降下法は、後述のニューラルネットワークにおいても取り上げるので、覚えておいてください。

[※6]　ネットの情報を見ると、遭難したときは進まないほうがよいという意見もあります。

求めたパラメータの意味を解釈する

勾配降下法にて交差エントロピーを最小化するパラメータを求めた後に、パラメータが目的変数に対して、どのように影響を与えているかを理解しましょう。

ここで勾配降下法にて交差エントロピーを最小化するパラメータは、以下の式における回帰係数1と回帰係数2が求まっている状態にあります。

u = 切片 + 回帰係数 1 ×「先月の訪問数」+ 回帰係数 2 ×「直近の購入金額」

前述のとおり、ユーザーの「先月の訪問数」と「直近の購入金額」からuを計算し、そのuの値を利用して、シグモイド関数を計算することによって、該当するユーザーが「解約（×）」に属している確率を予測することができます。

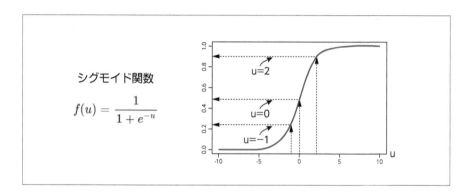

それでは、「先月の訪問数」が1増えることで、「解約（×）」に属している確率はどのように変わるのでしょうか。

ここでパラメータが目的変数に対して、どのように影響を与えているかを理解するために、シグモイド関数の式を変形します。シグモイド関数の式を変形すると第8章で登場したオッズが出てきます。

10

シグモイド関数

「解約(×)」に属している確率 $= f(u) = \dfrac{1}{1+e^{-u}}$

シグモイド関数の式を変形すると

$\dfrac{\text{「解約(×)」に属している確率}}{1-\text{「解約(×)」に属している確率}} = e^{u}$

第8章で登場したオッズ

「先月の訪問数」が1増えることで、「解約（×）」に属している確率のオッズがどのように変化するか確認しましょう。

u = 切片 + 回帰係数1 ×「先月の訪問数」+ 回帰係数2 ×「直近の購入金額」

なので、上で確認した次の式では

「解約（×）」に属している確率 / (1 −「解約（×）」に属している確率) = e^u

の右辺（e^u は e の u 乗）は以下のように書くことができます。

$\dfrac{\text{「解約(×)」に属している確率}}{1-\text{「解約(×)」に属している確率}} = e^{\text{切片+回帰係数1×「先月の訪問数」+回帰係数2×「直近の購入金額」}}$

$= e^{\text{切片}} \times e^{\text{回帰係数1×「先月の訪問数」}} \times e^{\text{回帰係数2×「直近の購入金額」}}$

■「先月の訪問回数」が1増えたとすると

$\dfrac{\text{「解約(×)」に属している確率}}{1-\text{「解約(×)」に属している確率}} = e^{\text{切片}} \times e^{\text{回帰係数1×(「先月の訪問数」+1)}} \times e^{\text{回帰係数2×「直近の購入金額」}}$

$= e^{\text{切片}} \times e^{\text{回帰係数1×「先月の訪問数」}} \times e^{\text{回帰係数1}} \times e^{\text{回帰係数2×「直近の購入金額」}}$

つまり、これは **「先月の訪問数」が1増えることで、「解約（×）」に属している確率のオッズは、（e^ 回帰係数1）倍される**という解釈ができます。もし回帰係数1の値が3であった場合は、「先月の訪問数」が1増えることで、「解約（×）」に属している確率のオッズは、e^3倍（eの3乗で約20倍）されるということです。このe^ 回帰係数1は、第8章で登場したオッズ比です。

$$\frac{\text{「先月の訪問数」が1増えたときの「解約(×)」に属している確率のオッズ}}{\text{「先月の訪問数」が1増えていないときの「解約(×)」に属している確率のオッズ}}$$

$$= \frac{e^{\text{切片}} \times e^{\text{回帰係数1}\times\text{「先月の訪問数」}} \times e^{\text{回帰係数1}} \times e^{\text{回帰係数2}\times\text{「直近の購入金額」}}}{e^{\text{切片}} \times e^{\text{回帰係数1}\times\text{「先月の訪問数」}} \times e^{\text{回帰係数2}\times\text{「直近の購入金額」}}}$$

$$= e^{\text{回帰係数1}}$$

　オッズ比なので、e^回帰係数1と1を比較することで、その特徴量が1増えたときに目的変数にどのように影響を与えているかを理解することができます。

　ここで以下の表に、求めた回帰係数やe^回帰係数から、どのような解釈ができるかをまとめます[※7]。

回帰係数	e^回帰係数	意味
回帰係数 =0	e^回帰係数が1	その特徴量が1増えても、「解約(×)」の起こりやすさは変わらない
回帰係数 > 0	e^回帰係数が1より大きい	その特徴量が1増えると「解約(×)」が起こりやすい
回帰係数 < 0	e^回帰係数が1より小さい	その特徴量が1増えると「解約(×)」が起こりにくい

この項目のPOINT

- ロジスティック回帰で求める回帰係数と切片は、交差エントロピーを最小にする回帰係数と切片である。
- ロジスティック回帰は、回帰係数と特徴量の線形和で予測モデルが表現されているので、複雑なデータの場合は予測精度が高くない。たとえば今回の解約ユーザーのデータが、直線で分類できないような複雑なデータだった場合、ロジスティック回帰ではうまくデータを分類できない。
- 一方で陽性確率を算出する式を求めることができるので、目的変数に対して、各特徴量の数値の変動がどのように影響を与えているかを理解することができる。そのため、予測モデルの解釈が求められる場面で利用される。

10

機械学習の基本

※7　オッズ比の計算などが難しいと感じられた方は、回帰係数やe^回帰係数の値から、どのように解釈できるのかを理解できていれば十分です。

10-2 その他の教師あり学習

2021年現在、多くの場面でディープラーニングの技術は活用されています。たとえば自動運転における画像認識での活用が知られています。読者の皆さんがディープラーニングを活用したアプリケーションを毎日利用する将来も近いうちに来るかもしれません。ここでは、そのディープラーニングと、ディープラーニングの基礎となるニューラルネットワークについて説明していきます。

10-2-1 ディープラーニングの基本 [ニューラルネットワーク]

ディープラーニング（深層学習） を理解するためには、まずニューラルネットワークを理解しなければなりません。ニューラルネットワークを理解するといっても、身構えなくて大丈夫です。決定木やランダムフォレストが機械学習の一部の手法であったように、ニューラルネットワークも機械学習の一部の手法です。

ニューラルネットワークは、分類問題と回帰問題のどちらにも対応することができます。

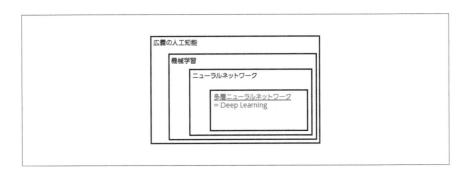

ニューラルネットワークは、入力層・隠れ層（中間層）・出力層の3種類の層で構成されます。ここで入力層と出力層だけであった場合、どのような計算手順になるのか確認しましょう。入力層ではデータが入力されます。そして出力層では、入力層の値と「重み」を乗じて合計し、（分類問題であれば）目的変数の陽性確率を算出します（以下の図を参照）。

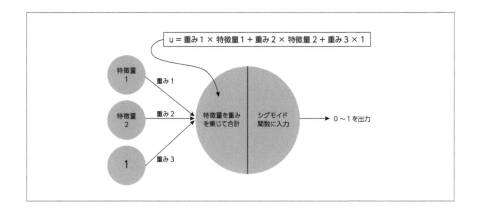

上記の手順をまとめると、

① データ入力

② 特徴量と重みデータを乗じて合計

$u = 重み1 \times 特徴量1 + 重み2 \times 特徴量2 + 重み3 \times 1$

③ 確率の値に変換するために、u の値を利用してシグモイド関数を計算

となります。

　上記の手順は、ロジスティック回帰とまったく同じです。つまり入力層と出力層だけならば、ロジスティック回帰です。

　ニューラルネットワークとは、ロジスティック回帰に隠れ層を追加したものです。隠れ層の働きは、以下のとおりです。

① 前の層の出力データと重みデータを乗じて合計

② 手順①で計算した値を利用して活性化関数を計算

　ここまでの内容をもとにニューラルネットワークの計算手順をまとめると、以下のようになります。

① （入力層）データ入力

② （隠れ層）特徴量と重みデータを乗じて合計

③ （隠れ層）手順②の値を利用して活性化関数を計算

④ （出力層）手順③のアウトプットと重みデータを乗じて合計

⑤ （出力層）確率の値に変換するために、手順④の値を利用してシグモイド関数を計算

10

機械学習の基本

　直感的なイメージとしては、ニューラルネットワークはロジスティック回帰をつなぎ合わせたものだとイメージすることもできます。

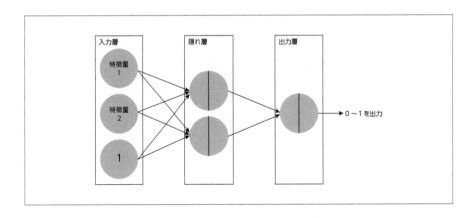

　ここまででニューラルネットワークが、どのようにデータを受け取って、そしてどのようにして予測を出すのかをイメージできたと思います。

　ここからは、より良い予測を出すために、ニューラルネットワークがどのように学習しているかを確認しましょう。

　前述の手順のとおり、ニューラルネットワークはデータを受け取って、予測値を算出します。その後、予測値と目的変数との差分を計算し、重みを更新します。そのときに利用するのが**勾配降下法**です。勾配降下法を利用し重みを更新することによって、より予測値と目的変数の差分が小さくなるような重みを取得します。重みを更新するときは、出力層からさかのぼって予測値と目的変数との差分が小さくなるように重みを更新します。出力層から重みを更新する方法を、**誤差逆伝播法**と言います。

10-2-2　複雑な関数を近似する［ディープラーニング］

　ディープラーニングは、**多層ニューラルネットワーク**とも呼ばれ、ニューラルネットワークの隠れ層を多層にしたものです。

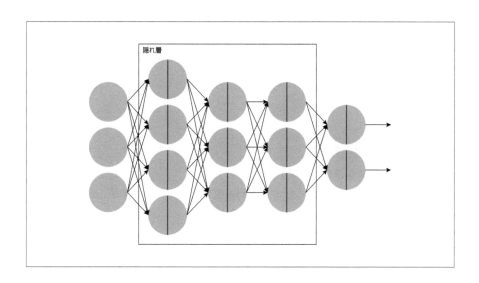

隠れ層を多層にすると何がうれしいかというと、任意の関数を近似することができるようになります（ニューラルネットワークの万能近似能力）。

つまり、以下のような複雑な決定境界についても、ディープラーニングならば実現できるのです。

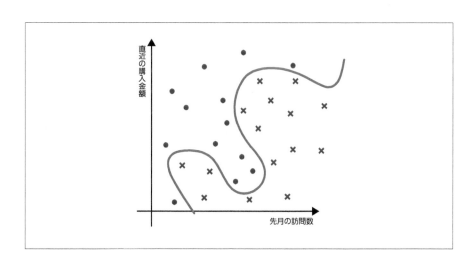

複雑な決定境界を引けるということは、予測精度の向上というメリットが見込めるということですが、デメリットもあります。それが過学習と学習時間です。

ディープラーニングでは複雑な決定境界を引くことができるので、学習データに

10

機械学習の基本

過度に適合してしまう過学習という状況を招くことがあります。また、ディープラーニングはニューラルネットワークと同様に、予測値と目的変数との差分が小さくなるような重みを獲得することがゴールです。そして隠れ層を増やし複雑な決定境界を実現するためには、求めるべき重みの数も多くなります。その結果、学習時間が膨大に必要になることがあります。

この項目の POINT

[ディープラーニングについて]
・**複雑な決定境界を引くことができ予測精度の向上を見込めるが、過学習になる可能性がある。**
・**学習時間が膨大に必要になることがある。**
・**予測値算出までの過程に対する解釈のしやすさが求められず、予測精度が重視される場面で利用される。**
・**画像認識やテキスト分析などで利用されることが多い。**

10-3　予測モデル作成の手順

10-2節まではさまざまな予測モデルについて学習しました。10-3節では、より予測精度の高い予測モデルを選択するために必要なパーツについて学習していきます。

10-3-1　精度の測り方［混同行列、AUC、MSE など］

ここでは、予測モデルの**精度評価指標**について学習していきます。

もし皆さんが業務でWeb広告を外注するとなった場合、さまざまな広告代理店の実績を比較して外注先を決定するはずです。予測モデルについても同様で、複数の予測モデルを作成した上で、より良い予測モデルが選択されます。

では"より良い"をどのように表現したらよいのでしょうか？ そこで出てくるのが精度評価指標です。使用される精度評価指標は、回帰問題と分類問題では異なります。

ここではまず回帰問題における精度評価指標について説明していきます。

▶ 回帰問題の精度評価指標

回帰問題においてよく利用される精度評価指標は、「MSE」「RMSE」「MAE」です。

MSE（Mean Squared Error）は平均二乗誤差と言います。これは実測値と予測値の差を2乗したものの平均です。

次にRMSEについて説明します。RMSE（Root Mean Squared Error）は、平均二乗誤差の正の平方根です。したがってMSEが算出できれば、RMSEも簡単に求めることができます。

MSEとRMSEの計算例は以下のとおりです。

ID	実測値（万円）	予測値（万円）	誤差（万円）	二乗誤差（万円 ^2）
001	10	9	1 (10 - 9)	1
002	20	18	2 (20 - 18)	4
003	10	8	2 (10 - 8)	4
004	25	28	- 3 (25 - 28)	9
			合計（万円 ^2）	18
			MSE（万円 ^2）	18/4
			RMSE（万円）	$\sqrt{18/4}$

上記の計算例を確認すると、MSEは18/4（万円^2）であるのに対して、RMSEは$\sqrt{18/4}$（万円）です。つまり、MSEは単位が2乗であるのに対して、RMSEは単位に2乗がついていません。そのため、RMSEは元のデータと単位が等しく、直感的に理解することができます。

また、MAE（Mean Absolute Error：平均絶対誤差）という指標もあります。MAEは、誤差の絶対値を合計しデータ数で割ったものです。MAEもRMSEと同様に8/4（万円）と表現できるので、直感的に理解しやすいものです。計算例は以下のとおりです。

10

機械学習の基本

ID	実測値（万円）	予測値（万円）	誤差（万円）	誤差の絶対値（万円）
001	10	9	1	1
002	20	18	2	2
003	10	8	2	2
004	25	28	- 3	3
			合計	8
			MAE	8/4

▶ 分類問題の精度評価指標

次に分類問題において、よく利用される精度評価指標について説明します。分類問題における代表的な指標は、「正解率」「適合率」「再現率」「F1値」「AUC」です。

まずこれらの指標について説明していきます。こうした指標を算出するために必要なのが、**混同行列**です。混同行列とは以下のような行列で、予測モデルを適用した結果を「**真陽性（True Positive）**」「**真陰性（True Negative）**」「**偽陽性（False Positive）**」「**偽陰性（False Negative）**」の4つに分けて、それぞれの件数をカウントすることによって作られます。

		予測	
		Positive	Negative
実際	Positive	真陽性（True Positive）	偽陰性（False Negative）
	Negative	偽陽性（False Positive）	真陰性（True Negative）

そして上記の混同行列が作成できれば、「正解率」「適合率」「再現率」「F1値」を計算することができます。

正解率は、以下の計算式で算出されます。

$$\frac{真陽性（TP）+真陰性（TN）}{真陽性（TP）+偽陽性（FP）+偽陰性（FN）+真陰性（TN）}$$

つまりこれは、全データのうち正しく予測できた件数の割合を表しています。

次に**適合率**です。適合率は以下の計算式で算出されます。

$$\frac{真陽性（TP）}{真陽性（TP）+偽陽性（FP）}$$

つまりこれは、Positiveだと予測したうち実際にPositiveであった件数の割合を表しています。

次に**再現率**です。再現率は以下の計算式で算出されます。

$$\frac{真陽性（TP）}{真陽性（TP）+偽陰性（FN）}$$

つまりこれは、実際にPositiveであったデータのうち、Positiveと予測できた割合を表しています。

以上、「正解率」「適合率」「再現率」を説明しましたが、なぜこのように複数の指標が必要なのでしょうか？

ここでインターネット回線の電話営業を例に考えていきましょう。今回のインターネット回線の電話営業の例では、コール数に対して実際に成約する件数がとても少ないとします。つまり、Negative（未成約）の件数に対して、Positive（成約）がとても少ないとします。

コール総数	成約	未成約
1000	5	995

今回は、コールリストの各顧客について成約と未成約を出力する予測モデルを作成します。

作成した予測モデルの出力から、以下の混同行列が作成できました。皆さんならどのように考えますか？

		予測	
		成約	未成約
実際	成約	1	4
	未成約	0	995

上記の混同行列より、

$$正解率は \frac{996}{1000} = 0.996 (= 99.6\%)$$

$$適合率は \frac{1}{1} = 1.0 (= 100.0\%)$$

$$再現率は \frac{1}{5} = 0.2 (= 20.0\%)$$

となります。

　正解率と適合率を見ると非常に予測精度の高い予測モデルが作成できたと考えられますが、再現率を見るとあまり予測精度の高い予測モデルとは言えなさそうです。

　また、今回の予測モデルでは「成約」と予測されたのが1件のみですが、インターネット回線の電話営業現場では一定数のコールスタッフを抱えていると想定できるので、「1件のみコールする」という結果に利用価値があると言えるでしょうか？このようなケースにおいては、一定数のコールスタッフを抱えていると考えられるので、正解率や適合率のみに着目した場合は、売上を上げることができません。このように分類問題は、ケースによって精度評価指標を考える必要があります。

　インターネット回線の電話営業の例のような、成約と未成約の比率が大きく異なるデータ（不均衡なデータ）の場合に、適合率と再現率の両方の精度評価指標を勘案するF1値という精度評価指標が参照されることが多いです。F1値は0～1の間をとる精度評価指標であり、「適合率は高いが再現率が低いモデル」や「適合率は低いが再現率が高いモデル」だと値が小さくなります。F1値が1に近いほど、適合率と再現率のどちらも高い予測モデルだと考えることができ、現実的な利用価値のあまりないモデルをはじくことができます。計算式は以下のとおりです。

$$F1 値 = \frac{2 \times 適合率 \times 再現率}{適合率 + 再現率}$$

実際にインターネット回線の電話営業の例でF1値を計算してみましょう。

		予測	
		成約	未成約
実際	成約	1	4
	未成約	0	995

$$適合率は \frac{1}{1} = 1.0 (= 100.0\%)$$

$$再現率は \frac{1}{5} = 0.2 (= 20.0\%)$$

$$F1 値は \frac{2 \times 1.0 \times 0.2}{1.0 + 0.2} = 0.33\ldots (= 33.3\%)$$

　ここまで「正解率」「適合率」「再現率」「F1値」の説明をしてきましたが、これらの精度評価指標を計算するには、混同行列を作成する必要があります。混同行列を作成するには、事前にしきい値を0.XXと設定し、「**成約である確率が0.XX以上ならば成約とし、0.XXより小さいのであれば未成約**」というルールを設ける必要があります。

　ここで気になるのが、「各顧客に対する成約である確率」だけを利用して、予測モデルの精度を評価できないかということです。そこで出てくるのがAUC（area under the curve）です。AUCは予測精度が高いときは1に近くなり、予測精度が低いときはAUCは0.5に近くなります。

　次からはAUCを説明していきますが、AUCを説明するにあたって必ず理解しなければならないのが「**ROC曲線** (Receiver Operating Characteristic Curve)」です。そのため、まずはROC曲線について説明していきます。

　まずROC曲線というのは、適当に決めたさまざまなしきい値における偽陽性率と真陽性率を計算し、縦軸を真陽性、横軸を偽陽性率とする図にプロットして線で結んだものです。

10

機械学習の基本

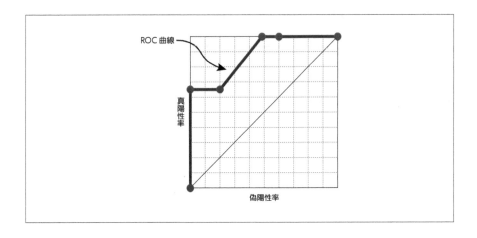

　ここで**真陽性率**とは、実際にPositive（成約）であったデータのうち、Positive
と予測できた割合であり、再現率と一緒です。**偽陽性率**とは、実際はNegative（未
成約）であったデータのうち、誤ってPositiveと予測した割合です。真陽性率と偽
陽性率の算出方法は以下のとおりです。

		予測	
		Positive	Negative
実際	Positive	真陽性（True Positive）	偽陰性（False Negative）
	Negative	偽陽性（False Positive）	真陰性（True Negative）

$$真陽性率 = \frac{真陽性（True\ Positive）}{真陽性（True\ Positive）+偽陰性（False\ Negative）}$$

$$偽陽性率 = \frac{偽陽性（False\ Positive）}{偽陽性（False\ Positive）+真陰性（True\ Negative）}$$

　さらにROC曲線を理解するために、インターネット回線の電話営業のケースで
実際にROC曲線を描いてみましょう。インターネット回線の電話営業のコールリ
ストに対して予測値（成約する確率）を算出したとします。

① まずここでは、各しきい値における予測フラグを記載してください（解答は後述）。

顧客ID	成約する確率	実測値（成約=1）	しきい値=0.2	しきい値=0.4	しきい値=0.6	しきい値=0.8
A001	0.05	0				
A002	0.92	1				
A003	0.84	1				
A004	0.64	0				
A005	0.43	0				
A006	0.23	0				
A007	0.54	0				
A008	0.12	0				
A009	0.45	1				

② 次に各しきい値における真陽性率と偽陽性率を計算してください。

しきい値=0.2, 0.4, 0.6, 0.8 のとき

		予測	
		成約（Positive）	未成約（Negative）
実際	成約（Positive）		
	未成約（Negative）		

真陽性率 =

偽陽性率 =

③ 上記の計算結果を以下の図にプロットした後、線で結んでください。

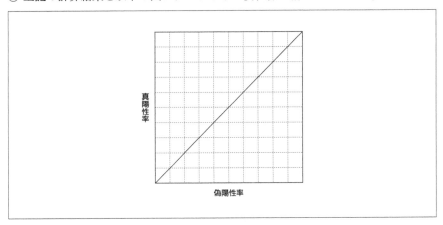

解答（①）

顧客ID	成約する確率	実測値（成約=1）	しきい値=0.2	しきい値=0.4	しきい値=0.6	しきい値=0.8
A001	0.05	0	0	0	0	0
A002	0.92	1	1	1	1	1
A003	0.84	1	1	1	1	1
A004	0.64	0	1	1	1	0
A005	0.43	0	1	1	0	0
A006	0.23	0	1	0	0	0
A007	0.54	0	1	1	0	0
A008	0.12	0	0	0	0	0
A009	0.45	1	1	1	0	0

解答（②）
しきい値 =0.2 のとき

		予測	
		成約（Positive）	未成約（Negative）
実際	成約（Positive）	3	0
	未成約（Negative）	4	2

$$真陽性率＝\frac{真陽性（True\ Positive）}{真陽性（True\ Positive）＋偽陰性（False\ Negative）}＝\frac{3}{3+0}＝1$$

$$偽陽性率＝\frac{偽陽性（False\ Positive）}{偽陽性（False\ Positive）＋真陰性（True\ Negative）}＝\frac{4}{4+2}＝\frac{2}{3}$$

しきい値 =0.4 のとき

		予測	
		成約（Positive）	未成約（Negative）
実際	成約（Positive）	3	0
	未成約（Negative）	3	3

$$真陽性率＝\frac{真陽性（True\ Positive）}{真陽性（True\ Positive）＋偽陰性（False\ Negative）}＝\frac{3}{3+0}＝1$$

$$偽陽性率＝\frac{偽陽性（False\ Positive）}{偽陽性（False\ Positive）＋真陰性（True\ Negative）}＝\frac{3}{3+3}＝\frac{1}{2}$$

10

機械学習の基本

しきい値 =0.6 のとき

		予測	
		成約（Positive）	未成約（Negative）
実際	成約（Positive）	2	1
	未成約（Negative）	1	5

$$真陽性率＝\frac{真陽性（\text{True Positive}）}{真陽性（\text{True Positive}）＋偽陰性（\text{False Negative}）}＝\frac{2}{2+1}＝\frac{2}{3}$$

$$偽陽性率＝\frac{偽陽性（\text{False Positive}）}{偽陽性（\text{False Positive}）＋真陰性（\text{True Negative}）}＝\frac{1}{1+5}＝\frac{1}{6}$$

しきい値 =0.8 のとき

		予測	
		成約（Positive）	未成約（Negative）
実際	成約（Positive）	2	1
	未成約（Negative）	0	6

$$真陽性率＝\frac{真陽性（\text{True Positive}）}{真陽性（\text{True Positive}）＋偽陰性（\text{False Negative}）}＝\frac{2}{2+1}＝\frac{2}{3}$$

$$偽陽性率＝\frac{偽陽性（\text{False Positive}）}{偽陽性（\text{False Positive}）＋真陰性（\text{True Negative}）}＝\frac{0}{0+6}＝\frac{0}{6}$$

解答（③）

　上記の手順によって作成されるのがROC曲線です。そしてAUC（Area Under the Curve）とはROC曲線の下側面積のことを指します。

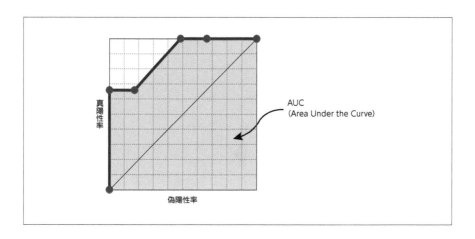

　上記のように、予測モデルがフラグ1のデータに対して高い陽性確率を出力し、フラグ0のデータに対して低い陽性確率を出力している場合は、AUCは1に近くなります。反対にフラグ1のデータに対しても、フラグ0のデータに対しても同程度の確率を出力する予測モデルは、AUCが0.5に近くなります。

この項目の POINT

- 回帰問題と分類問題では利用される精度評価指標が異なる。
- 陽性：陰性=1：99のような比率が大きく異なるデータ（不均衡なデータ）においては、すべてのデータを陰性だと予測することで、正解率が高くなってしまう。
- 不均衡なデータの場合に、適合率と再現率の両方の精度評価指標を勘案するF1値という精度評価指標を参照することが多い。
- ROC曲線は、適当に決めたさまざまなしきい値における偽陽性率と真陽性率を計算し、縦軸を真陽性率、横軸を偽陽性率とする図にプロットして線で結んでできる曲線であり、その曲線の下側面積をAUCという。

10

機械学習の基本

10-3-2　汎化性能の確認［クロスバリデーション］

　ここでは、**クロスバリデーション**という実験手法について学習していきます。

　このクロスバリデーションとは、予測モデルにおける汎化性能を評価する実験手法です。汎化性能とは、未知のデータに対する予測性能のことを指します。

　以下、クロスバリデーションでどのようにして汎化性能を評価するかを示します。

① 手元のデータを分割

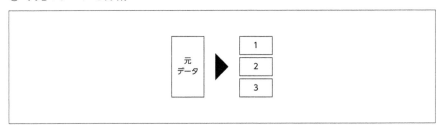

② 一部のデータを利用して予測モデルを学習

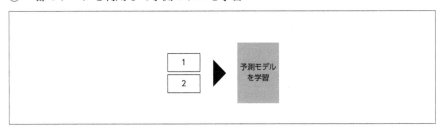

③ 学習に使わなかったデータ（テストデータ）で予測精度の確認

　上記の①から③を繰り返し、その平均的な精度を計算することで、汎化性能を評価できます。

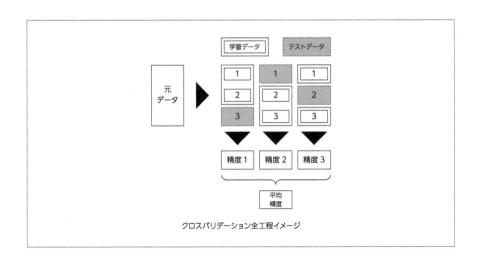

クロスバリデーション全工程イメージ

　ここからはイメージしやすいように、決定木におけるクロスバリデーションの活用を見ていきましょう。

　たとえば決定木のアルゴリズムでは、「どの程度分岐を続けるのか?」(つまり木の深さ)を決定することが必要でした。クロスバリデーションは、この「木の深さ」などのハイパーパラメータを決定するときに利用することができます。

　手順としては、まず「木の深さ」の候補を挙げます。以下が今回の例です。

・「木の深さ」が2
・「木の深さ」が5

　次に「木の深さ」が2のとき、「木の深さ」が5のときでクロスバリデーションを実施し、平均精度を求めます。最後に平均精度を比較し、平均精度が良い「木の深さ」を選択します。

　このようにクロスバリデーションを利用することで、「木の深さ」のような分析者が決定する必要のあるハイパーパラメータを、定量的な根拠をもとに決定することができます。

10

機械学習の基本

この項目の POINT

・**クロスバリデーションはデータを分割した後、一部のデータで学習し、学習に使っていないデータで検証を繰り返すことで汎化性能を確認する手法。**

10-3-3　より良い予測精度を求める
［ハイパーパラメータのチューニング］

　ここでは、ハイパーパラメータ のチューニング方法について説明していきます。

　まず**ハイパーパラメータ**とは、分析者が決定する必要のあるパラメータのことです。クロスバリデーションの説明の際は、決定木のハイパーパラメータである「木の深さ」を決定するために、いくつかの「木の深さ」の候補を挙げて、クロスバリデーションを実施しました。しかし、ランダムフォレストのような、複数のハイパーパラメータ（「木の深さ」「木の数」など）を考えなければならない場合は、複数のハイパーパラメータの組み合わせを1つ1つ考える必要があるのでしょうか？　そこで、ハイパーパラメータのチューニング方法として、グリッドサーチとランダムサーチについて説明します。

▶ グリッドサーチとは

　グリッドサーチとは、挙げられたハイパーパラメータの候補におけるすべての組み合わせを実施する方法です。

　たとえば、ランダムフォレストを作成するときに、「木の深さ」の候補を{5,10,20}として、「木の数」の候補を{100,150,200}とします。

　そして、精度の良いハイパーパラメータの組み合わせを見つけるために、「木の深さ」と「木の数」のすべての組み合わせで精度を確認します（3パターン×3パターン＝9パターン）。

　上記のとおり、グリッドサーチを行う際は、ハイパーパラメータの候補を挙げる必要があります。そのため、ある程度良いと思われるハイパーパラメータの候補が想定できている状態であれば良い方法だと考えられます。

▶ ランダムサーチとは

　ランダムサーチとは、ハイパーパラメータの候補を決定し、ハイパーパラメータごとに値をランダムに選んで組み合わせを作り、精度の良いハイパーパラメータの組み合わせを探索する手法です。ハイパーパラメータの候補となる値を一様分布から選出する場合は、指定した一様分布からランダムにハイパーパラメータが選出され、精度の良いハイパーパラメータの組み合わせが決定されます。

　たとえばランダムフォレストを作成するときに、「木の深さ」の候補として最小値が5、最大値が30の一様分布を指定し、「木の数」の候補として最小値が50、最大値が200の一様分布を指定します。それらの一様分布からランダムにハイパーパラメータの値が選出され、その選出されたハイパーパラメータの組み合わせによっ

て精度を算出します。

　上記の手順によってランダムに選んだ組み合わせの中で、最も良い精度のハイパーパラメータの組み合わせが決定されます。

　ランダムサーチは、ハイパーパラメータの候補を1つ1つ挙げる必要がないので、作業としては簡単ですが、すべての組み合わせを探索するわけではないので、理想的なハイパーパラメータではない可能性があります。

この項目の POINT

- グリッドサーチでは、分析者がハイパーパラメータの具体的な数値を考え、それらすべての組み合わせにおいて精度を計算し、最も良い精度のハイパーパラメータの組み合わせを決定する。
- ランダムサーチでは、ハイパーパラメータごとに値をランダムに選んで組み合わせを作り、最も良い精度のハイパーパラメータの組み合わせを決定する。
- ランダムサーチのハイパーパラメータの候補には分布も指定できる。一様分布を指定した場合は、指定した一様分布からランダムにハイパーパラメータが選出される。

10-4 代表的な教師なし学習

　ここでは教師なし学習という手法の中から、主成分分析とクラスター分析について解説します。前述の教師あり学習との違いは、目的変数が存在しないことです。

10-4-1　より少ない次元でデータを表現する
［主成分分析］

　主成分分析とは、多次元のデータを少ない次元に圧縮する手法のことです。少ない次元に圧縮することで、多次元のデータをグラフで表現できるなどのメリットがあります。

　今回は例として従業員ごとの今期の営業成績のデータをもとに説明していきます。

10

機械学習の基本

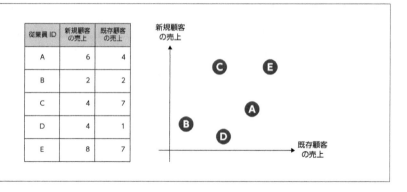

　従業員Eについては、「新規顧客の売上」「既存顧客の売上」の数字がともに最も高いので総合的に営業力の優れた従業員だと判断できますが、従業員Aと従業員Cではどちらが総合的に営業力の優れた従業員なのかを判断することが難しくなっています。そこで、「新規顧客の売上」「既存顧客の売上」という2次元のデータを、「営業総合力」という1次元のデータに圧縮して評価するというのが、主成分分析です。
　今回は「営業総合力」という軸は次の式で表現されます。

> 営業総合力＝「新規顧客の売上」の影響度×「新規顧客の売上」ポイント＋
> 　　　　　　「既存顧客の売上」の影響度×「既存顧客の売上」ポイント

　ここで「新規顧客の売上」の影響度や「既存顧客の売上」の影響度をどのように決定したらよいでしょうか？
　もし「新規顧客の売上」の影響度=0、「既存顧客の売上」の影響度=1とした場合、「営業総合力」=「既存顧客の売上」となってしまいます。

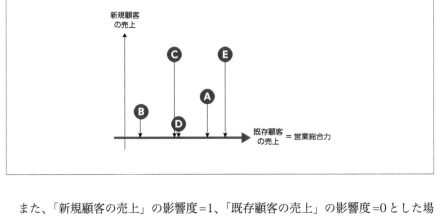

また、「新規顧客の売上」の影響度 =1、「既存顧客の売上」の影響度 =0 とした場合、「営業総合力」=「新規顧客の売上」となってしまいます。

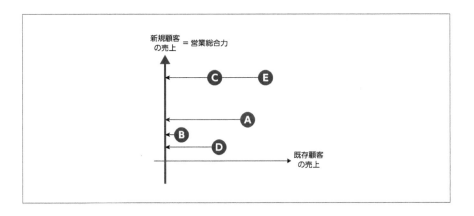

そこで考えられるのは、以下の図のような「新規顧客の売上」と「既存顧客の売上」の両方の情報を含んだ軸を「営業総合力」とするのがよいのではないかということです。

10

機械学習の基本

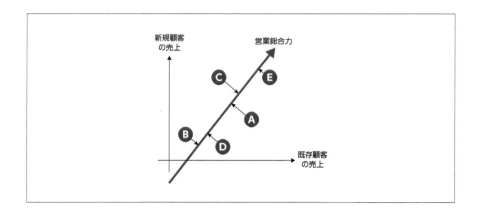

　それではこの「営業総合力」という軸をどのように求めたらよいのでしょうか？
以下ではこの「営業総合力」という軸の求め方について説明していきます。

▶「営業総合力」という軸の求め方

　結論から言えば、主成分分析では分散が最も大きくなるような軸を求めていきます。なぜ「分散が最も大きくなるような軸」かというと、分散とはデータの情報量だと解釈することができるからです。

　たとえば学校の理解度確認テストを想像してみてください。学校の理解度確認テストの目的が、理解度の高い生徒と低い生徒を見分けることだとします。そのときに「すべての学生が100点を取るテスト」と「理解度が高い生徒が100点に近く、理解度が低い生徒が0点に近いテスト」では、どちらがより多くの情報量を含んでいるでしょうか？　答えは、後者の「理解度が高い生徒が100点に近く、理解度が低い生徒が0点に近いテスト」です。

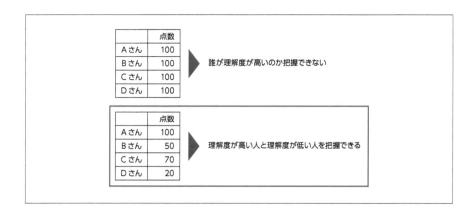

つまり、これは「データのばらつき（分散）が大きいと、個体差が現れやすい」ということを意味しています。したがって、主成分分析では「分散（＝情報量）が最も大きくなるような軸」を求めていきます。この「分散が最も大きくなるような軸」のことを第一主成分と言います。

今回の例では「営業総合力」は「分散が最も大きくなるような軸（第一主成分）」です。各商品の第一主成分上の座標のことを「第一主成分得点」と言います。

▶ 主成分分析の注意点（主成分の個数について）

上記では「分散（＝情報量）が最も大きくなるような軸」である第一主成分を見つけるという話をしました。しかし、主成分分析では、特徴量の数だけ主成分が求められてしまいます。

たとえば100次元のデータであった場合は、100次元の主成分が求まります。したがって、「多次元のデータに対して効率的に情報を表現する軸を発見し少ない次元に圧縮する」という元々の目標を達成するには、100個の主成分の中からより効率的に情報を表現する少数の主成分を選ぶ必要があります。

そこで着目するのが**累積寄与率**です。まず寄与率とは、全変数の分散の合計に占める、第i主成分の分散（＝情報量）の割合のことです。そして累積寄与率とは、寄与率を第1主成分から順に足し上げていったものです。ここで先ほどの100次元のデータの第1主成分（最も分散が大きい）と第2主成分（第1主成分の次に分散が大きい）による累積寄与率が80%であったとします。そうすると100次元のデータを2次元で表現しても、元々のデータの情報量を80%保持していると考えられます。

つまり、これは「多次元のデータに対して効率的に情報を表現する軸を発見し、（できるだけ情報量を失わずに）少ない次元に圧縮」できていると考えられます。

このように主成分分析では累積寄与率を参考にして、できるだけ情報量を失わずに少ない次元でデータを表現します。

この項目のPOINT

- 主成分分析は、多次元のデータに対して効率的に情報を表現する軸を発見し、できるだけ情報量を失わずに少ない次元でデータを表現する手法である。
- 少ない次元でデータを表現するときに参考とする指標としては累積寄与率がある。
- 累積寄与率とは、全変数の分散の合計に占める、第i主成分の分散（＝情報量）の割合を、第1主成分から順に足し上げたもの。

10

機械学習の基本

10-4-2　似ているデータをまとめる［クラスター分析］

　クラスター分析とは、似ているデータ同士のクラスター（集団、群）を作成する手法です。

　たとえば、ECサイトの登録ユーザーについて、似ているデータ同士のクラスターを作成するとします。クラスターの作成自体は人が実施することもできますが、「購入回数」「購入金額」など特定の変数に着目してクラスターを作成することになるでしょう。たとえば、購入金額に応じて、登録ユーザーを「優良ユーザー」「普通ユーザー」「低活動ユーザー」の3つのクラスターに分けることなどが考えられます。

　しかしクラスター分析を使えば、すべての特徴量を勘案して似ているデータ同士のクラスターを作成できます。そして本節では、クラスター分析の手法の1つであるk-means法についてお伝えします。

▶ クラスター分析の基本（k-means法）

　k-means法は、クラスター分析の基本的な手法の1つです。k-means法のアルゴリズムは簡単なので、まずはアルゴリズムについて紹介します。

＜k-means法の手順＞

① はじめにクラスター数であるKを決める。
　　※今回はK=2とします。

② K個のシードを置く。

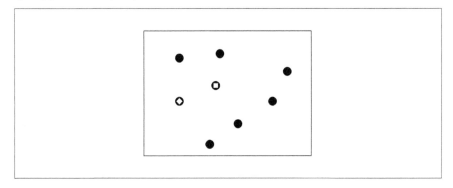

③ 各サンプルを最も近いシードと同じクラスターに分類する。

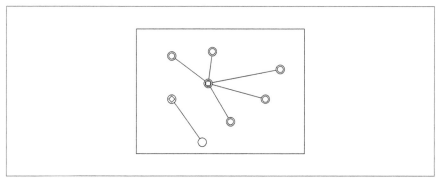

④ K個のクラスターそれぞれで重心（平均）を求め、それを新たなシードとして
更新する。

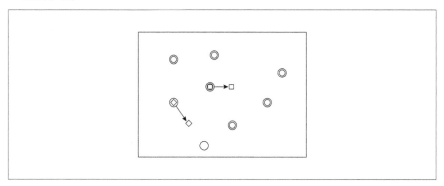

⑤ 重心の位置が変化しなくなるまで③〜④を繰り返す。

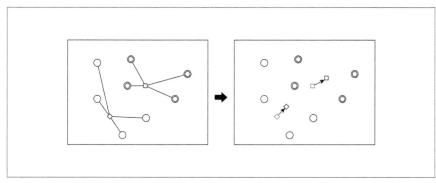

このようにk-means法を使うことによって、データをK個のクラスターに分割することができます。このクラスター数「K」については、分析者が決定しなければなりません。そしてクラスター数の決定で注意すべき主なポイントは、以下の3つです。

・目的関数の値の推移
・実務における利用場面
・クラスターの解釈しやすさ

▶ クラスター数の決定方法（目的関数の値の推移）

k-means法の目的関数は「各クラスターに含まれるデータ点からクラスターの重心までの距離の2乗の和」です。

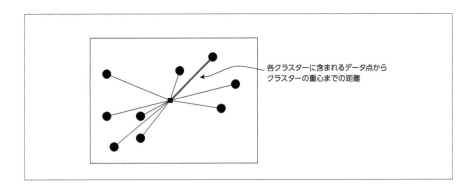

各クラスターに含まれるデータ点から
クラスターの重心までの距離

クラスター数を決定するときの指標として存在するのが**エルボーメソッド**です。エルボーメソッドは、上記のk-means法の目的関数の値が急激に減少し、その後変化がなだらかとなるポイントを、クラスター数として選択する方法です。

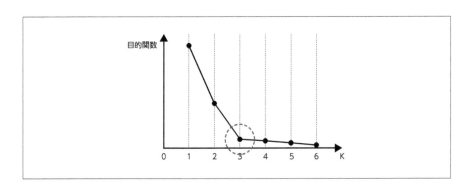

クラスター数の決定方法（実務における利用場面）

　たとえば、ECサイトの登録ユーザーに対して、単一パターンのダイレクトメールではなく、似ているユーザー同士のクラスターごとにDMを送る場面があったとします。もしマーケティングチームの人数が2名で、100クラスター分のDMのパターンを1日で作成するとなった場合、それは実現可能でしょうか？

　このようにクラスター数を決定するときは、クラスター分析の利用場面を意識する必要があります。

クラスター数の決定方法（クラスターの解釈しやすさ）

　k-means法で似ているデータ同士のクラスターを作成した後に、分析者は各クラスターの傾向の把握を行わなければなりません。上記のようなECサイトの似ているユーザー同士のクラスターごとにDMを送る場合、各クラスターがどのような傾向があるのかを、平均値や中央値を計算することで把握する必要があります。

　しかし、ときには各クラスターの傾向が把握しづらいことがあります。たとえば、ECサイトの各クラスターごとの平均値や中央値を見ても、各クラスターのユーザー像がイメージしづらかったり、現場の感覚と異なったりする場合です。k-means法ですべての問題が解決できるわけではないので、その場合は他のクラスター分析手法を考慮するとよいでしょう。

k-means法の注意点

　k-means法はアルゴリズムが単純であり使いやすいのですが、注意しなければならないことがあります。

　1つ目が「適切な特徴量を考える」ということです。k-means法では指定した特徴量をすべて勘案してクラスターを作成してくれますが、どのような特徴量を指定するかは分析者が決定します。上記の例でいうとECサイトの登録ユーザーにおいて、どのような特徴量を使用すると似ているユーザー同士のクラスターを作成できるかを、普段その業務に携わっている分析者が決定する必要があります。

　2つ目が「特徴量を標準化する」ということです。k-means法のアルゴリズムでも紹介しましたが、k-means法は直線距離を利用して各データをクラスターに分類しています。したがって、分散が大きい特徴量と分散が小さい特徴量でk-means法を実施した場合、実質的には分散が大きい特徴量でクラスターに分類していることになります。

　たとえば、ECサイトの登録ユーザーに対してk-means法を実施します。そのときの特徴量として「購入回数（例：5回）」「購入金額（例：5,000円）」を指定します。k-means法の目的関数は「各クラスターに含まれるデータ点からクラスター

10

機械学習の基本

の重心までの距離の2乗の和」なので、購入回数のような1桁程度の特徴量よりも、購入金額のような4桁程度の特徴量を重視したほうが、k-means法の目的関数の値が小さくなります。そのため、平均0、標準偏差1に標準化することで、分析者が指定したすべての特徴量を平等に扱ったクラスター分析が可能になります。

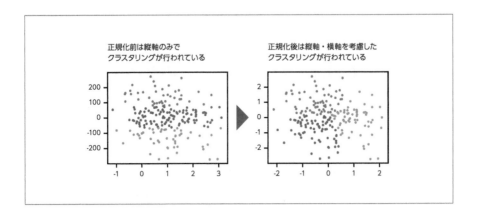

この項目のPOINT

- クラスター数Kを決めるときは、「**目的関数の値の推移**」「**実務における利用場面**」「**クラスターの解釈しやすさ**」を勘案して決定する。
- 類似性の高いクラスターを作成するために、どのような特徴量を使用するべきかは、分析者が決める必要がある。
- 分散の大きな特徴量のみでクラスタリングが行われないように、特徴量のスケールを合わせる。

10-5 この章のまとめ

　教師あり学習が取り組む典型的な問題は、回帰問題と分類問題の２つです。

　回帰問題では、連続数値である目的変数を予測し、分類問題ではフラグやラベルである目的変数を予測します。

「回帰問題」と「分類問題」によって大きく異なる点は、以下の３つです。

　・目的変数の値
　・予測モデル
　・精度評価指標

・教師なし学習のテーマ

　教師なし学習は、教師あり学習で利用したような目的変数を必要としません。

　教師なし学習が取り組む典型的な問題は、次元圧縮とクラスタリングの２つです。

　次元圧縮では、高次元データを可能な限り情報量を失わないようにして低次元で表現します。

　クラスタリングでは、同じクラスターラベルのデータ同士の性質が近くなるように、クラスターラベルを割り当てます。

▶ 第10章の関連用語

・アダブースト、勾配ブースティング決定木

　ランダムフォレストと同様に、アンサンブル学習の手法です。勾配ブースティング決定木は、データ分析コンペティションでも人気の手法になっています。

・ベイズ最適化

　グリッドサーチやランダムサーチと同様に、ハイパーパラメータの調整方法の１つです。精度向上につながる可能性があるので、データ分析コンペティションでも人気の手法になっています。

・畳み込みニューラルネットワーク（CNN）

　画像や動画認識において優れた性能を発揮しているネットワークです。

・転移学習

　すでにあるタスクにおいて学習が行われている（重み調整済み）ネットワークを、

他タスクに適用する手法です。学習時間が膨大にかかるディープラーニングにおいて、短い時間で学習が可能になります。

・特異値分解（SVD）、非負値行列分解（NMF）

主成分分析と同じ次元圧縮の手法です。

・k-means++ 法

k-means法の初期シードの選択を改良したものです。k-means法はランダムに初期シードを選択しましたが、k-means++法では初期のシードをなるべく離して配置します。

・階層型クラスタリング、スペクトラルクラスタリング

k-means法と同じクラスタリング手法です。

Part 4

理解しておくべき技術

第11章

Excelでできるデータ分析

　普段から職場で触れられることの多いExcelは、データ分析にも活用できます。読者の皆さんもExcelを用いてデータ分析を行ってみようと思ったことがあるかもしれません。データ分析の第一歩として、データの集計があります。この章では、身近なExcelを用いて、データの集計を行ってみましょう。実際の実務では、Excelでは集計できない量のデータをSQLやPythonなどのプログラミング言語を用いて集計を行う場合があります。しかし、Excelを用いてデータ集計ができるようになると、どのような集計を行うかについて言語化し、作業を把握して効率化できるようになります。

11-1　ピボットテーブル

　ここでは、ピボットテーブルについて説明します。ピボットテーブルはExcelで集計をする際に必ずと言っていいほど使う方法です。サンプルのデータを用いて、実施に手を動かしながら理解していきましょう。なお、本章で使用しているのはMicrosoft Excel for Mac 16.44（macOS Catalina 10.15）です。

11-1-1　ピボットテーブルとは

　ピボットテーブルは、Excelの標準機能で、データを集計する際に使います。たとえば下の図で、左の表から右の表へと集計する際にピボットテーブルを使うことで、簡単に集計することができます。ピボットテーブルではさらに、さまざまな角度からデータを集計・分析することができます。

月	カテゴリ	金額
1月	人件費	￥3,000,000
1月	交通費	￥ 200,000
1月	外注費	￥1,800,000
1月	広告費	￥ 300,000
2月	人件費	￥3,500,000
2月	交通費	￥ 170,000
2月	外注費	￥1,450,000
2月	広告費	￥ 280,000
3月	人件費	￥3,280,000
3月	交通費	￥ 370,000
3月	外注費	￥2,500,000
3月	広告費	￥ 20,000

合計 / 金額	列ラベル				
行ラベル	外注費	交通費	広告費	人件費	総計
1月	1800000	200000	300000	3000000	5300000
2月	1450000	170000	280000	3500000	5400000
3月	2500000	370000	20000	3280000	6170000
総計	5750000	740000	600000	9780000	16870000

11-1-2　ピボットテーブルを使ってみよう

　まずは、Excelを実際に動かしながら、ピボットテーブルを使った簡単な集計を実行してみましょう。

　ここで使用するのは、小売店の売上データです。ピボットテーブルを用いて、店舗ごとの売上を合計し年ごとに集計します。

	A	B	C	D	E	F
1	店舗	年	月	担当者	販売個数	売上
2	AAA	2019	1月	田中	19	3382
3	AAA	2019	2月	田中	26	5148
4	AAA	2019	3月	田中	22	3938
5	AAA	2019	4月	田中	22	4488
6	AAA	2019	5月	田中	14	2086
7	AAA	2019	6月	田中	14	2800

　本書のサンプルデータとして用意されている、第11章_売上記録.xlsxの「売上デー
タ」のシートを開いてください。

　ここからはピボットテーブルの操作方法を、順を追って説明していきます。

① Excelのタブにある［挿入］をクリックします。すると、タブの下のリボンに「ピ
　ボットテーブル」の文字が出てきます。［ピボットテーブル］をクリックしてく
　ださい。

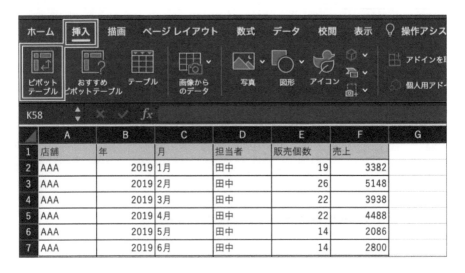

② ［ピボットテーブル］をクリックすると［ピボットテーブルの作成］画面が表示
　されます。

　必要な項目を設定します。下記の項目と図を参照してください。

11

［テーブルまたは範囲を選択］：「売上データ !$A$1:$F$265」
［既存のワークシートを選択］：「売上データ !$I$2」

入力が完了できたら、［OK］をクリックしてください。

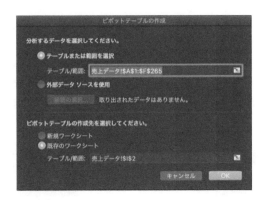

③ 集計するための表を作っていきます。
　［ピボットテーブルのフィールド］ウィンドウ（フィールドリスト）を使います。

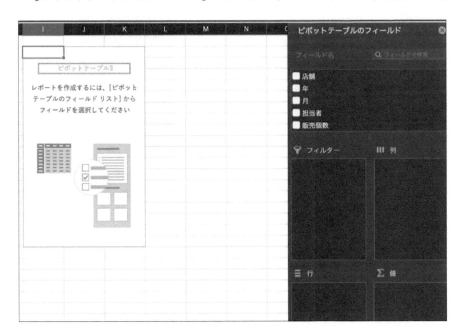

今回は、年ごとの各店舗の売上の合計を出したいと考えています。［ピボットテーブルのフィールド］ウィンドウで必要なフィールドにチェックを入れ、それぞれの項目を設定します。以下の項目と図を参照してください。

行：店舗
列：年
値：売上

なお［ピボットテーブルのフィールド］ウィンドウでは、下のボックス間のドラッグ＆ドロップでそれぞれの「フィールド名」を行、列、値の項目に動かすことができます。

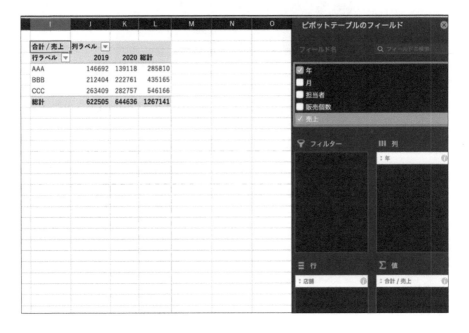

以上が基本的なピボットテーブルの作り方です。
次の項で発展的な使い方を見ていきましょう。

11-1-3　発展的な使い方

　この項では、ピボットテーブルの発展的な使い方として、3つの内容について紹介します。1つ目は、合計以外の集計方法についてです。そして2つ目は、サブカテゴリー単位での集計についてです。最後に3つ目はフィルター機能の使い方です。

▶ 1つ目：合計以外の集計方法

　合計値が表示されている部分を変更して、平均値を表示してみましょう。集計方法を変更するやり方はいくつかあるので、そのうちの1つを紹介します。

① ［ピボットテーブルのフィールド］ウィンドウの［値］にある売上の項目を右クリックし、そこで［フィールドの設定］を選択します（Windows 10 の Excel 2019 などでは売上の項目をクリックして［値フィールドの設定］を選択）。

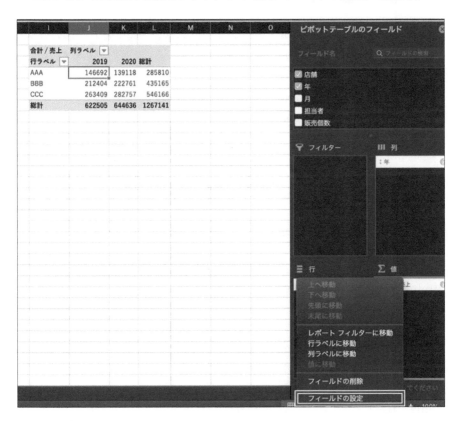

② 次に［集計の方法］を変更します。

　現在は、［合計］が選択されているので、［平均］を選択し［OK］をクリックしてください。

　以下の図のようにピボットテーブルの左上のセルが、「合計/売上」から「平均/売上」へと変わっていることから平均で集計されていることがわかります。

平均 / 売上	列ラベル ▼		
行ラベル ▼	2019	2020	総計
AAA	4074.777778	3864.388889	3969.583333
BBB	5900.111111	6187.805556	6043.958333
CCC	4390.15	4712.616667	4551.383333
総計	4715.94697	4883.606061	4799.776515

　集計方法は、合計、平均以外にも、最大や最小などさまざまな方法があるので、［集計の方法］の画面から適切に選択して集計してください。

▶ 2つ目：サブカテゴリーごとの集計

　今までは、店舗と年度の切り口で集計していました。店舗には複数の担当者がいるので、担当者別に売上の合計を集計したいと考えました。

　そのようなときには、［ピボットテーブルのフィールド］ウィンドウで、担当者の項目を設定します。ここでは、担当者を［行］の項目として設定します。すると次の図のように店舗ごと、さらに担当者ごとに集計できます。

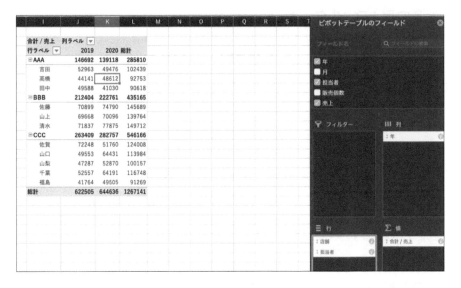

項目の粒度は、行の位置によって変わります。以下の図のように行の「店舗」と「担当者」の位置を変更することで、ピボットテーブルの項目の粒度が変わります。

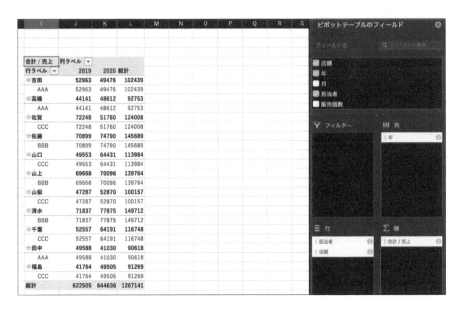

3つ目：フィルター機能

発展的な使い方の最後は、フィルター機能についてです。ここで少し、参照例を変更して、2019年と2020年の売上の合計を比較します。

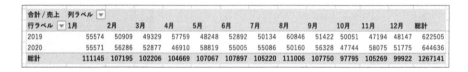

その際に、店舗が「AAA」「BBB」「CCC」と3店舗あるので、そこで1店舗だけで集計結果を確認したいとします。

[ピボットテーブルのフィールド] ウィンドウで、[フィルター] の項目に店舗を持っていきます。するとピボットテーブルの上の行に、フィルターの項目が表示されます。

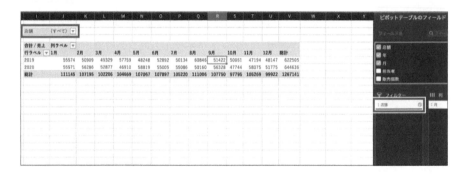

あとは、フィルターの機能を使って対象の店舗を選択します。

以上、ピボットテーブルについて3つの発展的な使い方を見てきました。この3つを組み合わせることで、さまざまな集計を行うことができるようになります。

初めのうちは、思いどおりの集計がなかなかできないかもしれませんが、慣れるとすぐにできるようになります。何度か繰り返し練習してみましょう。

11-2　データ集計に必要な関数

前節では、ピボットテーブルによる集計について紹介しました。この節では、データの集計でよく使われるExcel関数について紹介していきます。Excel関数を使いこなせるようになると作業効率が上がります。また、Excel関数を使うことによって、元のデータだけでは把握できないさまざまな視点でデータを分析することができます。

11-2-1　Excel関数とは

Excel関数とは、さまざまな計算をするためにあらかじめExcelに準備されている関数のことを言います。いくつものセルの合計を計算したいときや、平均を計算したいときなどに、数式を自分で作成せずに、既存のExcel関数を活用することで、すばやくミスなく計算することができます。

以降では、基本的なExcel関数について説明していきます。

11-2-2　SUM関数

まずはSUM関数です。この関数は合計を計算する際に使います。例を用いて、実際にExcelで試してみましょう。

今回の例では、1行ごとに商品A、商品B、商品Cの売上金額を足し上げます。第11章_売上記録.xlsxの「売上データ_2」のシートを開いてください。

	A	B	C	D	E	F	G
1	店舗	年	月	担当者	商品A（万円）	商品B（万円）	商品C（万円）
2	AAA	2019	1	田中	60.30	76.45	38.36
3	AAA	2019	1	高橋	65.34	67.08	63.07
4	AAA	2019	1	吉田	59.68	78.92	67.44
5	BBB	2019	1	山上	30.11	53.24	61.53
6	BBB	2019	1	佐藤	52.94	65.54	64.47
7	BBB	2019	1	清水	66.20	78.27	65.02
8	CCC	2019	1	千葉	49.50	86.58	58.19
9	CCC	2019	1	福島	57.10	54.49	65.75

まずは、次の図のようにH列に「売上合計」の列を作成します。

	A	B	C	D	E	F	G	H
1	店舗	年	月	担当者	商品A（万円）	商品B（万円）	商品C（万円）	売上合計
2	AAA	2019	1	田中	60.30	76.45	38.36	
3	AAA	2019	1	高橋	65.34	67.08	63.07	
4	AAA	2019	1	吉田	59.68	78.92	67.44	
5	BBB	2019	1	山上	30.11	53.24	61.53	
6	BBB	2019	1	佐藤	52.94	65.54	64.47	
7	BBB	2019	1	清水	66.20	78.27	65.02	
8	CCC	2019	1	千葉	49.50	86.58	58.19	

もしSUM関数を使わなかった場合は、計算式を入力するかと思います。ここでは、H2セルに「=E2+F2+G2」と入力し3つの商品の売上を足しています。しかし、商品数が、10個や20個と増えていった際には、計算式を作成するのは少し大変です。

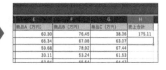

SUM関数を使うと、次の図のようになります。H2セルに「=SUM(E2:G2)」と入力することで、3つの商品の売上を合計します。

SUM関数	=SUM(合計する範囲)

	A	B	C	D	E	F	G	H
STDEV.S					f_x	=SUM(E2:G2)		
1	店舗	年	月	担当者	商品A (万円)	商品B (万円)	商品C (万円)	売上合計
2	AAA	2019	1	田中	60.30	76.45	38.36	=SUM(E2:G2)
3	AAA	2019	1	高橋	65.34	67.08	63.07	
4	AAA	2019	1	吉田	59.68	78.92	67.44	
5	BBB	2019	1	山上	30.11	53.24	61.53	
6	BBB	2019	1	佐藤	52.94	65.54	64.47	
7	BBB	2019	1	清水	66.20	78.27	65.02	
8	CCC	2019	1	千葉	49.50	86.58	58.19	

次に各行に計算式を適用していきます。

H2のセルの右下にカーソルを合わせてダブルクリックすると「売上合計」の列全体に計算式を適用できます。これは、**オートフィル**という機能で、関数が入った数式をコピーできます。H列に設定したオートフィルは、G列に入力されている値がある行まで適用されます。

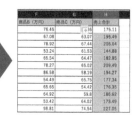

この項では、SUM関数について紹介しました。合計を計算する際には、計算式で1つ1つ足し算（＋）を用いて計算するのではなく、SUM関数を使って計算するようにしましょう。

11-2-3　IF 関数

次はIF関数です。この関数は、条件によって値を変更する際に使います。例を用いて、実際にExcelで試してみましょう。

今回の例では、商品A、B、Cの売上金額の合計が200万円を超えているかをチェックしたいとします。先ほどと同じく第11章_売上記録.xlsxの「売上データ_2」のシートを開いてください。

まずは、次の図のようにI列に「200万円以上チェック」の列を作成します。

	A	B	C	D	E	F	G	H	I
1	店舗	年	月	担当者	商品A（万円）	商品B（万円）	商品C（万円）	売上合計	200万円以上チェック
2	AAA	2019	1	田中	60.30	76.45	38.36	175.11	
3	AAA	2019	1	高橋	65.34	67.08	63.07	195.49	
4	AAA	2019	1	吉田	59.68	78.92	67.44	206.04	
5	BBB	2019	1	山上	30.11	53.24	61.53	144.88	
6	BBB	2019	1	佐藤	52.94	65.54	64.47	182.95	
7	BBB	2019	1	清水	66.20	78.27	65.02	209.49	

　IF 関数を使い、対象の列に、売上合計が 200 万円以上であれば 1 を、200 万円未満であれば 0 を出力するようにしたいと考えています。

　この場合、I2 セルに「=IF(H2>=200,1,0)」と入力し、200 万円以上で 1、200 万円未満なら 0 を出力するように計算式を作成します。

IF 関数	=IF(論理式 , 論理式が正しい場合の出力 , 論理式が正しくない場合の出力)
	論理式：判断の対象となる数式のことを指します。今回の場合は、200 万円以上かどうかを数式を使って表します。この部分では、「＝（イコール）」や「＜（小なり）」「＞（大なり）」「＜＝（小なりイコール）」「＞＝（大なりイコール）」などの不等式が使われます。
	論理式が正しい場合の出力、論理式が正しくない場合の出力：条件に応じた処理を記載します。今回は 1、0 と数字を出力していますが、文字列（○、×）なども出力できます。文字列を出力する場合は、「=IF(H2>=200," ○ "," × ")」のように文字列の部分は「" "」で囲いましょう。

	A	B	C	D	E	F	G	H	I
1	店舗	年	月	担当者	商品A（万円）	商品B（万円）	商品C（万円）	売上合計	200万円以上チェック
2	AAA	2019	1	田中	60.30	76.45	38.36	175.11	=IF(H2>=200,1,0)
3	AAA	2019	1	高橋	65.34	67.08	63.07	195.49	
4	AAA	2019	1	吉田	59.68	78.92	67.44	206.04	

　次に各行に計算式を適用していきます。

　I2 のセルの右下にカーソルを合わせてダブルクリックすると「200 万円以上チェック」の列全体に計算式が適用できます。

この項では、IF関数について紹介しました。条件によって出力を変更したい場合には、IF関数を使いましょう。

11-2-4 COUNT関数とCOUNTIF関数

次はCOUNT関数とCOUNTIF関数です。これらの関数は要素数を数える際に使います。例を用いて、実際にExcelで試してみましょう。その中で、COUNT関数とCOUNTIF関数の使い分けについても理解していきましょう。

今回の例では、前項で作成した商品A、B、Cの売上金額の合計が200万円を超えているかのチェック列を用いて、どのくらいの割合で200万円を超えているのかを確認したいとします。

先ほどと同じく、第11章_売上記録.xlsxの「売上データ_2」のシートを開いてください。

まずは、次の図のように、L列とM列に「全体のデータ数」と「200万円以上のデータ数」を集計するための枠を作成します。

STEP1：全体のデータ数を算出する

こちらのSTEPではCOUNT関数を使い「全体のデータ数」を計算します。

M2セルに「=COUNT(I2:I133)」と入力し数値データの数を数えます。今回の場合は132件のデータがあることがわかりました。

COUNT 関数	=COUNT(数える範囲)

fx =COUNT(I2:I133)

	I	J	K	L	M	
	200万円以上チェック					
.11	0			全体のデータ数	=COUNT(I2:I133)	
.49	0			200万円以上のデータ数		
.04	1					
.88	0					
.95	0					
.49	1					

fx

	I	J	K	L	M	
	200万円以上チェック					
.11	0			全体のデータ数	132	
.49	0			200万円以上のデータ数		
.04	1					
.88	0					
.95	0					
.49	1					

STEP2：200万円以上のデータ数を算出する

こちらのSTEPではCOUNTIF関数を使い「200万円以上のデータ数」を計算します。

M3セルに「=COUNTIF(I2:I133,1)」と入力すると、200万円以上のデータ数を表示することができます。今回の場合は26件のデータがあることがわかりました。

COUNTIF 関数	=COUNTIF(数える範囲 , 検索条件)
	検索条件：この検索条件に一致した数を数えることができます。今回の例では、数える範囲の中で「1」となっているデータ数を数えています。

=COUNTIF(I2:I133,1)						
	I	J	K	L	M	N
	200万円以上チェック					
.11	0			全体のデータ数	132	
.49	0			200万円以上のデータ数	=COUNTIF(I2:I133,1)	
.04	1					
.88	0					
.95	0					
.49	1					

	I	J	K	L	M	N
	200万円以上チェック					
.11	0			全体のデータ数	132	
.49	0			200万円以上のデータ数	26	
.04	1					
.88	0					
.95	0					
.49	1					

STEP3：割合を求める

こちらのSTEPでは、200万円以上のデータ数がどのくらいの割合なのかを確認します。

割合を計算するためのセルを作成します。

	I	J	K	L	M
	200万円以上チェック				
.11	0			全体のデータ数	132
.49	0			200万円以上のデータ数	26
.04	1			200万円以上のデータ数の割合	
.88	0				
.95	0				
.49	1				

M4セルに「=M3/M2」と入力し割合を計算します。

全体のデータ数	132
200万円以上のデータ数	26
200万円以上のデータ数の割合	=M3/M2

全体のデータ数	132
200万円以上のデータ数	26
200万円以上のデータ数の割合	0.1969697

　これで、200万円以上の割合が計算できました。

　この項では、COUNT関数とCOUNTIF関数について紹介しました。指定した範囲のデータ数を数えたいときにはCOUNT関数を使いましょう。また、指定した範囲のうち、ある条件に一致するデータ数を数えたいときにはCOUNTIF関数を使いましょう。

11-2-5　VLOOKUP関数

　次はVLOOKUP関数です。この関数は、別の表から、条件に合った値を検索する際に使います。例を用いて、実際にExcelで試してみましょう。

　今回の例では、商品ごとに売上を計算したいと考えています。第11章_売上記録.xlsxの「売上データ_3」のシートを開いてください。

	D	E	F	G	H	I	J	K	L	M
	担当者	商品名	販売個数					商品テーブル		
1	高橋	商品A	12					商品名	商品コード	単価（円）
1	高橋	商品B	23					商品A	T0001	¥18,600
1	高橋	商品C	24					商品B	T0002	¥12,500
1	田中	商品A	25					商品C	T0003	¥9,800
1	田中	商品B	26							

　左側の表では商品名と販売個数がわかっています。そして右側にある表「商品テーブル」では、商品名と単価がわかっています。

　まずは、次の図のようにG列とH列に「商品単価」と「売上」を集計するための列を作成します。

	D	E	F	G	H	I	J	K	L	M
	担当者	商品名	販売個数	商品単価	売上			商品テーブル		
	高橋	商品A	12					商品名	商品コード	単価（円）
	高橋	商品B	23					商品A	T0001	¥18,600
	高橋	商品C	24					商品B	T0002	¥12,500
	田中	商品A	25					商品C	T0003	¥9,800
	田中	商品B	26							

STEP1：商品単価を入力する

こちらのSTEPでは、VLOOKUP関数で商品テーブルを使って「商品単価」を入力します。

G2セルに「=VLOOKUP(E2,$K$3:$M$5,3,FALSE)」と入力し、商品テーブルから対象となる価格（単価）を抽出します。

この場合、左の表は商品名が「商品A」なので、「商品テーブル」の商品Aの単価¥18,600がG2のセルに出力されます。

VLOOKUP 関数	=VLOOKUP(検索値 , 範囲 , 列番号 , 検索方法)
	検索値：検索する値を入力します。今回の例では、左の表の商品名のセルを選択しています。
	範囲：検索する先の範囲を選択します。今回の例では、右の表「商品テーブル」を検索対象とするので、「$K$3:$M$5」と入力し、表を選択しています。選択した範囲の左の列から検索値と一致する値が探索されます。
	列番号：検索する先の表の列を指定します。今回の例では、右の表「商品テーブル」の3列目である「単価（円）」の列の値がほしいので、「3」と入力しています。
	検索方法：近似一致を検索する場合は TRUE、完全一致を検索する場合は FALSE を指定します。今回の例では、完全一致を指定しています。

担当者	商品名	販売個数	商品単価	売上				商品テーブル		
髙橋	商品A	12	=VLOOKUP(E2,$K$3:$M$5,3,FALSE)					商品名	商品コード	単価（円）
髙橋	商品B	23						商品A	T0001	¥18,600
髙橋	商品C	24						商品B	T0002	¥12,500
田中	商品A	25						商品C	T0003	¥9,800
田中	商品B	26								

次に各行に計算式を適用していきます。

G2のセルの右下にカーソルを合わせてダブルクリックすると「商品単価」の列全体に計算式が適用できます。

| fx | =VLOOKUP(E2,$K$3:$M$5,3,FALSE) |

	C	D	E	F	G	H
	月	担当者	商品名	販売個数	商品単価	売上
)19	1	高橋	商品A	12	18600	
)19	1	高橋	商品B	23		
)19	1	高橋	商品C	24		
)19	1	田中	商品A	25		
)19	1	田中	商品B	26		
)19	1	田中	商品C	34		

E	F	G	H
	販売個数	商品単価	売上
	12	18600	
	23	12500	
	24	9800	
	25	18600	
	26	12500	
	34	9800	
	8	18600	
	32	12500	

STEP2：売上を求める

H2 セルに「=F2*G2」と入力し売上を計算します。

STDEV.S	▲▼	× ✓ fx	=F2*G2				
	A	B	C	D	E	F	G	H
1	店舗	年	月	担当者	商品名	販売個数	商品単価	売上
2	AAA	2019	1	高橋	商品A	12	18600	=F2*G2
3	AAA	2019	1	高橋	商品B	23	12500	
4	AAA	2019	1	高橋	商品C	24	9800	
5	AAA	2019	1	田中	商品A	25	18600	
6	AAA	2019	1	田中	商品B	26	12500	
7	AAA	2019	1	田中	商品C	34	9800	
8	AAA	2019	1	吉田	商品A	8	18600	

次に各行に計算式を適用していきます。

H2 のセルの右下にカーソルを合わせてダブルクリックすると「売上」の列全体
に計算式が適用できます。

H2	▲▼	× ✓ fx	=F2*G2					
	A	B	C	D	E	F	G	H
1	店舗	年	月	担当者	商品名	販売個数	商品単価	売上
2	AAA	2019	1	高橋	商品A	12	18600	223200
3	AAA	2019	1	高橋	商品B	23	12500	
4	AAA	2019	1	高橋	商品C	24	9800	
5	AAA	2019	1	田中	商品A	25	18600	
6	AAA	2019	1	田中	商品B	26	12500	
7	AAA	2019	1	田中	商品C	34	9800	
8	AAA	2019	1	吉田	商品A	8	18600	

F	G	H
販売個数	商品単価	売上
12	18600	223200
23	12500	287500
24	9800	235200
25	18600	465000
26	12500	325000
34	9800	333200
8	18600	148800
32	12500	400000

この項では、VLOOKUP 関数について紹介しました。別の表のデータを参照する
際には、VLOOKUP 関数を使用しましょう。

11-2-6　その他の便利な関数

　前項で紹介した関数以外にも、便利なExcel関数が多くあります。この項では、まだ紹介できていないExcel関数から3種類を紹介します。

　第11章_売上記録.xlsxの「売上データ_2」のシートを開いてください。

　1つ目はAVERAGE関数です。AVERAGE関数は、選択した範囲での平均値を計算してくれる関数です。

AVERAGE 関数	=AVERAGE(平均を計算する範囲)

例）1商品ごとの平均売上の計算

　J1セルに「1商品あたりの平均売上」と入力します。

　そして、J2セルに「=AVERAGE(E2:G2)」と入力します。

fx =AVERAGE(E2:G2)

	C	D	E	F	G	H	I	J
	月	担当者	商品A（万円）	商品B（万円）	商品C（万円）	売上合計	200万円以上チェック	1商品あたりの平均売上
019	1	田中	60.30	76.45	38.36	175.11	0	=AVERAGE(E2:G2)
019	1	高橋	65.34	67.08	63.07	195.49	0	
019	1	吉田	59.68	78.92	67.44	206.04	1	
019	1	山上	30.11	53.24	61.53	144.88	0	
019	1	佐藤	52.94	65.54	64.47	182.95	0	
019	1	清水	66.20	78.27	65.02	209.49	1	

　J2のセルの右下にカーソルを合わせてダブルクリックすると「1商品あたりの平均売上」の列全体に計算式が適用できます。

fx =AVERAGE(E3:G3)

	C	D	E	F	G	H	I	J
	月	担当者	商品A（万円）	商品B（万円）	商品C（万円）	売上合計	200万円以上チェック	1商品あたりの平均売上
2019	1	田中	60.30	76.45	38.36	175.11	0	58.37
2019	1	高橋	65.34	67.08	63.07	195.49	0	65.16
2019	1	吉田	59.68	78.92	67.44	206.04	1	68.68
2019	1	山上	30.11	53.24	61.53	144.88	0	48.29
2019	1	佐藤	52.94	65.54	64.47	182.95	0	60.98
2019	1	清水	66.20	78.27	65.02	209.49	1	69.83

　次は、MAX関数、MIN関数です。MAX関数は選択した範囲の最大値を、MIN関数は選択した範囲の最小値を計算してくれる関数です。

| MAX 関数 | =MAX(対象の範囲) |
| MIN 関数 | =MIN(対象の範囲) |

例）売上合計の最大値と最小値を計算する

　N6 と N7 のセルに「最大売上」「最小売上」を計算するためのセルを追加します。

	担当者	商品A (万円)	商品B (万円)	商品C (万円)	売上合計	200万円以上チェック	1商品あたりの平均売上				全体のデータ数	132
2	1 田中	60.30	76.45	38.36	175.11	0	58.37				200万円以上の数	26
3	1 系鏡	65.34	67.08	63.07	195.49	0	65.16				200万円以上の割合	0.1969697
4	1 吉田	59.68	78.92	67.44	206.04	1	68.68					
5	1 山上	30.11	53.24	61.53	144.88	0	48.29					
6	1 佐藤	52.94	65.54	64.47	182.95	0	60.98				最大売上	
7	1 添水	66.20	78.27	65.02	209.49	1	69.83				最小売上	
8	1 千葉	49.50	86.58	58.19	194.27	0	64.76					

　そして、最大売上を求めるために O6 セルに「=MAX(H2:H133)」と入力します。また、最小売上を求めるために、O7 セルに「=MIN(H2:H133)」と入力します。

(円)	売上合計	200万円以上チェック	1商品あたりの平均売上				全体のデータ数	132
38.36	175.11	0	58.37				200万円以上の数	26
63.07	195.49	0	65.16				200万円以上の割合	0.1969697
67.44	206.04	1	68.68					
61.53	144.88	0	48.29					
64.47	182.95	0	60.98				最大売上	=MAX(H2:H133)
65.02	209.49	1	69.83				最小売上	
58.19	194.27	0	64.76					

　そうすると、それぞれ次の図のように求められます。

| 最大売上 | 244.88 |
| 最小売上 | 128.69 |

　最後は RANK 関数です。RANK 関数は選択した範囲の中で、その値の順位を計算してくれる関数です。

RANK 関数	=RANK(数値 , 参照 , 順序)
	数値：対象の値を入力します。以下の例では、「売上合計」のセルを選択しています。
	参照：比較する範囲を選択します。以下の例では、「売上合計」の列を選択しています。
	順序：降順、昇順を選択します。降順を選択したい場合は「0」を、昇順を選択したい場合は「1」を入力します。

例）売上合計のランキングを求める

K1 セルに「売上合計の順」と入力します。

そして、K2 セルに「=RANK(H2,H$2:H$133,0)」と入力します。

（円）	売上合計	200万円以上チェック	1商品あたりの平均売上	売上合計の順	L
38.36	175.11	0	58.37	=RANK(H2,H$2:H$133,0)	
63.07	195.49	0	65.16		
67.44	206.04	1	68.68		
61.53	144.88	0	48.29		
64.47	182.95	0	60.98		
65.02	209.49	1	69.83		
58.19	194.27	0	64.76		

K2 のセルの右下にカーソルを合わせてダブルクリックすると「売上合計の順」の列全体に計算式が適用できます。

円）	売上合計	200万円以上チェック	1商品あたりの平均売上	売上合計の順
38.36	175.11	0	58.37	82
63.07	195.49	0	65.16	36
67.44	206.04	1	68.68	21
61.53	144.88	0	48.29	130
64.47	182.95	0	60.98	64
65.02	209.49	1	69.83	15
58.19	194.27	0	64.76	39

　3種類のExcel関数の使い方を見てきました。この3種類以外にもさまざまなExcel関数が存在します。Excelで数式を使って作業したいと思った際には、数式を自身で入力しなくても、その作業に適したExcel関数がすでに存在しているかもしれません。そのような関数があるかどうか気になった際にはExcelのヘルプ機能やインターネットでぜひ調べてみてください。

　この章では、ピボットテーブルとExcel関数について実際にExcelを動かしながら紹介してきました。この章で学んだ内容を組み合わせることで、データの集計・分析に活用できます。目的に応じて、Excelの機能を使いこなしてください。

第 12 章

SQLの基本

SQL とは、本章で説明する「リレーショナルデータベース」を操作するための言語です。そして、リレーショナルデータベースなどの「データベース」は、データを大量保存し、かつ容易に検索できるようにしたデータの集まりのことを指します。データ分析という文脈において、保存したデータを操作する作業はかなりの頻度で発生します。そのため、SQL はデータ分析の多くの場面で活用されるようになっています。本章で SQL の基本を押さえておきましょう。

「SQLの基本」のテーマ
・データベースの理解
・SQLの基本構文

12-1　SQL で操作するデータベース

12-1-1　リレーショナルデータベースとは

　SQLは、**リレーショナルデータベース**（RDB：relational database）を操作するための言語です。リレーショナルデータベースは、普段私達が操作するExcelシートのような表形式でデータを管理します。そしてそのExcelシートのような表形式データのことを**テーブル**と呼びます。

BEHAVE_ TYPE	APP_TYPE	SUB_TYPE	ON_TOPIC_ ID	ON_TOPIC_ TYPE
app_open	null	normal		
article_show	android	type_following	0	0
article_show	android	type_following	0	0
article_show	android	type_home_root	0	0
article_show	null	type_following		
article_show	android	type_following	0	0
article_show	android	type_home_root	0	0
article_show	null	type_following		
article_show	android	type_home_root	0	0

　本章では、この後「**データベース**」と表記した場合、「リレーショナルデータベース」を指すことにします。

　一方でテーブルには、Excelのような表計算ソフトと異なる点も存在します。

▶ Excelシートとの違い

　テーブルでは列ごとに、入力できる「データの型」が決まっています。たとえば以下のようなExcelシートがある場合、列名「購入金額」の空白セルにはさまざまな値を入力することができます（数字や漢数字など）。

ID	購入金額
0001	1,000
0002	1,500
0003	3,000
0004	

4,000 ?
4,000 円?
4千?

　しかし、データベース（テーブル）においては、列ごとに入力できる値の種類が決まっています。たとえば列名「購入金額」の入力値を整数型と宣言した場合、列名「購入金額」の空白セルには整数しか入力できません。

12-1-2　なぜデータベースを利用するのか

　データベースを利用せず、普段使っている表計算ソフトでよいのではないかと考える方がいると思います。データベースを利用する理由の1つは、「12-1-1 リレーショナルデータベースとは」でも記述したとおり、入力できる「データの型」が決まっているという点です。そのため、予期しないデータが入力されていたりすることがありません。たとえば、複数人で管理しているデータを利用するときに、各人が値を入力していたとします。そこには整数や漢数字などが入力されている可能性があるので、一度すべての値を整数に統一するなどの処理が必要になります。しかし「データの型」が決まっているデータベースを利用することで、そのような無駄な作業の発生を防ぐことができます。

　また他の理由としては、表計算ソフトよりも大量のデータを扱えるという点です。たとえば表計算ソフトとして有名なExcelで扱えるデータ量の限界は100万行ほどです。しかし、データベースを利用することによって、数百万行またはそれ以上のデータを扱うことができます。

・SQLはデータベースを操作するための言語。
・データベースを利用することで大規模なデータの操作が可能になる。

12-2 SQLとは

本章の冒頭でも記述しましたが、SQLとはデータベースを操作するための言語です。SQLを利用することで、データベースの作成や削除、データの挿入や抽出などの操作を行うことができます。SQLで行える操作は多いのですが、本章では、データ分析実務スキル検定（CBAS）の出題範囲に関連した項目の説明を以下に行っていきます。

12-2-1　SQLの種類

SQLには、ISOの標準規格に準拠した**標準SQL**と呼ばれるものがあります。しかし現実にはリレーショナルデータベースの管理システム（以下**RDBMS**：relational database management system）ごとにSQLの特徴があり、利用するRDBMSに合わせたSQLを書く必要があります。

RDBMSの種類

・Oracle Database
・Microsoft SQL Server
・MySQL
・PostgreSQL
・SQLite など

したがって、MySQLでは動作したSQL文が、PostgreSQLでは動作しないという状況が発生しえます。しかし、各RDBMSで標準規格への準拠が進んでいるので、標準SQLを学んでおくことで各RDBMSに対応できると思います。

12-3 基本的な SQL 構文

本節から実際にSQLを記述してデータの操作を行っていきます。SQLを実行する環境としてSQLite（エスキューライト）を利用します。SQLiteは手軽に利用できるRDBMSです。また、SQLiteをGoogle Colaboratory上で操作するので、以下のリンクからJupyter Notebookファイルを入手してColaboratoryなどで事前に開いておいてください（第13章でもJupyter Notebook、Google Colaboratoryの使い方を紹介しています）。

・Jupyter Notebook ファイル（Chap12_SQL.ipynb）の入手先
https://book.impress.co.jp/books/1120101020

それでは本節では以下に該当するSQLを、実際に実行しながら学んでいきます。

・データベースから指定した列の値を抽出する
・ユニークな値を抽出する
・列の値ごとに集計する
・特定の列をキーとして複数のテーブルを結合する

12-3-1 指定した列からの値の抽出 [SELECT, FROM, WHERE, DISTINCT]

▶ シンプルなデータ抽出

まずテーブルからデータを抽出するときの基本的な書き方は、SELECT句とFROM句を利用したSQL文です。

```
SELECT *
FROM テーブル名;
```

SELECT句の後には抽出したい列の名前を書き、FROM句の後にはデータを取り出す対象となるテーブル名を書きます。上記の例では、SELECT句の後に「*」（アスタリスク）を記述しています。この「*」は、テーブルの全列を抽出するときに利用します。

ここで注意したいポイントが、「取得するデータ数を絞る」ということです。た

とえば数百万行のデータのうち、一部のみを確認したい場合は、LIMIT句を利用しましょう。「LIMIT 数字」と記述することで、「数字」行分のデータを取得することができます。

```
SELECT *
FROM テーブル名
LIMIT 10;
```

ただしLIMIT句は標準SQLではありません。SQLite・MySQL・PostgreSQLで利用できます。

条件を指定して抽出

SQLでは、選択したい行の条件をWHERE句以降で指定します。そして、FROM句の直後に、WHERE句を記述します。

たとえば、列名genderにおいて"male"と"female"が存在していた場合、WHERE句を使って列名genderが"male"の行のみを抽出することができます。

例)
```
SELECT *
FROM user_master
WHERE gender = "male";
```

	uid	gender	age
0	0001	male	22
1	0003	male	55

演算子	詳細
=	～と同じ
<>	～と異なる
>	～より大きい
>=	～以上
<	～より小さい
<=	～以下

表　利用頻度が高い比較演算子

扱いに注意が必要な NULL

　何も情報が入っていない状況のことをNULLと言います。ここでは、genderが NULLである行を抽出するとします。しかし以下のSQL文を実行しても、ある列が NULLの行を抽出することができません。

```
SELECT *
FROM テーブル名
WHERE 列名 = NULL;
```

　また、ある列がNULLではない行を抽出するとします。その場合に以下のSQL 文を実行しても、NULLを除外することができません。

```
SELECT *
FROM テーブル名
WHERE 列名 <> NULL;
```

　NULLの扱いは特別になっており、NULLの行を抽出する場合は「IS NULL」を、 NULLの行を除外する場合は「IS NOT NULL」を使います。

```
SELECT *
FROM テーブル名
WHERE 列名 IS NULL;

SELECT *
FROM テーブル名
WHERE 列名 IS NOT NULL;
```

▶ 複数の条件を指定して抽出

　SQLでは複数条件を指定することもできます。複数条件を指定する場合は、AND演算子やOR演算子を利用します。AND演算子を利用する場合は、以下のように記述します。以下のようなSQL文を実行した場合は、「条件1」と「条件2」がともに成立する行を抽出することができます。

```
SELECT *
FROM テーブル名
WHERE 条件1 AND 条件2;
```

　OR演算子も、AND演算子と同様に記述できます。この場合は、「条件1」と「条件2」がともに成立する行、あるいはどちらか一方が成立する行を抽出することができます。

```
SELECT *
FROM テーブル名
WHERE 条件1 OR 条件2;
```

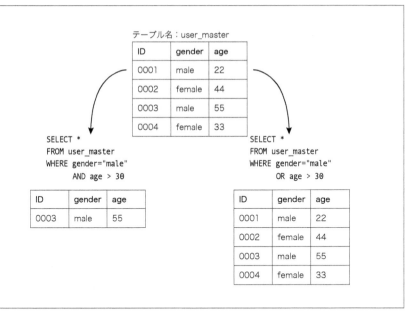

図　AND 演算子と OR 演算子の挙動の違い

```
SELECT *
FROM user_master
WHERE gender = "male" OR gender = "female";
```

　また、OR演算子には別の記述方法もあり、それには「IN句」というものを用います。IN句を利用する場合は以下のようにします。

```
SELECT *
FROM user_master
WHERE gender IN ("male", "female");
```

　IN句を使うことによって、OR演算子を利用した複数条件を簡単に記述することができます。
　ここまでは、条件が成立する行を抽出してきました。一方で、条件が成立しない行を抽出することもできます。それがNOT演算子です。

```
SELECT *
FROM user_master
WHERE gender NOT IN ("male", "female");
```

AND 演算子と OR 演算子の注意点

WHERE句の後にAND演算子とOR演算子の両方を書いた場合は、AND演算子が優先されます。たとえば「genderが"male"で、ageが50よりも大きいまたは40よりも小さい行」を抽出したいとします。しかし以下のSQL文を実行しても「genderが"male"かつageが50よりも大きい行、またはgenderの値に関係なく40よりも小さい行」が抽出されます。

```
SELECT *
FROM user_master
WHERE gender = "male"
    AND age > 50
    OR age < 40;
```

	uid	gender	age
0	0001	male	22
1	0003	male	55
2	0004	female	33

もし「genderが"male"で、ageが50よりも大きいまたは40よりも小さい行」を抽出したいときは、丸括弧()を利用します。

```
SELECT *
FROM user_master
WHERE gender = "male"
    AND (age > 50
    OR age < 40);
```

	uid	gender	age
0	0001	male	22
1	0003	male	55

丸括弧を利用することによって、OR演算子を優先させることができます。

ユニークな値を抽出する

テーブルの特定の列に含まれるユニークな値を抽出したいときは、「DISTINCT」キーワードを利用します。DISTINCTを利用すると重複する行を除外することができるので、結果ユニークな値を抽出することができます。

```
SELECT DISTINCT gender
FROM user_master
```

	gender
0	male
1	female

12-3-2　列の値ごとの集計 [GROUP BY, COUNT, ORDER BY]

グループごとに集計する

グループごとに集計したいときは、GROUP BY句を利用します。たとえば「性別ごとの行数を集計したい（男性・女性の人数の確認）」や「性別ごとの平均購入金額を集計したい」といったことを、GROUP BY句を利用することで実現できます。

例）性別ごとの行数を集計（男性・女性の人数の確認）

```
SELECT gender, COUNT(*)
FROM user_master
GROUP BY gender
```

	gender	COUNT(*)
0	female	2
1	male	2

▶ GROUP BY 句の記述方法

GROUP BY句の記述方法は次のとおりです。

1. GROUP BY句の後に記述する列（集約キー）を、SELECT句の後に記述
2. GROUP BY で用いた列以外を抽出するときは、集計関数を使う

演算子	詳細
SUM	合計
MAX	最大
MIN	最小
COUNT	行数カウント
AVG	平均

表　利用頻度が高い集計関数

GROUP BY句を利用して集計した列名は「count」となり、何を集計した列かわかりづらいときがあります。そのようなときは「AS」を利用することで任意の列名を命名できます。

```
SELECT gender, COUNT(*) AS gender_count
FROM user_master
GROUP BY gender
```

	gender	gender_count
0	female	2
1	male	2

GROUP BY 句と WHERE 句を併せて利用する

SQLは1行目のSELECT句からは実行されません。SQLには以下の図のように実行順序が定められており、WHERE句の後にGROUP BY句が実行されます。したがって「合計値が500以上」で絞り込むといったGROUP BY句で集計したデータに対する条件指定はできません。

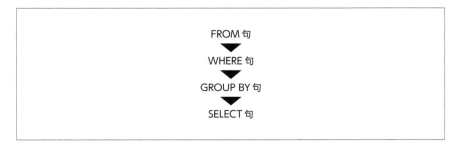

そのため、GROUP BY句で集計したデータに対する条件指定を行いたい場合はHAVING句を利用します。

```
SELECT gender, COUNT(*) as gender_count
FROM user_master
GROUP BY gender
HAVING gender_count > 1 ;
```

昇順（降順）に並び替える

特定の列の情報をもとに行を並び替えるときは、ORDER BY句を利用します。

下記テーブルの列名ageの情報をもとに、昇順で並び替えるときのSQL文は以下のとおりです。

ID	gender	age
0001	male	22
0002	female	44
0003	male	55
0004	female	33

```
SELECT *
FROM user_master
ORDER BY age ASC
```

	uid	gender	age
0	0001	male	22
1	0004	female	33
2	0002	female	44
3	0003	male	55

また降順で並び替えるときは以下のとおりです。

```
SELECT *
FROM user_master
ORDER BY age DESC
```

	uid	gender	age
0	0003	male	55
1	0002	female	44
2	0004	female	33
3	0001	male	22

　記述方法としては、ORDER　BY句の後に順序の並び替えの基準となる列（ソートキー）を指定して、その後「ASC」または「DESC」を記述します。ASCはascendant（上昇する）の略で昇順を意味し、DESCはdescendent（降下する）の略で降順を意味します。

　ここでまたしても注意が必要なのがNULLです。NULLには何も値が入っていないので、他行の値と比較して大きいのか小さいのか判断できません。そのため、ソートキーにNULLが含まれていた場合は、NULLを含む行が先頭もしくは末尾にまとめて出力されます。

12-3-3 テーブルの結合 [INNER JOIN, LEFT/RIGHT OUTER JOIN]

▶ テーブルを列方向に結合する

ほしい情報を得るために複数のテーブルの情報が必要な場合は、テーブル同士を結合します。そしてテーブル同士の結合で覚えておくべきは、**内部結合**と**外部結合**です。内部結合と外部結合の操作は異なりますが、「列をキーにして結合する」という点は共通しています。

▶ 共通するデータのみが残る［内部結合］

内部結合は、結合するどちらのテーブルにもキーが存在するレコードだけを結合します。

たとえば購入履歴テーブル（konyu_rireki）とuser_masterを、列名uidをキーとして、内部結合します。そうするとどちらのテーブルにもuidが存在する行のみを抽出することができます。

テーブル名：konyu_rireki

sid	price	uid
001A	100	0001
003A	200	0003
003B	400	0004

＋

テーブル名：user_master

uid	gender	age
0001	male	22
0002	female	44
0003	male	55

＝

sid	price	uid	gender	age
001A	100	0001	male	22
003A	200	0003	male	55

そして上記のデータを抽出したい場合のSQL文は以下のとおりです。

```
SELECT KR.sid, KR.price, KR.uid, UM.gender, UM.age
FROM konyu_rireki AS KR INNER JOIN user_master AS UM
ON KR.uid = UM.uid;
```

結合時の注意点

　内部結合を行う場合、抽出したい列を指定するときに注意が必要です。テーブルが1つだけの場合の書式は、「SELECT　列名」でした。しかし内部結合を行った場合は、「SELECT　テーブル名（またはテーブルの別名）.列名」として、どのテーブルの列を抽出するかを明確にする必要があります（後述の外部結合についても同様）。

マスタとするテーブルにデータを結合する［外部結合］

　外部結合は、マスタに指定したテーブルをベースに、他テーブルを結合します。「マスタに指定したテーブルをベースにする」ということなので、マスタに指定したテーブルの行はすべて出力されます。

　たとえば購入履歴テーブル（konyu_rireki）をマスタに指定し、user_masterの情報を結合します。そうすると「どの商品」を「どの属性の消費者」が購入したのかを把握することができます。

テーブル名：konyu_rireki

sid	price	uid
001A	100	0001
001C	200	0001
003A	200	0003
003B	400	0004

＋

テーブル名：user_master

uid	gender	age
0001	male	22
0002	female	44
0003	male	55
0004	female	33

＝

sid	price	uid	gender	age
001A	100	0001	male	22
001C	200	0001	male	22
003A	200	0003	male	55
003B	400	0004	female	33

　そして上記データの抽出を行いたい場合のSQL文は、以下のとおりです。

```
SELECT KR.sid, KR.price, KR.uid, UM.gender, UM.age
FROM konyu_rireki AS KR LEFT OUTER JOIN user_master AS UM
ON KR.uid = UM.uid;
```

外部結合にはLEFT OUTER JOINとRIGHT OUTER JOINがありますが、機能の差はありません。LEFT OUTER JOINでは、FROM句の左側のテーブルをマスタとするのに対して、RIGHT OUTER JOINではFROM句の右側のテーブルをマスタにするという違いがあるだけです。一般的にはLEFT OUTER JOINが利用されることが多いですが、明確な理由はありません。状況に合わせて利用しやすいほうを選択してください。

▶ 外部結合時の注意点

外部結合は、マスタに指定したテーブルに対して他テーブルの情報を結合します。しかし他テーブルに情報が存在しない場合は、実行結果にNULLが現れます。

テーブル名：konyu_rireki

sid	price	uid
001A	100	0001
001C	200	0001
003A	200	0003
003B	400	0004

＋

テーブル名：user_master

uid	gender	age
0002	female	44
0003	male	55
0004	female	33

＝

sid	price	uid	gender	age
001A	100	0001	NULL	NULL
001C	200	0001	NULL	NULL
003A	200	0003	male	55
003B	400	0004	female	33

もしテーブル user_master の列名 uid に「0001」がなかった場合、NULL が出現する

この項目の POINT

- SELECT句の後に抽出したい列名を記述することで、データベースから指定した列の値を抽出できる。
- DISTINCTを利用することで、ユニークな値の抽出ができる。
- GROUP BY句を利用することで、列の値ごとの集計ができる。
- INNER JOINやLEFT (RIGHT) OUTER JOINを利用することで、複数のテーブルを結合できる。

▶ 第 12 章の関連用語

- **インデックス(索引)**：データ抽出時の実行速度を速めるために適用する技術です。
- **ビュー**：SELECT 文を保存した仮想的なテーブルのことです。よく利用する SELECT 文を保存しておくことができます。
- **サブクエリ**：一時的な利用のために作成するビューのことです。
- **CASE 式**：SQL で条件分岐を実行するときに利用します。縦持ちのデータを横持ちのデータに入れ替えるというときにも利用します。

※ 横持ちとは、以下のようなレコード（行）ごとに uid、gender、age、address といった各属性の値を持つデータの持ち方。

uid	gender	age	address
0001	male	25	tokyo
0002	female	13	kanagawa
0003	male	55	kyoto
0004	female	33	gumma

※ 縦持ちとは、以下のようなレコード（行）ごとに 1 行保持するようなデータの持ち方。たとえば、以下は "name" の商品の売上ごとにデータが 1 行発生していると考えると理解しやすいでしょう。

uid	price	name
0001	100	banana
0001	200	apple
0001	200	apple
0002	300	cake
0002	400	pen
0002	300	cake
0003	100	banana

第 13 章

Pythonの基本

　本章では、汎用のプログラミング言語の1つである Python をゼロから始めて、基礎的な内容から pandas までをカバーし、データ分析実務スキル検定（CBAS）の問題が解けるようになることを目指します。なお、本章は Python を初めて学ぶ読者を対象としています。すでに Python の知識をお持ちの方はスキップしていただいてかまいません。

13-1　はじめに

　Python は汎用のプログラミング言語の１つで、機械学習の分野ではRと並んで広く普及している言語です。機械学習について調べると必ずと言っていいほど、Python のコードを目にすることになります。そこに書いてある Python コードを読めるかどうかにより内容の理解度は格段に違ってきます。

　本章ではゼロから始めて、環境設定、変数、関数、if文/for文などのPythonの基礎からpandasまでをカバーして、データ分析実務スキル検定（CBAS）の問題が解けるようになることを目的とします。CBASの問題が解ける程度にまで理解が進めば、ネット上の膨大な説明サイトにアクセスしてPythonプログラミングの独学を進めることも可能になります。

13-2　Python を使用する環境

　Pythonを手元のPCでインタラクティブに使用するには主に、以下に示す2つの環境があります。本書では、2つの環境のうち、Jupyter Notebookをお勧めします。

13-2-1　Jupyter Notebook

　Jupyter Notebookは、Pythonその他のプログラミング言語をインタラクティブで使いやすいようにする目的で作成されたプログラミング環境です。以下の方法でインストールできます。

① まずは https://www.python.jp/install/anaconda/index.html より Python 3.x の Anaconda をインストールします（Windows 版と Mac 版があります）。
② Anaconda Navigator を起動し表示された画面から Jupyter Notebook の［Launch］ボタンを選択します。
③ ご使用中のブラウザに Jupyter Notebook の画面が表示されます。表示されているフォルダ名をダブルクリックし、Python のプログラムを作成したいフォルダに移動します。
④ 右上の［New ▼］のプルダウンメニューをクリックし、［Python3］を選ぶと Python プログラム作成用の画面が表示されます。

⑤ 画面の左上に［jupyter］というロゴが表示され、その隣に［Untitled］と表示されています。その［Untitled］が現在のファイル名です（拡張子は .ipynb）。［Untitled］をクリックすればファイル名を変更できます。

⑥ 左上の 💾 のマークが保存ボタンです。終了するときはその上の［file］のプルダウンメニューから［Close and Halt］を選んでください（.ipynb のファイルを開くときは必ず Jupyter Notebook から開く必要があります）。

13-2-2　Google Colaboratory

もう1つの環境がGoogle Colaboratoryです。これはGoogle社のWebアプリで、Webブラウザの Google Chromeの使用、および Googleアカウント作成が必要となります。

① Google Chrome 上で Google アカウントにログイン
②「Google Colaboratory」と検索して「Colaboratory - Google Colab」を選択
③「Colaboratory へようこそ」の画面で［ファイル］のタブをクリックし［ノートブックを新規作成］を選択

13-2-3　Jupyter Notebook の使い方

ここでは Jupyter Notebook の使い方について簡単に説明します。

ここで入力するセルはクリックする場所により、セルの外枠が緑と青の2種類の色に切り替わります。

図：セルの外枠はエディットモードで緑に、コマンドモードで青になる

文字入力部の薄いグレーの長方形（セル）の中をクリックすると緑色（エディットモード）となりセルへの入力が可能となります。

また、薄いグレーの長方形以外の部分、たとえば左側の "In" の文字のあたりをクリックするとセルは青色（コマンドモード）となります。このときaのキーを押すと、上側に新しいセルが挿入されます。

青色（コマンドモード）ではa以外にも、bキーは下側にセル挿入、cキーはコピー、

xキーはカット、vキーがペーストの操作となります。また、hキーはHelpでこれらコマンドの一覧が表示されます。いろいろ試してみてください。

13-2-4　コメント文

セルの中に、**#**で始まり改行で終わる**コメント文**を記載することができます。コメント文は実行時には無視されます。他人もしくは時間が経過した後の本人に、コード内容を理解しやすくするのが目的です。コメント文は以下のように、自動的に斜体で薄い色の文字になります。

なお、ここからはプログラムの画面を薄いグレーの背景で示します。

13-3　Pythonプログラミングの基本

さてここから実際にプログラミングを始めていきましょう！

13-3-1　演算

緑色（エディットモード）で「10 + 20」と入力した後、Windowsの場合はShift＋Enterキーを、Macの場合はShift＋Returnキーを押します（以下、この操作を「実行する」といいます）。すると下側にその結果が出力され、カーソルは次のセルに移動します。実際にやってみましょう！

```
In[2]:   10 + 20

Out[2]:  30
```

ここで**+**を**代数演算子**といい、ほかにも以下のようなものがあります。上記セルの中の**+**を**-**に書き換えて実行すれば出力が変わります。数字や代数演算子を変えていろいろ試してみましょう！

演算子	演算の種類
a + b	足し算
a - b	引き算
a * b	掛け算
a / b	割り算
a % b	割り算の余り
a // b	割り算の商
a ** b	a の b 乗

　演算の式は「1000 + 20 * 3 - (13 / 2) ** 2」のように連続して書くことができます。その場合の計算の順番は通常の計算と同じく、括弧()、累乗 (**)、掛け算 (*) と割り算 (/)、足し算 (+) と引き算 (-) の順になります。

13-3-2　変数

　今までは数字の計算でしたが、今度は「a」と入力して実行してみましょう。

```
In[3]:    a
          ---------------------------------------------------------------
---------
          NameError                          Traceback (most recent call last)
          <ipython-input-3-3f786850e387> in <module>
          ----> 1 a

          NameError: name 'a' is not defined
```

　すると上記のような内容が返されます。これは「aという名前の変数が定義されていない」という意味のエラーメッセージです。エラーメッセージでは、最後の1行が重要なメッセージです。ここでは「NameError: name 'a' is not defined」だけに注目してください。

　aを変数として定義するためには、=を使って数字を代入してみましょう。

```
In[4]:    a = 10
```

```
In[5]:    a
```

```
Out[5]:    10
```

　今度はエラーが出ません。最初の行でaという変数に整数10を代入したので、無事aという変数が定義されたことになります。その後の行でaの内容が10であることを表示しています。**変数**とはaという名前が付いた容器で、その中に「10」という数字が入っていると考えることができます。

　ここで「a + 20」を実行すると

```
In[6]:    a + 20
```

```
Out[6]:    30
```

のように、aという変数の中身と 20 の足し算の結果が出力されます。ちなみに変数同士の計算もできます。今度は以下のように「a1 = 25」の後に改行し、「a2 = 3」と「a1 + a2」を入力して、すべて入力し終わった後に実行します。

```
In[7]:    a1 = 25
          a2 = 3
          a1 + a2
```

```
Out[7]:    28
```

　変数は文字で始まる単語で、先頭以外には数字と「_」(アンダーバー)を使うことができます。大文字と小文字は区別されるので、たとえばA1とa1は異なる変数として扱われます。

13-3-3　変数の種類

Pythonで主に使用される変数の型の種類は、次の4つです。

変数の型	種類
int	整数（例：0, 1, 2, -3,,, ）
float	小数点（例：1.23, 1.1e-30,,, ）
str	文字列（例：'apple', "orange", '2020-05-22',,, ）
bool	真偽値（例：True, False）

ここで「type(a)」を実行してみましょう。

```
In[8]:    type(a)
```
```
Out[8]:   int
```

typeは続く括弧()に入る変数の型を出力する組み込み関数です。aは現在、int型（整数型）の変数であることを示しています。

次に下記のようにaに1.5を代入して、変数の型を確認してみましょう。

```
In[9]:    a = 1.5
          type(a)
```
```
Out[9]:   float
```

aに小数の1.5を代入した段階で、変数aの型は、整数型のintから小数点型のfloatに変わりました。float型には1.2e-11（1.2×10の-11乗）のような、指数による入力もできます。ちなみにセルのいちばん下の行に、出力したいものをカンマで区切って複数並べると、出力は、同じ順番で括弧の中にカンマ区切りで出力されます。

```
In[10]:   b = 1.2e-11
          b, type(b)
```
```
Out[10]:  (1.2e-11, float)
```

　変数に文字を入力する場合は、''（シングルクォーテーション）もしくは" "（ダブルクォーテーション）のどちらかで囲います。

```
In[11]:    fruit = 'orange'
           fruit, type(fruit)
```
```
Out[11]:   ('orange', str)
```

　文字を入力すると、変数の型はstr型となります。str型は足し算（+）と、数字との掛け算（*）ができます。

```
In[12]:    fruit1 = 'orange'
           fruit2 = 'apple'
           fruit1 + fruit2,  fruit1 * 2
```
```
Out[12]:   ('orangeapple', 'orangeorange')
```

　文字型の足し算は文字の連結、掛け算は文字の繰り返しとなります。

13-3-4　比較演算子とbool型変数

　Pythonには以下のような**比較演算子**があります。

演算子	演算の種類
a == b	aとbは等しい
a != b	aとbは異なる
a < b	aはbより小さい
a > b	aはbより大きい
a <= b	aはb以下
a >= b	aはb以上
a is b	aとbは等しい
a is not b	aとbは異なる

　ここでaとbにともに10を代入して、「a == b」と「a != b」を実行してみましょう。

```
In[13]:    a = 10
           b = 10
           a == b, a != b
```

```
Out[13]:   (True, False)
```

　aとbが同じ場合、「a == b」はTrue（真）、「a != b」はFalse（偽）となります。
aとbが異なる場合、「a == b」はFalse（偽）、「a != b」はTrue（真）となります。

```
In[14]:    pet_1 = 'cat'
           pet_2 = 'dog'
           pet_1 == pet_2,  pet_1 != pet_2
```

```
Out[14]:   (False, True)
```

　いろいろな比較演算子を試してみてください。文字で大小を比較した場合は、ア
ルファベット順で前にあるほうが小、後ろにあるほうが大と判定します。
　また、以下のように大小関係を上下で挟んで判定することもできます。

```
In[15]:    bmi = 21.0
           upper_limit = 25.0
           lower_limit = 18.5
           lower_limit <= bmi <= upper_limit
```

```
Out[15]:   True
```

　ここで、「=」を使って比較結果を変数に代入し、変数の中身と変数の型を確認
してみましょう。

```
In[16]:    a = 10
           b = 10
           judge_1 = (a == b)
           judge_1, type(judge_1)
```

```
Out[16]:   (True, bool)
```

　judge_1という変数には「(a == b)」の比較結果であるTrue（真）が代入され、
変数の型はbool型となります。この場合、括弧は必ずしも必要ありませんが、わ
かりやすくするために入れています。

bool 型の変数は True もしくは False のうちのどちらかの値をとります。

13-3-5　関数 print()

Jupyter Notebook では、セルのいちばん最後の行の結果がセルの下に「Out[**]:
〜」という形で出力されます。関数 print() は、コードの途中で出力したい場合
に使用します。たとえば、以下のように「'Hello, world!'」の文字を直接出力したり、
変数に文字を代入してその変数を出力したりすることができます。関数 print()
から出力されるときは「Out[**]:」なしで出力されます。

```
In[17]:    print( 'Hello, world!')     # 1回目の出力
           w1 = 'Hello,'
           w2 = 'world!'
           print(w1, w2)               # 2回目の出力
           w1 + ', ' + w2              # 3回目の出力

           Hello, world!
           Hello, world!
Out[17]:   'Hello,, world!'
```

13-4　条件分岐（if 〜 else 文）

▶ 例題 1

ここで、a に整数を代入し、以下のように出力するコードを作成してみましょう。

・a に代入した整数が偶数、たとえば 6 のときに「6 は偶数です」を出力
・a に代入した整数が奇数、たとえば 3 のときに「3 は奇数です」を出力

▶ 解答 1

例題のように変数 a に入力された整数によって処理内容が異なるような場合は、
if 〜 else 文を以下のように使用します。

・もし（if）、aが偶数（a%2==0）ならば、print(a, ' は偶数です ')
・それ以外のときは（else）、print(a, ' は奇数です ')

上の表現をコードで書いてみましょう。

```
In[18]:   a = 6
          if a%2 == 0:                          # 条件文の末尾はコロン（:）
              print(a, ' は偶数です ')           # 4文字分のインデント
          else:                                 # インデントを戻して末尾コロン（:）
              print(a, ' は奇数です ')           # 再度4文字分のインデント
```

```
Out[18]:  6 は偶数です
```

上のコード中のコメント文は、if文の書き方に関するルール（文法）です。このルールに違反するとSyntax error（文法違反）となります。ifとelseのそれぞれの処理内容について半角4文字分のインデント（字下げ）を入れることで、ifの処理とelseの処理の内容を区別しています。Pythonが第三者にも読みやすいと言われる理由が、このインデントによる階層の記述にあります。

if文を使用する際には、必ず条件文を満たすケースと満たさないケースの両方を試してみて、結果が期待するものになっていることを確認してください。このケースでは、aに偶数と奇数をそれぞれ入力してみて、結果が合っていることを確認しましょう。

ifからコロン（:）までの間に記載された条件文、ここでは「a%2==0」がTrueのときは、コロン（:）の後のインデントされた処理文を実行します。インデントされていれば、複数の行でも上から順番に実行されます。反対に「a%2==0」がFalseのときは、elseの下のインデントされている行が実行されます。必要のない場合はelse以降は省略できます。

次に条件が3つに分かれる場合を考えましょう。次のような場合は、elif(else＋if：「それ以外でもし」という意味）を追加で使用します。

▶ 例題2

初期設定を

 bmi = 21.0
 upper_limit = 25.0
 lower_limit = 18.5

とし、bmi の値を変えることで、以下のように出力するコードを作成してください。

・bmi が upper_limit 以下かつ lower_limit 以上のとき、「標準です」と出力
・bmi が upper_limit より大きいとき、「肥満です」と出力
・bmi が lower_limit より小さいとき、「やせ型です」と出力

 ここで、上記の順番のとおりに if 〜 elif 〜 else 文を使用すると、非常にわかりにくいコードになってしまいます。そこで以下のように変更します。

> ・もし（if）bmi が lower_limit より小さいとき、「やせ型です」と出力
> ・それ以外でもし（elif）、bmi が upper_limit より小さいとき、「標準です」と出力
> ・それ以外（else）は、「肥満です」と出力

 この内容をコードにすると、次のようになります。

```
In[19]:   bmi = 21.0
          upper_limit = 25.0
          lower_limit = 18.5
          if bmi < lower_limit:
              print(' やせ型です ')
          elif bmi <= upper_limit:
              print(' 標準です ')
          else:
              print(' 肥満です ')
```

Out[19]:　標準です

 こちらのほうが基準値（lower_limit と upper_limit）の下限から順番に比較していく理解しやすいコードとなっています。もちろん基準値の上限から以下のように記載しても問題ありません。

```
In[20]:    bmi = 21.0
           upper_limit = 25.0
           lower_limit = 18.5
           if bmi > upper_limit:
               print('肥満です')
           elif bmi >= lower_limit:
               print('標準です')
           else:
               print('やせ型です')
```

Out[20]:   標準です

　この場合も、bmiに「肥満」「標準」「やせ型」に相当する値を入力し、正しい表示が出力されるかどうかを確認しましょう。

　if(～ elif ～ else)文は複数の書き方が可能ですが、時間が経った後から見直してもわかりやすいコードで記載するように心がけましょう。そのためにはコメント文を挿入したり、わかりやすい変数名を付けることも重要です。

13-5 関数

　ここまで組み込み関数として、type と print を使ってきました。type は括弧内の変数の型を調べる関数、print は括弧内の変数の値や、直接の値を出力する関数でした。**組み込み関数**とは、あらかじめPythonに定義されている関数という意味です。

　これらと同様に、私達自身でも関数を定義して作成し、使用することができます。このときに使用するのがdef文です。

　ここで、priceとtaxの2変数から税込価格を計算する関数zeikomi(price, tax)を、def文を使って作成してみましょう。

```
In[21]:    def zeikomi(price, tax):           #def文の最後はコロン (:)
               result = price * (1 + tax / 100)   #税込価格の平均を計算
               return result                  #returnの後に戻り値として記述

In[22]:    zeikomi(150, 8)

Out[22]:   162.0
```

　最初のセルで、zeikomi(price, tax)という関数をdef文で定義しました。price、taxは引数、returnの後のresultが戻り値を表します。次のセルでzeikomi(150, 8)を実行すると、先ほど定義した関数zeikomi()が呼び出され、引数price=150とtax=8が関数に引き渡されます。関数側では2つの引数から税込価格resultを計算し、戻り値としてzeikomi(150, 8)に格納します。zeikomi(150, 8)は普通の変数のように使用することができます。

　一度関数を定義すれば、そのプログラムを開いている間は何度でも関数を使用できます。

```
In[23]:    food = 3000
           clothing = 5000
           total = zeikomi(food, 8) + zeikomi(clothing, 10)
           total

Out[23]:   8740.0
```

　ただし、一度プログラムを閉じてしまい、def文を実行せずにその関数を呼び出すと、NameErrorが発生することになります。

13-6　練習問題

さて、ここでこれまで学習してきた内容に関する練習問題を解いてみましょう。

Q1. ある通販会社では、送料が以下の設定となっているとします。def文を使って、送料込みの請求書を計算する関数の bill(price) を作成してください。

合計価格が2,000円以下の送料は一律600円
合計価格が2,000円〜 4,000円の間の送料は (1200 - 価格*0.3)

合計価格が4,000円以上の送料は無料

作成したら、以下の内容を確認してください（小数点以下はあってもなくても正解とします）。

bill(1000)の結果：1600
bill(2000)の結果：2600
bill(3000)の結果：3300
bill(4000)の結果：4000
bill(5000)の結果：5000

A1. 解答例

```
In[24]:    def bill(price):
               if price <= 2000:
                   result = price + 600
               elif price <= 4000:
                   result = price + (1200 - price*0.3)    #括弧は無くてもOK
               else:
                   result = price
               return int(result)
```

ちなみに、int()は指定された引数をint型（整数型）に変換する組み込み関数です。上記例では5行目でprice*0.3を計算に取り入れたときに、変数resultはfloat型（小数点）に変わっています。最終行の戻り値をint(result)とすることですべてint型（整数型）の戻り値となります。このような組み込み関数には以下があります。

関数	説明
int()	int型（整数型）に変更
float()	float型（小数点型）に変更
bool()	0または '' を 'False'、それ以外を 'True' に変更
str()	str型（文字型）に変更

13-7 リスト [ ] とスライス

　ここまでは、1 つの変数には 1 つの値を代入してきました。Python では複数の値を 1 つの変数に代入することができます。そのような変数の型として、この節ではリストを取り上げ、そのリストを操作する方法としてスライスや、要素を追加するメソッドを紹介します。

13-7-1　リスト

　まずいちばん使用頻度の高い**リスト（list）**型の変数を紹介します。list は以下のとおりカンマで値を区切り、角括弧 [ ] で全体を囲んで代入します。

```
In[25]:   score_math = [0, 10, 20, 30, 40]
          score_math, type(score_math)
```
```
Out[25]:  ([0, 10, 20, 30, 40], list)
```

　リストには上記の整数型だけではなく、文字型、小数点型、あるいはそれらをミックスして代入できるので試してみてください。

　リスト内の番地を表す表現が**インデックス（index）**です。そして先頭インデックス（番地）は 0 で始まるのが Python の特徴です。したがって上記 score_math の場合、最初の要素 0 のインデックスは 0、最後の要素 40 のインデックスは 4 となります。

　リストのインデックス N を取り出して出力する場合は、リスト名の後に [N] を追加します。たとえば、次のように入力します。

```
In[26]:   score_math[0], score_math[4]
```
```
Out[26]:  (0, 40)
```

　試しに score_math[5] を実行すると、次のようなエラーが出力されます。

```
IndexError: list index out of range   （リストインデックスが範囲外）
```

　また、マイナス (-) を使って後ろからインデックスを指定することが可能です。その場合は -1 がいちばん後ろ、-2 が後ろから 2 番目…となります。

```
In[27]:    score_math[-1], score_math[-5]
```

```
Out[27]:   (40, 0)
```

リストの長さ（要素数）が不定でかつ末尾付近の値を取り出したいときなどにマイナスのインデックスは便利です。

ちなみに、リストの長さ（要素数）は関数 len() で調べることができます。

```
In[28]:    len(score_math)
```

```
Out[28]:   5
```

13

Pythonの基本

13-7-2　リストの操作

リストから複数個を一度に取り出すのに便利なのが**スライス**（:コロン）です。たとえばインデックス1からインデックス3までを取り出す場合は[1:4]と指定します。

```
In[29]:    score_math[1:4]
```

```
Out[29]:   [10, 20, 30]
```

ここでのポイントは、[start:stop]の出力にはstopのインデックスの値は出力されず、その前（上記例ではインデックス3）まで出力されるということです。

startを省略すると最初から、stopを省略すると最後まで、両方とも省略するとすべて、という意味になります。

```
In[30]:    score_math[:], score_math[:3], score_math[3:]
```

```
Out[30]:   ([0, 10, 20, 30, 40], [0, 10, 20], [30, 40])
```

スライスでコロンを2つ入れる場合、[(start):(stop):(step)] といった形で使用します。(step)が2の場合は1個飛ばし、3の場合は2個飛ばし、−1は逆方向となります。

```
In[31]:    score_math[:3:2], score_math[:4:3], score_math[::-1]
```

```
Out[31]:   ([0, 20], [0, 30], [40, 30, 20, 10, 0])
```

いろいろな値を使って試してみてください。スライスの使い方がわからなくなっ

369

ても、簡単なリストを作って試してみれば確認可能です。何度か試してみるうちに覚えることになるでしょう。

　リストに要素を追加するためには、append というメソッドを使います。

```
In[32]:  score_math.append(50)
         score_math

Out[32]:  [0, 10, 20, 30, 40, 50]
```

　メソッド（method）とは、変数や値に続けてピリオドを付けた後に指定するもので、その変数によって使用できるメソッドは異なります。リストの主なメソッドには次のようなものがあります。試してみてください。

リストのメソッド	説明
.append(x)	リストの末尾に要素を1つ追加
.extend([x,y,..])	リストの末尾に要素を複数追加
.remove(x)	リスト中でxと等しい値を持つ最初の要素を削除
.pop(i)	インデックスiの位置にある要素をリストから削除して、その要素を返す

　要素を追加する方法としてはappendメソッドを使用するのが一般的ですが、+やスライスを使っても追加できます。その場合=を使って代入する必要があります。試してみましょう。

```
score_math = score_math + [60]      （複数個の場合は[60, 70]なども可）
```

　次に、リストの要素にリストを使ってみましょう。すると2次元のマトリックス（行列）が表示できます。要素を取り出す場合のインデックスは、外側の括弧[ ]から指定します。最初に全体の中に含まれるリストの位置、次に選ばれたリストの中の数字の位置、といった指定順となります。

```
In[33]:    matrix = [[ 0,  1,  2],
                     [10, 11, 12],
                     [20, 21, 22]]
           matrix[1][2]                    #行番号1、列番号2を指定
```

```
Out[33]:   12
```

　上記ではマトリックス状にわかりやすくするためにリストの要素の途中で改行を入れていますが、もちろん改行を入れなくても問題ありません。

13-8　タプル ( ) とセット { }

　タプル型変数( )は、リストと同じく順番に複数の要素を保存しておける変数ですが、リストと異なる点は変更不可能（immutable）な点です。したがってタプルは間違って変更されては困るような情報に使用します。
　一度作成すると、要素の追加も変更もできません。要素を取り出す場合は、リストと同じくインデックスで位置を指定します。

```
In[34]:    my_keys = ('xxx', 'yyy', 'zzz')
           my_keys[0]
```

```
Out[34]:   'xxx'
```

```
In[35]:    my_keys[0] = 'xyz'  #内容を変更しようとするとエラーとなる

                (途中略)

           TypeError: 'tuple' object does not support item assignment
                         (タプル変数は項目代入をサポートしません)
```

　要素数が1つのタプルを定義する場合、key = ('xxx',)のように最後にカンマを挿入します。優先順位指定用の丸括弧と区別するためです。
　セット型変数の{ }は**集合**（**Set**）を定義します。集合なので、セットの中には同じものが2つ存在することはできません。また順番は無視されるので、インデックスで指定して取り出すことができません。

```
In[36]:   a_team = {' 山田 ', ' 加藤 ', ' 鈴木 ', ' 井上 ', ' 山田 ', ' 鈴木 ', ' 佐藤 '}
          a_team
```

```
Out[36]:  {'井上', '佐藤', '加藤', '山田', '鈴木'}
```

　上記のように重複して定義しても、ユニークな要素のみが残ります。セット型変数に使用されるメソッドには以下のようなものがあります。

メソッド	説明
.add(x)	要素 x を追加
.remove(x)	要素 x を削除、要素 x がなければ Key error
.discard(x)	要素 x があれば削除

　タプルやセットでよく使用される演算子が in または not in です。これらはリストでも使用可能です。

演算子	内容
a in b	a が b に含まれるときは True。含まれないときは False
a not in b	a が b に含まれないときは True。含まれるときは False

```
In[37]:   ' 山田 ' in a_team
```

```
Out[37]:  True
```

13-9 辞書（dict）

　辞書（dict）型変数{ }は、複数のペアを保持する変数です。ペアは、キー（key）と値（value）をコロンでつなぎ、key : value という組になります。キーは辞書内でユニークである（ほかに同じ key は存在しない）必要があります。キーを指定することで値を取り出すことができます。

```
In[38]:   yamada = {'身長':185.0, '体重':75.0, '国籍':'Japan',
          'position':'FW'}
          yamada['身長']
```

```
Out[38]:  185.0
```

辞書は変更可能（mutable）なので、値を修正することもできます。

```
In[39]:   yamada['position'] = 'SB'
          yamada
```

```
Out[39]:  {'身長': 185.0, '体重': 75.0, '国籍': 'Japan', 'position': 'SB'}
```

いわば辞書はインデックスの代わりにキーを使ったリストのようなものと言えます。ペアを追加するには、以下のように新しいキーを使って値を代入します。

```
In[40]:   yamada['foot_size'] = 28.5
          yamada
```

```
Out[40]:  {'身長':185.0, '体重':75.0, '国籍':'Japan', 'position':'SB', 'foot_
          size':28.5}
```

項目（ペア）を削除するには del コマンドを使います（複数指定可能）。

```
In[41]:   del yamada['国籍'], yamada['foot_size']
          yamada
```

```
Out[41]:  {'身長': 185.0, '体重': 75.0, 'position': 'SB'}
```

キーがあるかどうかを調べるには、in あるいは not in を使います。

```
In[42]:   'foot_size' in yamada
```

```
Out[42]:  False
```

また、辞書型には以下のようなメソッドがあります。それぞれ確認してください。

13

Pythonの基本

メソッド	説明
`.keys()`	辞書のキーのみをリスト化して取り出す
`.values()`	辞書の値のみをリスト化して取り出す
`.items()`	辞書のタプル化したキーと値のペアをリスト化して取り出す

　リスト、タプル、セット、辞書はそれぞれ以下の関数を使用して別の型に変換することが可能です。

関数	説明
`list()`	リスト型に変換
`tuple()`	タプル型に変換
`set()`	セット型に変換
`dict()`	辞書型に変換

```
In[43]:   alphabet = ['a', 'b', 'c', 'd', 'e']        # リスト型で作成
          alphabet = set(alphabet)                    # セット型に変換
          alphabet
```

```
Out[43]:  {'a', 'b', 'c', 'd', 'e'}
```

```
In[44]:   alphabet2 = (('a', 'b'), ('c', 'd'), ('e', 'f'))  #タプル型をペアで作成
          alphabet2 = dict(alphabet2)                       # 辞書型に変換
          alphabet2
```

```
Out[44]:  {'a': 'b', 'c': 'd', 'e': 'f'}
```

　上記以外の組み合わせも試してみましょう（セット型をペアで作成する場合は、内側はタプル型にする必要があります）。

13-10 for ループ

forループは、変数の値を変えながら同じ処理を何度も繰り返すコードで、次のような形で使用されます。

```
for [変数] in [イテラブル(iterable)変数]:
    [処理コードブロック]
```

イテラブル（iterable）変数とは、リスト、タプル、セット、辞書のような、複数の値を読み出せる変数のことです。このイテラブル変数の値をインデックスの順番に**for**の後ろの変数に代入していき、処理コードブロックをイテラブル変数の長さと同じ回数分、実行します。

```
In[45]:  alphabet = ['a', 'b', 'c']
         for i in alphabet:              # for 文の最後はコロン (:)
             print(i)                    # 処理コードは4文字分のインデント

         a
         b
         c
```

ここでは、イテラブル変数alphabetの要素を先頭から順番に変数iに代入し、処理コードをalphabetの要素の数だけ実行（ここではprint(i)を実行）して終了します。if文と同様にfor文の最後にはコロン:、処理コードの先頭にはインデントが必要です。

for文では、関数range()がよく使われます。

```
In[46]:  for i in range(3):
             print(i)

         0
         1
         2
```

関数range()は、引数によって以下のように値が返されます。

入力	出力	意味
`range(4)`	0, 1, 2, 3	range(stop)　start = 0, step = 1
`range(3, 6)`	3, 4, 5	range(start, stop)　step = 1
`range(1, 10, 2)`	1, 3, 5, 7, 9	range(start, stop, step)
`range(5, 0, -1)`	5, 4, 3, 2, 1	range(start, stop, step)

・変数が1つの場合、戻り値は0から始まりstopの前まで連続する整数
・変数が2つの場合、戻り値はstartから始まりstopの前まで連続する整数
・変数が3つの場合、戻り値はstartから始まりstop未満で、ステップ（step）ありの整数

　list(range())に任意の整数を入れて、いろいろ試してみてください。

In[47]:
```
list(range(5,0,-1))
```
Out[47]:　[5, 4, 3, 2, 1]

例題

　N!（階乗）を求める関数factorial(N)を、for文とdef文を使って作成し、1から10までの階乗をリスト化して出力してみましょう。

　はじめに階乗を求める関数factorial(N)を作成します。

　N! = N×(N-1)× … ×2×1なので、上記の例からrange(N, 0, -1)を使ってfor文で掛け算を繰り返せばうまくいきそうですね。

　作り方としては、最初に初期値が1の変数を定義し、range(5, 0, -1)で発生する数字をfor文で掛け算するコードを作成してみます。結果が5! = 5×4×3×2×1 = 120となることを確認します。

In[48]:
```
result = 1
for i in range(5, 0, -1):
    result *= i
result
```
Out[48]:　120

　5を他の整数に変更して、階乗の結果が出ることを確認してください。

ここで使用した代入演算子の「*=」は、「result = result * i」を意味します。つまり、resultにiを掛けたものを再度resultに代入するという意味です。同様の演算子として次のようなものがあります。

演算子	意味
a += b	a = a + b
a -= b	a = a - b
a *= b	a = a * b
a /= b	a = a / b
a %= b	a = a % b
a **= b	a = a ** b
a //= b	a = a // b

問題がなければこれをfactorial(N)で関数化し、関数の呼び出し結果を確認します。このとき作成済みのコードのうちNに置き換える場所はどこになるでしょうか？ range(5, 0, -1)をrange(N, 0, -1)に置き換えればいいですね。

```
In[49]:    def factorial(N):
               result = 1
               for i in range(N, 0, -1):
                   result *= i
               return result

           factorial(4)
```

Out[49]:   24

先ほど5!で確認したので今回は4!で確認してみました。関数も問題なく作成されましたね。

次に別のセルでfor文を使って、1から10までの階乗をリスト化してみます。1から10までの数字は関数range()を使って作成します。最初が1で最後が10なので、range(1,11)がよさそうです。list()を使って確認しましょう。

```
In[50]:     list(range(1, 11))
```

```
Out[50]:    [1, 2, 3, 4, 5, 6, 7, 8, 9, 10]
```

ではこのrange(1,11)を使って階乗のリストを作ってみます。リストの初期値は[]とし、.appendメソッドを使用します。

```
In[51]:     factorial_list = []
            for i in range(1,11):
                factorial_list.append(factorial(i))
            factorial_list
```

```
Out[51]:    [1, 2, 6, 24, 120, 720, 5040, 40320, 362880, 3628800]
```

ここでは.append()の括弧内に直接factorial(i)を記載しています。もちろん別の変数にfactorial(i)を代入してその変数をこの位置に記入しても問題ありません。

以上のように、コードを書くときは確認できる最小の単位で作成し、問題ないことを確認したうえでその外側のコードを追記していくのがコツです。長いPythonコードも、以上のようなそれぞれ小さな単位で確認されたコードや関数をレゴブロックのように組み立ててできたものです。

リストの作成には、内包表記のfor文がよく使用されます。上記の内容も内包表記を使用して簡単に表現できます。初期値の設定やappendメソッドも不要となります。

```
In[52]:     factorial_list = [factorial(i) for i in range(1,11)]
            factorial_list
```

```
Out[52]:    [1, 2, 6, 24, 120, 720, 5040, 40320, 362880, 3628800]
```

上記は、リスト内でfactorial(i)をfor文の条件で繰り返すという内容になります。内包表記の場合、処理コードの後にfor文がきます。同様に内包表記のif文もあります。ここでの説明は省きますが、「Python 内包表記 if文」でネット検索してみてください。

Pythonはネット情報が充実しています。エラーの内容が理解できないときは、エラーメッセージの最後の行をネット検索してみることをお勧めします。

13-11 文字列の操作

文字（str）型変数は、以下のように複数の情報が取り出せるイテラブル変数の
1つです。

```
In[53]:  moji = 'abc'
         for i in moji:
             print(i)
         a
         b
         c
```

したがって、スライスを使って文字の一部を取り出したり、関数len()で文字数
を調べることもできます。

```
In[54]:  moji[:2], len(moji)
Out[54]: ('ab', 3)
```

ただし、タプルと同じく途中の文字を入れ替えることはできません。

```
In[55]:  moji[1] = 'd'
                 (途中略)
         TypeError: 'str' object does not support item assignment
```

文字を修正するときは単語全体を代入する必要があります。

```
In[56]:  moji = 'adc'
         moji
Out[56]: 'adc'
```

文字（str）型変数のメソッドはこの後に紹介するWebサイトに掲載されていま
すが、ここではよく使用される.formatと.split/.joinの2種類を紹介します。
.format()は、文字列の中に{}を使用することで、.format()の括弧の中

の変数を{}の個所に挿入することができます。たとえば、以下は'bin#{}'という文字列の{}の個所に順番に数字を挿入するコードの例です。

```
In[57]:   for i in range(3):
              print('bin#{}'.format(i))

          bin#0
          bin#1
          bin#2
```

　上記例では、{}が順番に0、1、2で置き換わっています。{}の中にはフォーマットを指定することができます。たとえば{:03d}は、指定した3桁より少ない場合に0で埋めた3桁の10進数で記載することを意味します。

```
In[58]:   for i in range(3):
              print('bin#{:03d}'.format(i))

          bin#000
          bin#001
          bin#002
```

　ここで使用した「:03d」のようなフォーマット指定方法については以下のサイトを参照してください。

https://docs.python.org/ja/3/library/string.html#formatstrings

　続いて2つ目の文字（str）型変数のメソッド.split()と.join()について説明します。.split()は、空白で区切られた英文を単語ごとにリスト化する際に使用し、.join()は反対に、リスト状の単語を長い1つの文章にする場合に使用します。

　xxx.split(yyy)を記載した場合は、xxxが分割される文字（str）型変数で、yyyが区切りの文字（省略時は空白' '）となります。

```
In[59]:   purpose = 'This chapter is for readers new to Python'
          purpose_list = purpose.split()
          purpose_list

Out[59]:  ['This', 'chapter', 'is', 'for', 'readers', 'new', 'to', 'Python']
```

反対に .join() を使って結合する場合は、yyy.join(xxx)のように、区切り文字yyyの後に.joinを付け、括弧の中に合成対象のリスト型変数xxxを記載します。

```
In[60]:   purpose_combined = ' '.join(purpose_list)
          purpose_combined

Out[60]:  'This chapter is for readers new to Python'
```

数字のリストデータが、長い文字型で入手される場合があります。これを実際の数字のリストデータに変換する場合、.split()メソッドでリスト化して関数int()もしくは関数float()で数値化します。以下の例では、前後の角括弧[ ]を取るために.strip()メソッドを使用しています。.strip()メソッドは、括弧内で指定した文字を削除するメソッドです。

```
In[61]:   original = '[75.1, 82.9, 65.0, 52.3, 99.8, 30.5]'
          data = [float(i) for i in original.strip('[ ]').split(',')]
          data

Out[61]:  [75.1, 82.9, 65.0, 52.3, 99.8, 30.5]
```

上記のコードをもう少し詳しく説明します。
originalという変数は文字列なので、このままでは計算に使用できません。
まずoriginal.strip('[ ]')とすることで、前後の角括弧が外れます。

```
In[62]:   original.strip('[ ]')

Out[62]:  '75.1, 82.9, 65.0, 52.3, 99.8, 30.5'
```

さらにsplit(',')を加えて「original.strip('[ ]').split(',')」とすることでリスト化できます。このように、メソッドは続けて使用することができます。

```
In[63]:   original.strip('[ ]').split(',')

Out[63]:  ['75.1', ' 82.9', ' 65.0', ' 52.3', ' 99.8', ' 30.5']
```

ただし、この状態ではリスト内の各要素はまだ文字型です。これを関数float()を使って小数型の数字にしましょう。

```
In[64]:     float(original.strip('[ ]').split(','))
```

(途中略)

```
TypeError: float() argument must be a string or a number, not 'list'
```

エラーからわかるように、関数float()はリスト型全体には適用できません。そこで内包表記のforループを使用して、1つずつ関数float()で小数化しています。

```
In[65]:     [float(i) for i in original.strip('[ ]').split(',')]
Out[65]:    [75.1, 82.9, 65.0, 52.3, 99.8, 30.5]
```

また、original.strip('[ ]')の代わりにスライスoriginal[1:-1]を使用して両側の角括弧を外し、original[1:-1].split(',') としても同じ結果が得られます。

以上の内容をさらに詳しく知りたい方は下記サイトを参照してください。
https://docs.python.org/ja/3/library/stdtypes.html#string-methods

13-12　pandas

pandasはPythonのライブラリで、データ解析には必須とされるツールの1つです。中でも特に使用頻度が高く、データを2次元で処理する **DataFrame** というオブジェクトについてここで紹介します。

pandasを使用する場合は、最初にimportを指定してライブラリを取り込み、使用できるようにする必要があります。

```
In[66]:     import pandas as pd
            import numpy as np
```

このようにimportして初めて、pandasのライブラリがPythonに読み込まれて使用できる状態になります。as pdというのは「pandasという名前をここではpdと短く省略して使用する」という意味です。

ここではnumpyというライブラリもimportしておきます。numpyの説明はここでは省きますが、ベクトルや行列の計算をする場合には必須のライブラリです。

豊富な関数、メソッドがあり、その一部を本節の説明で使用します。一般的にPythonを使う場合は、最初にpandasとnumpyをセットでimportします。

通常pandasのDataFrameを使用する場合は、外部データの読み込みから入ります。たとえばお手持ちのcsvファイルを、`pd.read_csv`を使って読み込んでみましょう。

```
In[67]:   df1 = pd.read_csv('xxxx.csv')
          df1
```

お手持ちのファイルが表示できたでしょうか。この場合、読み込むファイルは.ipynbのファイルと同じフォルダにあることが前提です。ファイルが別の場所にあるときは、'../zzz/yyy/xxxx.csv'のように指定することができます（../は1つ上のフォルダの意味）。

日本語が文字化けするようであれば、pd.read_csv('xxxx.csv', encoding = 'shift-jis')のように文字コードを指定できます（指定しないときの文字コードはUTF-8）。

また、行や列の最大表示数を変更する場合は以下を実行してください。

```
pd.options.display.max_rows = 100        # 行の最大表示数を100にする場合
pd.options.display.max_columns = 100     # 列の最大表示数を100にする場合
```

編集後のファイルをcsvとして書き込む場合は`.to_csv()`メソッドを使います。

```
In[68]:   df1.to_csv('xxxx.csv')
          df1.to_csv('xxxx.csv', index=False)     # index を保存しないとき
```

ここでDataFrameを2つの方法で作成してみます。

最初の作成方法は辞書型のデータから作成したもので、インデックスを`index=`で追加定義しています。

```
In[69]:    df1 = pd.DataFrame({
                   '性別':['女', '男', '男', '女', '女', '女', '男', '男',],
                   '年齢':[49, 64, 55, 58, 60, 49, 51, 51],
                   '身長':[145, 181, 160, 140, 152, 165, 170, 159],
                   '体重':[59, 66, 74, 55, 55, 56, 65, 51],
                   '最高血圧':[162, 150, 144, 132, 150, 162, 98, 120],
                   '最低血圧':[74, 74, 82, 84, 78, 78, 68, 76],}
                   ,index = range(100,108))
```

　2つ目の方法は2次元リストをデータとし、インデックスをindex=、列名をcolumns=で追加定義しています。

```
In[70]:    df1 = pd.DataFrame([['女', 49, 145, 59, 162, 74],
                   ['男', 64, 181, 66, 150, 74],
                   ['男', 55, 160, 74, 144, 82],
                   ['女', 58, 140, 55, 132, 84],
                   ['女', 60, 152, 55, 150, 78],
                   ['女', 49, 165, 56, 162, 78],
                   ['男', 51, 170, 65,  98, 68],
                   ['男', 51, 159, 51, 120, 76]],
                   index = range(100,108),
                   columns = ['性別','年齢','身長',
                   '体重','最高血圧','最低血圧'])
           df1
```

Out[70]:

	性別	年齢	身長	体重	最高血圧	最低血圧
100	女	49	145	59	162	74
101	男	64	181	66	150	74
102	男	55	160	74	144	82
103	女	58	140	55	132	84
104	女	60	152	55	150	78
105	女	49	165	56	162	78
106	男	51	170	65	98	68
107	男	51	159	51	120	76

13-12-1 DataFrame オブジェクトの操作

pandasのDataFrameでよく使用するメソッドには以下のものがあります。

DataFrame の メソッド	説明
.head(n)	先頭 n 行を表示。n 省略時は 5 行表示
.tail(n)	末尾 n 行を表示。n 省略時は 5 行表示
.describe()	要約統計量を表示（以下の例を参照）
.corr()	列間相関係数を一覧表示
.apply()	列または行に対して関数を適用
.groupby()	グルーピング（後ほど説明）
.agg()	集計（後ほど説明）
.sort_index()	Index の順に並び替え。デフォルトは昇順。（ascending=False）で降順
.isnull()	欠損を確認
.notnull()	欠損がないことを確認
.dropna()	欠損値の削除
.fillna()	欠損値の補完

どちらの方法を使用しても問題ありません。

最初に .describe() を紹介します。

```
In[71]:  df1.describe()
Out[71]:
```

	年齢	身長	体重	最高血圧	最低血圧
count	8.000000	8.000000	8.000000	8.000000	8.000000
mean	54.625000	159.000000	60.125000	139.750000	76.750000
std	5.578978	13.352367	7.605214	22.076167	5.007138
min	49.000000	140.000000	51.000000	98.000000	68.000000
25%	50.500000	150.250000	55.000000	129.000000	74.000000
50%	53.000000	159.500000	57.500000	147.000000	77.000000
75%	58.500000	166.250000	65.250000	153.000000	79.000000
max	64.000000	181.000000	74.000000	162.000000	84.000000

　ここでcountは有効な要素の個数（行数−欠損値の数）、meanは平均値、stdが標準偏差（standard deviation）、minは最小値、25%は第1四分位数、50%は中央値、75%は第3四分位数、maxは最大値です。これらの統計量が列ごとに集計されて出力されます。

　以上の統計量についてはそれぞれの集計用メソッドで個別に得ることができます。

集計メソッド	意味
.count()	有効な要素数
.mean()	平均
.median()	中央値
.mode()	最頻値
.max()	最大値
.min()	最小値
.sum()	合計値

　これらの集計用メソッドは計算軸を指定できます。axis=0はindexが増える方向の計算、axis=1はcolumnが増える方向の計算となります。したがって出力は、axis=0は列ごとの集計値、axis=1は行ごとの集計値となります。axisを省略した場合のデフォルト値はaxis=0です。

```
In[72]:    df1.mean()        #または df1.mean(axis=0)
```

```
Out[72]:   年齢       54.625
           身長      159.000
           体重       60.125
           最高血圧   139.750
           最低血圧    76.750
           dtype: float64
```

```
In[73]:    df1.mean(axis=1)
```

```
Out[73]:   100     97.8
           101    107.0
           102    103.0
           103     93.8
           104     99.0
           105    102.0
           106     90.4
           107     91.4
           dtype: float64
```

13

Pythonの基本

また、df1.mode()を実行すると高頻度順に出力されるので、最頻値を得るためにはdf1.mode().iloc[0]とする必要があります。

DataFrameにはメソッドのほかに**アトリビュート（属性）**があります。代表的なアトリビュートは.shapeで、DataFrameの行数と列数をタプル型変数として出力します。

```
In[74]:    df1.shape
```

```
Out[74]:   (8, 6)
```

アトリビュートには引数のための括弧()はありません。要素を取り出す際には角括弧[]を使用します。DataFrameの行数は.shape[0]（上記の場合、値は8）、列数は.shape[1]（上記の場合、値は6）で得られます。.shapeも含め主なアトリビュートには以下があります。

DataFrameの アトリビュート	説明
.columns	列名をindex型で表示（index型はpandasで定義された変数で、タプルと同様にイテラブルで変更不可）
.index	行名（Index）をindex型で表示
.loc	ラベル（index名, column名）による位置指定
.iloc	整数による位置指定
.values	データをnumpyのarray型で出力
.dtypes	列ごとの変数のtypeをSeries型で出力
.shape	行数と列数をタプル型変数で出力
.size	要素数をint型で出力（shape[0] * shape[1]）

　ここでdf1.columnsとdf1.indexを確認してみてください。df1.columnsでは列名が確認できます。indexとは表のいちばん左側にある列のことで、今回dfを定義した際にはindex = range(100,108)で指定したものです。df1.indexを実行すると「RangeIndex(start=100, stop=108, step=1)」が出力されます。

　次に、.locと.ilocはともに位置を指定して要素を抽出する際に使用します。.locにはラベルを指定するため.loc[index名, column名]と指定します。indexが105の身長を取り出す場合、次のように指定します。

```
In[75]:  df1.loc[105,'身長']
```
Out[75]: 165

　一方.ilocは.iloc[行の位置, 列の位置]を整数で指定します。整数はlistやrangeと同じように0から始まります。上記の例と同じ位置は.iloc[5,2]です。

```
In[76]:  df1.iloc[5, 2]
```
Out[76]: 165

　複数の行と列を指定する場合、locでは

```
df1.loc[range(101, 106, 2), ['身長', '体重']]
```

または

```
df1.loc[101:106:2, ['身長', '体重']]
```

のように、行は関数 range() 、列は列名のリストで指定できるので確認してみて
ください。また iloc の場合は、リストのときに使用したスライス指定が可能です。
たとえば、

```
df1.iloc[1:6:2, -2:]
```

のように指定できます。軸にコロン : のみを使用した場合は該当軸のすべての要素
が選択となります。

```
df1.iloc[:2, :]
```

pandasでは2次元のデータをDataFrameとして取り扱いますが、1次元のデー
タは**Series**として取り扱います。1次元のデータですがlistとは違い、DataFrame
のようなIndexを付けることができます。つまりDataFrameの1列を取り出した
ものがSeriesとなります。別な言い方をすれば、同じIndexを使ったSeriesを、異
なる列として束ねたものがDataFrameです。
DataFrameから1列をSeriesとして取り出すには角括弧[]を付けて「df['体重']」
のように列名を1つ記載します。

```
In[77]:    df1['体重']
Out[77]:   100    59
           101    66
           102    74
           103    55
           104    55
           105    56
           106    65
           107    51
           Name: 体重, dtype: int64
```

df1 と df1['体重']について、type()関数で型を調べてみましょう。

```
In[78]:    type(df1), type(df1['体重'])
Out[78]:   (pandas.core.frame.DataFrame, pandas.core.series.Series)
```

それぞれの値の型は、DataFrameとSeriesであることがわかります。

Seriesはlistと同じように、角括弧[]を使用したindexによる位置指定が可能で、.locや.ilocを使った位置指定も可能です。したがって以下の表現はすべて同じ位置の値が出力されます。pandasを使用するとき最初に混乱するところですが、それぞれ元々の意味を知っていれば解釈も使い分けも可能となります。

```
df1.loc[105,'年齢']         # locでDataFrame内の位置を指定してデータを取得
df1.iloc[5,1]              # ilocでDataFrame内の位置を指定してデータを取得
df1['年齢'][105]           # indexでSeries内の位置を指定してデータを取得
df1['年齢'].loc[105]       # locでSeries内の位置を指定してデータを取得
df1['年齢'].iloc[5]        # ilocでSeries内の位置を指定してデータを取得
```

また、DataFrameから列を取り出す際に、df1[['体重', '身長']]のように複数の列を取り出すことが可能です。ただし、その出力対象は複数列が存在するDataFrameであり、Seriesではありません。DataFrameには直接角括弧[]を付けたindexによる位置指定は使えません。.locまたは.ilocを使用する必要があります。

以下はSeriesに使用可能でDataFrameには使えないメソッドのうち、よく使用されるものです。

Series のメソッド	説明
.sort_values()	値の順に並び替える
.tolist()	list型変数を出力

ここで話をまたDataFrameに戻します。実はここまでは前振りでpandasの本領発揮はこれからです。

さて、上記で作成したdf1に対して、身長と体重からBMI（体重/(身長/100)**2）を計算し、新しいBMIという列を加えたいと思います。pandasを使えばコード1行でDataFrameのすべての行に対してBMIを計算した後、新しい列として加えて

くれます。

```
In[79]:   df1['bmi'] = df1['体重'] / (df1['身長'] / 100)**2
          df1.head(3)
```

Out[79]:

	性別	年齢	身長	体重	最高血圧	最低血圧	bmi
100	女	49	145	59	162	74	28.061831
101	男	64	181	66	150	74	20.145905
102	男	55	160	74	144	82	28.906250

for文を使って1行ずつ計算する必要はありません。また、処理時間もfor文を使用するときに比べて極めて短時間ですみます。

それでは、BMIの大きい順に3名抜き出してみましょう。これも1行で出力可能です。

```
In[80]:   df1.loc[df1['bmi'].sort_values(ascending=False).index[:3], :]
```

Out[80]:

	性別	年齢	身長	体重	最高血圧	最低血圧	bmi
102	男	55	160	74	144	82	28.906250
100	女	49	145	59	162	74	28.061831
103	女	58	140	55	132	84	28.061224

上記の内容について補足します。まずdf['bmi']に対してSeriesのメソッド.sort_values()を呼び出して、値の大きい順（ascending=False）で並び替え、そのindexの上位3つをスライスの[:3]を使用して抽出します。

```
In[81]:   df1['bmi'].sort_values(ascending=False).index[:3]
Out[81]:  Int64Index([102, 100, 103], dtype='int64')
```

上記Out[81]のコードをdf1.loc[　,　]のindexの欄に入力し、columnsの欄は「:」と指定してOut[80]の結果を得ています。

次に、bmiが22以下の人を抜き出すにはどうすればよいでしょうか。
これは上記の並べ替えよりも簡単にできます。

```
In[82]:   df1[df1['bmi'] <= 22]
```
Out[82]:

	性別	年齢	身長	体重	最高血圧	最低血圧	bmi
101	男	64	181	66	150	74	20.145905
105	女	49	165	56	162	78	20.569330
107	男	51	159	51	120	76	20.173253

この方法について説明を補足します。
まず、df1['bmi'] <= 22を実行すると以下の結果が得られます。

```
In[83]:   df1['bmi'] <= 22
```
Out[83]:
```
100    False
101     True
102    False
103    False
104    False
105     True
106    False
107     True
Name: bmi, dtype: bool
```

これは、Seriesのdf1['bmi']の各項目が22以下であるかどうかの真偽を、同じindexのSeriesとして出力します。これをそのままdf1[ ]の角括弧の中に入れると、Trueの行だけ選択されるようになっています。試しに以下のように、indexと同じ長さのbool値リストをdf1[ ]に入れても同じ結果が得られるので、確認してみてください。

```
df1[[False,True,False,False,False,True,False,True]]
```

次に、bmiをA/B/Cのランクに分けて列を新たに追加します。判定のための関数hantei()として以下のコードを使用します。

```
In[84]:    def hantei(x):
               if x < 22:
                   result = 'A'
               elif x <= 25:
                   result = 'B'
               else:
                   result = 'C'
               return result
```

上記のコードを実行した後にdf1['bmi']に対して関数hantei()をapplyメソッドで適用し、その結果を新しい列の「判定」としてdf1に追加します。これも簡単に1行で実行できます。

```
In[85]:    df1[' 判定 '] = df1['bmi'].apply(hantei)
           df1
```

Out[85]:

	性別	年齢	身長	体重	最高血圧	最低血圧	bmi	判定
100	女	49	145	59	162	74	28.061831	C
101	男	64	181	66	150	74	20.145905	A
102	男	55	160	74	144	82	28.906250	C
103	女	58	140	55	132	84	28.061224	C
104	女	60	152	55	150	78	23.805402	B
105	女	49	165	56	162	78	20.569330	A
106	男	51	170	65	98	68	22.491349	B
107	男	51	159	51	120	76	20.173253	A

13

Pythonの基本

　続いて、判定結果のA/B/Cのグループごとに、身長と体重、bmiの平均値を出してみましょう。まず.groupby()メソッドでグループ分けします。.groupby()メソッドは必ず集計用メソッドが必要になるので、その後に平均をとるための.mean()を付けます。その状態では、文字列を除く全項目の平均が出力されます。最後にその中の身長と体重、bmiを選択します。

```
In[86]:    df1.groupby('判定').mean()[['身長','体重','bmi']]
Out[86]:
```

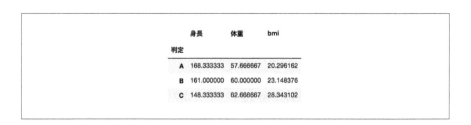

	身長	体重	bmi
判定			
A	168.333333	57.666667	20.296162
B	161.000000	60.000000	23.148376
C	148.333333	62.666667	28.343102

　列名を「身長」から「平均身長」に変更したい場合はさらに先のコードに、

```
.rename(columns={'身長':'平均身長','体重':'平均体重','bmi':'平均bmi'})
```

を追加します。

　しかし実際には必要なのは平均だけではなく、項目によって異なる統計量が必要になる場合が多いはずです。たとえば、年齢とbmiは平均（mean）、身長と体重は中央値（median）、最高血圧と最低血圧は最大値（max）と最小値（min）を出力したいとします。そんなときは.agg()メソッドを使用します。
　.agg()の括弧の中に、どの列名にどの集計メソッドを使用するのかの集計情報を、辞書型変数で記載します。直接括弧の中に辞書型変数を指定してもよいのですが、長くなるのでここでは一度、集計情報を辞書型変数agに代入してから.agg(ag)とします。

```
In[87]:    ag = {' 年齢 ':'mean',
              ' 身長 ':'median',
              ' 体重 ':'median',
              ' 最高血圧 ':['max','min'],   #複数の場合は値にリストを使う
              ' 最低血圧 ':['max','min'],
              'bmi':'mean'}

           df1.groupby(' 判定 ').agg(ag)
```

Out[87]:

	年齢	身長	体重	最高血圧		最低血圧		bmi
判定	mean	median	median	max	min	max	min	mean
A	54.666667	165	56	162	120	78	74	20.296162
B	55.500000	161	60	150	98	78	68	23.148376
C	54.000000	145	59	162	132	84	74	28.343102

　以上の内容は、Excelのような表計算ソフトのピボット関数でも可能ですが、pandasの `groupby().agg()` メソッドは、Excelに比べて計算スピードが桁違いに速いです。大きいデータで一度確認してみることをお勧めします。

　次は欠損値に関するメソッドです。

メソッド	説明
.isnull()	欠損を確認
.notnull()	欠損がないことを確認
.dropna()	欠損値の削除
.fillna()	欠損値の補完

　まずdf1のデータの一部を故意に欠損値にするため、df2 = df1[df1 != 55] を実行します。するとdf2ではデータ中の55という値の個所が欠損値を表すNaN (Not a Number) に変わります。

In[88]:
```
df2 = df1[df1 != 55]
df2
```

Out[88]:

	性別	年齢	身長	体重	最高血圧	最低血圧	bmi	判定
100	女	49.0	145	59.0	162	74	28.061831	C
101	男	64.0	181	66.0	150	74	20.145905	A
102	男	NaN	160	74.0	144	82	28.906250	C
103	女	58.0	140	NaN	132	84	28.061224	C
104	女	60.0	152	NaN	150	78	23.805402	B
105	女	49.0	165	56.0	162	78	20.569330	A
106	男	51.0	170	65.0	98	68	22.491349	B
107	男	51.0	159	51.0	120	76	20.173253	A

　このdf2のデータを使って欠損値に関するメソッドを確認します。
　df2.isnull()を実行してみると、欠損値の場合はTrue、欠損値ではない場合はFalseを返します。列ごとの欠損値の数を確認するためには、その後ろに.sum()を加えます。

In[89]:
```
df2.isnull().sum(axis=0)      # axis=0 は省略可能
```

Out[89]:
```
性別        0
年齢        1
身長        0
体重        2
最高血圧     0
最低血圧     0
bmi      0
判定       0
dtype: int64
```

　行ごとの欠損値を確認するには、df2.isnull().sum(axis=1)とします。

```
In[90]:    df2.isnull().sum(axis=1)
```

```
Out[90]:   100    0
           101    0
           102    1
           103    1
           104    1
           105    0
           106    0
           107    0
           dtype: int64
```

　.dropna()は、欠損値が含まれている行や列を削除するメソッドです。以下のように削除の条件を指定する必要があります。

メソッドの指定	意味
.dropna(how='all', axis=0)	すべての要素が欠損値の行を削除
.dropna(how='all', axis=1)	すべての要素が欠損値の列を削除
.dropna(how='any', axis=0)	欠損値が1つでもある行を削除
.dropna(how='any', axis=1)	欠損値が1つでもある列を削除
.dropna(thresh=3, axis=0)	欠損値ではない要素が3個未満の行を削除
.dropna(thresh=3, axis=1)	欠損値ではない要素が3個未満の列を削除
.dropna(subset=['身長','体重'])	列を指定して.dropnaを適用

　dropnaメソッドのデフォルトのパラメータ(指定しない場合)は、「how='any', axis=0」になります。
　.fillna()は、欠損値を置き換えるメソッドです。置換する値や条件の指定は以下のようになります。

メソッドの指定	意味
`.fillna(0)`	0で置換する
`.fillna(df.mean())`	列ごとの平均値で置換する
`.fillna(df.median())`	列ごとの中央値で置換する
`.fillna(df.mode().iloc[0])`	列ごとの最頻値で置換する
`.fillna(method='ffill')`	前の行の値で置換する
`.fillna(method='bfill')`	後の行の値で置換する

13-12-2　pandasの可視化メソッド

この節では、以下のpandasの可視化メソッドについて説明します。

- `.hist()`
- `.plot.hist()`
- `.boxplot()`
- `.plot.scatter()`

まず、numpyの乱数を使用して、グラフ作成用DataFrameのdf3を作成します。

```
In[91]:   np.random.seed(1234)
          df3 = pd.DataFrame(np.random.multivariate_normal([2, 3, 4], [[2,
          -1, 0], [-1, 2, -1], [0, -1, 2]], 100), columns=['x', 'y', 'z'])
          df3.head(3), df3.corr(), df3.shape
Out[91]:  (          x         y         z
          0   3.303700  4.391335  2.921748
          1   3.348944  3.071630  3.907767
          2   1.848374  4.131601  2.575327,
                    x         y         z
          x   1.000000 -0.559838  0.189544
          y  -0.559838  1.000000 -0.701393
          z   0.189544 -0.701393  1.000000,
          (100, 3))
```

.hist()は、Seriesのヒストグラムを描くメソッドです。

```
In[92]:   df3['x'].hist()
```
Out[92]:

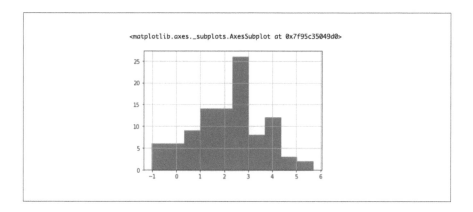

df3['x'].hist(bins=20)のように、パラメータとしてbins（階級数）を変更できます。初期値は10で、関数range()でも指定可能です。
一方、.plot.hist()はDataFrameのヒストグラムを描くメソッドで、以下のように複数の列の重ね書きが可能です。

```
In[93]:   df3.plot.hist(y=['x', 'y', 'z'], bins=20, alpha=0.5, figsize=(8,4))
```
Out[93]:

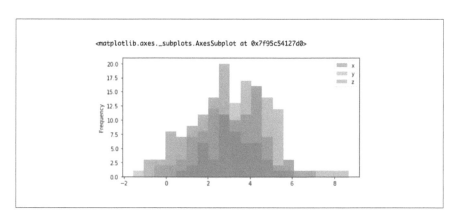

　パラメータのyは選択した列、alphaはグラフの透明度、figsizeはグラフのサイズです。df3.plot(y=['x', 'y', 'z'], bins=20, alpha=0.5, figsize=(8,4), kind='hist')でも同じグラフが描けます。

　.boxplot()はDataFrameのメソッドで、箱ひげ図を描きます。

In[94]:　　df3.boxplot()

Out[94]:

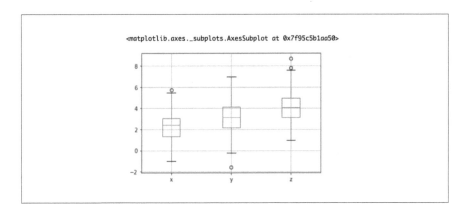

　.plot.scatter()は、散布図を描くDataFrameのメソッドです。

In[95]:　　df3.plot.scatter(x = 'x', y = 'y')

Out[95]:

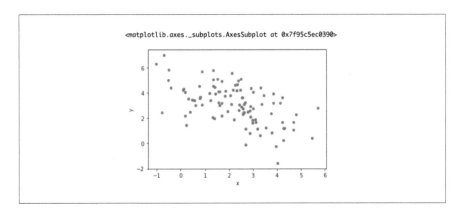

また、`pd.plotting.scatter_matrix()`という関数を使うと、以下のような散布図行列が得られます。

```
In[96]:    pd.plotting.scatter_matrix(df3,figsize=(6,6))
```

Out[96]:   （途中略）

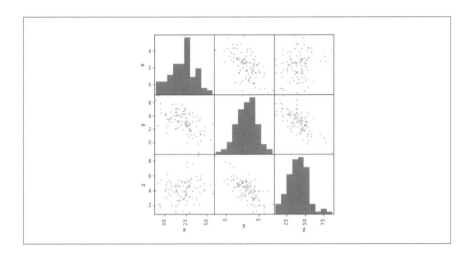

13

Pythonの基本

散布図行列は、列数が少ない場合、これ1つで各列のヒストグラムと各列間の関係がわかるので便利です。

MEMO

第 14 章

Rの基本

本章はRを初めて学ぶ読者を対象としています。すでにRの知識をお持ちの方はスキップしていただいてかまいません。説明の流れとしては第13章のPythonと同じ内容を扱いますが、R独特の内容については追加で解説を加えていきます。

14-1 はじめに

　Rはデータ解析、統計解析、可視化のツールとしてのプログラミング言語の1つ
で、機械学習の分野ではPythonと並ぶほどに普及しています。

　本章ではゼロから始めて、環境設定、変数、関数、if文/for文などのRの基
礎から機械学習で使用されるdata.frameまでをカバーして、データ分析実務スキ
ル検定（CBAS）の問題が解けるようになることを目的とします。CBASの問題が
解ける程度にまで理解が進めば、ネット上の説明サイトを参照するなどしながらR
の独学を続けていくことが可能になります。

14-2 Rを使用する環境

　Rを使用するには、手元のPCに以下の方法でRをインストールする必要があり
ます。Rはエンジンの名称であり、このRをインタラクティブに使用するためのソ
フトウェア環境であるRStudioもインストールします。

14-2-1　Rのインストール

　以下のRのダウンロード用URLをクリックします。

https://cloud.r-project.org/

The Comprehensive R Archive Network

Download and Install R

Precompiled binary distributions of the base system and
contributed packages, **Windows and Mac** users most likely want
one of these versions of R:

- Download R for Linux (Debian, Fedora/Redhat, Ubuntu)
- Download R for macOS
- Download R for Windows

R is part of many Linux distributions, you should check with your
Linux package management system in addition to the link above.

CRAN
Mirrors
What's new?
Task Views
Search

About R

▶ Windows の場合

① 「Download R for Windows」をクリック
② 「install R for the first time」をクリック

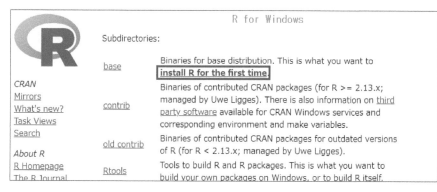

③ 「Download R X.X.X for Windows」をクリック（X は最新版のものが表示される）

④ ダウンロードした exe ファイルを実行しインストール

表示される画面で［OK］や［次へ］を選択してインストールを完了します。

14

Rの基本

▶ Mac の場合

① 「Download R for macOS」をクリックし画面を下にスクロール
② 「R-X.X.X.pkg」をクリック（X は最新版のものが表示される）

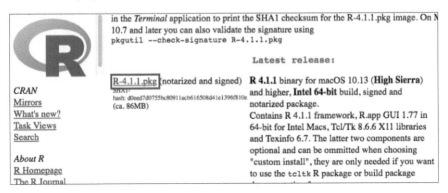

③ ダウンロードした pkg ファイルを実行しインストール

表示される画面では［OK］や［次へ］を選択してインストールを完了します。

14-2-2　RStudio のインストール

以下のRStudioのダウンロード用 URLをクリックします。
https://www.rstudio.com/products/rstudio/download/

次の画面で、いちばん左の「RStudio Desktop」「Free」と書いてある下の
［DOWNLOAD］ボタンをクリックします。

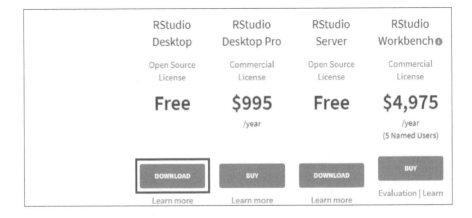

次の画面が表示されるので、以下の手順に従ってRStudioをインストールします。

All Installers

Linux users may need to import RStudio's public code-signing key prior to installation, depending on the operating system's security policy.

RStudio requires a 64-bit operating system. If you are on a 32 bit system, you can use an older version of RStudio.

OS	Download	Size	SHA-256
Windows 10	⬇ RStudio-1.4.1717.exe	156.18 MB	71b36e64
macOS 10.14+	⬇ RStudio-1.4.1717.dmg	203.06 MB	2cf2549d
Ubuntu 18/Debian 10	⬇ rstudio-1.4.1717-amd64.deb	122.51 MB	e27b2645

・Windows の場合
① Windows 用のダウンロードファイルをクリック。
② ダウンロードした exe ファイルを実行しインストール。
③ 表示される画面で［OK］や［次へ］を選択してインストールを完了する。

・Mac の場合
① Mac 用のダウンロードファイルをクリック (OS のバージョンによっては「older version of RStudio」のリンク先からダウンロード)。
② ダウンロードした dmg ファイルを実行すると、次のような画面が表示されるので、「RStudio」のアイコンを Applications フォルダへドラッグ＆ドロップ。

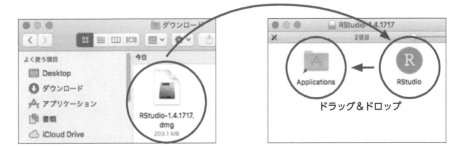

ドラッグ＆ドロップ

最後にRStudioを立ち上げて次に進みましょう。

14-2-3　Working Directory の設定

RStudioのプログラムを開始したら、最初に作業フォルダ（Working Directory）を設定します。RStudioは作業フォルダを手動で設定する必要があります。作業フォルダの設定には次の2つの方法があります。

・メニューからの設定（こちらのほうがわかりやすい）
　ウィンドウ上部にあるメニューの左から6番目の［Session］をクリックし、プルダウンメニューから［Set Working Directory］→［Choose Directory…］を選択します。次に作業を行うフォルダをクリックした後、［Open］を選択します。

・コマンドによる設定（スクリプト上でも設定可能な方法）
　［Console］タブのウィンドウで「getwd()」と入力して Enter キーまたは Return キーを押します。すると現在の Working Directory が表示されるので、変更する必要があれば「setwd(~/xxx/yyy)」のように入力して変更します。

14-2-4　RStudio の初期画面

Working Directory の設定が終わったら、次にウィンドウ上部の［File］メニューから［New File］→［R Script］を選択します。
　すると RStudio のウィンドウが以下の図のような、4つの画面に分割された状態になります。これが RStudio のデフォルトの状態です。

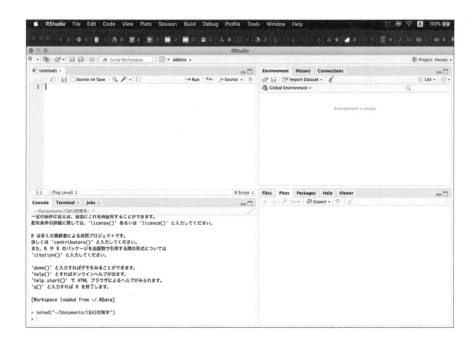

この場合、左上が［Source］（ソースコード）、左下が［Console］、右上が［Environment］、右下が［Plots］のそれぞれのタブのウィンドウが開いている状態です。

14-3 R プログラミングの基本

さてここから実際にRStudioを使ってRを操作してみましょう！

14-3-1 演算

左上の［Source］欄に「10+20」と半角で入力した後、Windowsの場合はCtrl＋Enterキーを、Macの場合command＋Returnキーを押します（この操作を以下、「実行する」といいます）。すると左下の［Console］欄に、以下のように実行文とその出力が示されます。

```
> 10+20
[1]  30
```

　ちなみに［Console］欄で「10+20」と入力した後、Windowsの場合はEnterキーを、Macの場合はReturnキーを押しても同じ結果になります。ただし［Console］欄は実行した内容がスクロールされてしまうので、プログラムの一部を書き換えても実行可能な［Source］欄を使って実行する方法をお勧めします。ただし本章の説明としては［Console］欄の表示内容を主に記載します。

　ここで使った「+」は**演算子**といい、ほかにも以下のようなものがあります。たとえば上記で入力した式の+を-に書き換えて実行すれば出力が変わります。数字や演算子を変えていろいろ試してみましょう。

演算子	演算の種類
a + b	足し算
a - b	引き算
a * b	掛け算
a / b	割り算
a %% b	割り算の余り
a %/% b	割り算の商
a ^ b	aのb乗

　演算の式は「1000 + 20 * 3 - (13 / 2) ^ 2」のように連続して書くことができます。その場合の計算の順番は通常の計算と同じく、括弧()、累乗（^）、掛け算（*）と割り算（/）、足し算（+）と引き算（-）の順になります。

14-3-2　変数

今までは数字の計算でしたが、今度はa と入力して実行してみましょう。

```
> a
エラー:  オブジェクト 'a' がありません
```

　すると上記のような内容が返されます。これは「aという名前の変数が定義されていない」という意味のエラーメッセージです。

aを変数として定義するためには、数字を代入してみましょう。

```
> a = 10
> a
[1] 10
```

今度はエラーは出ません。最初の行でaという変数に整数10を代入したので、無事、aという変数が定義されたことになります。

Rでは、=以外の**代入演算子**として、「<-」が使用できます。

```
> a <- 15
> a
[1] 15
```

Rでは<- が多く使われます。なお、本章ではこの表記方法に慣れるために、以降は代入演算子として<- を使用します。

次に、変数aに20を足します。

```
> a + 20
[1] 35
```

aという変数の中身（15）と20の足し算の結果が出力されます。

また、変数同士の計算もできます。今度は以下のように「a1 <- 25」の後で「a2 <- 3」と「a1 + a2」を入力し、すべて入力し終わった後に3行を選択した状態で実行します。

```
> a1 <- 25
> a2 <- 3
> a1 + a2
[1] 28
```

変数は、文字で始まる単語で、先頭以外には数字とピリオド（.）とアンダースコア（_）を使うことができます。大文字と小文字は区別されるので、たとえばA1とa1は異なる変数として扱われます。Rにおいてピリオド（.）は単なる文字の1つとして扱われるので、Pythonのような特別な意味は持ちません。

14-3-3　主なデータ型

Rには多くの**データ型**がありますが、主に使用されるのは次の3つです。

データ型	種類
numeric	数値（例：2.3、4。整数と小数の両方を含む）
character	文字列（例：'apple'、"orange"）
logical	論理値（True、False もしくは T、F と省略可能）

ここで先ほど15を代入したaの class(a) を確認してみましょう。

```
> class(a)
[1] "numeric"
```

class は、括弧内の引数に指定したデータの型を出力する、Rに最初から組み込まれている**関数（組み込み関数）**です。上記のコードは、aは現在numeric型（数値）であることを示しています。

次にaに文字列型の値を代入して class(a) を確認してみましょう。変数に文字列を入力する場合は、' '（シングルクォーテーション）もしくは" "（ダブルクォーテーション）のどちらかで文字列を囲います。

```
> a <- 'orange'
> class(a)
[1] "character"
```

aに characterの 'orange' を代入した段階で、変数aの型は数値のnumericから文字列のcharacterに変わりました。次に、aに logicalのTRUE またはTを入力してみます。

```
> a <- T    # TRUEまたはT　（Trueではエラーとなります）
> class(a)
[1] "logical"
```

FALSEの場合は、FALSE またはFと入力します（Falseではエラーとなります）。

　上記コードの中の「#」は、**コメント文**を挿入するときに使われます。#以降の内容はプログラムの実行時には無視されます。

　データ型を確認するための関数として、以下のものがあります。

関数	説明
is.numeric()	numeric かどうかを論理値で出力
is.character()	character かどうかを論理値で出力
is.logical()	logical かどうかを論理値で出力

14

　それぞれのデータ型に変換する関数は以下のとおりです。

関数	説明
as.numeric()	数値に変換（文字列は NA となる）
as.character()	文字列に変換
as.logical()	論理値に変換（文字列は NA となる）

　数値を論理値に変換する場合、0はFALSE、0以外はTRUEとなります。
　また、文字列characterの文字数をカウントする関数はncharです。

関数	説明
nchar()	文字数を整数で出力

14-3-4 比較演算子と logical 型データ

Rには、以下のような**比較演算子**があります（ここはPythonと同じ）。

演算子	演算の種類
a == b	aとbは等しい
a != b	aとbは異なる
a < b	aはbより小さい
a > b	aはbより大きい
a <= b	aはb以下
a >= b	aはb以上

ここでaとbにともに10を代入して、a == bとa != bを実行してみましょう。

```
> a <- 10
> b <- 10
> a == b
[1] TRUE
> a != b
[1] FALSE
```

このようにaと bが同じ場合、a == bはTRUE（真）、a != bはFALSE（偽）となります。

逆にaと bが異なる場合には、a == bはFALSE（偽）、a != bはTRUE（真）となります。いろいろな比較演算子を試してみてください。文字で大小を比較した場合、たとえば"ab" < "cd"などは、アルファベット順で前にあるほうが小、後ろにあるほうが大という判定をします。

```
> "ab" < "cd"
[1] TRUE
```

ここで、比較結果を「<-」を使って変数に代入し、変数の中身とデータ型を確認してみましょう。

```
> a <- 10
> b <- 10
> judge_1 <- (a == b)
> judge_1
[1] TRUE
> class(judge_1)
[1] "logical"
```

judge_1という変数には、(a == b)の比較結果であるTRUE (真) が代入され、デー
タ型はlogicalとなります。この場合(a == b)の括弧は必ずしも必要ありませんが、
ここではわかりやすくするために入れています。

14-3-5　print関数

Rにもprint関数があり、プログラムの途中で出力するときなどに使用します。

```
> print('Hello, world!')
[1] "Hello, world!"
> print('Hello, world!', quote=F)    #クォーテーションを表示しない
[1] Hello, world!
> w1 = 'Hello,'
> w2 = 'world!'
> paste(w1, w2)
[1] "Hello, world!"
```

クォーテーションを表示しないときは、quote=Fの引数を追記します。複数の
変数を出力するときは、paste関数を使用します。また、sprintf関数は、フォー
マットを指定して出力します。

```
> sprintf("%5.3f", pi)
[1] "3.142"
```

"%5.3f"はフォーマットの指定で、小数点を含めた有効数字が5桁、そのうち
小数以下が3桁の小数点型で出力することを表します。piは円周率です。Rでは
piという変数にはあらかじめ円周率が与えられています。

14-4 条件分岐（if 〜 else 文）

▶ 例題 1

ここで、aに整数を代入し、以下のように出力するコードを作成してみましょう。

・a に代入した整数が偶数、たとえば 6 のとき、"6 は偶数です " を出力
・a に代入した整数が奇数、たとえば 3 のとき、"3 は奇数です " を出力

▶ 解答 1

この例題のように変数aに入力された整数によって処理内容が異なるような場合は、if 〜 else文を以下のように使用します。

> ・もし（if）、a が偶数（a%%2==0）ならば、paste(a,' は偶数です ') を実行
> ・それ以外のとき（else）、paste(a,' は奇数です ') を実行

上の表現をコードで書いてみましょう。以下は [Source] 欄の内容を記載します。

```
a <- 3
if(a%%2==0) {
  paste(a,'は偶数です')
} else{
  paste(a,'は奇数です')
}
```

Rにおける if 文のルールとして次のようなものがあります。

・if の後の丸括弧 () 内に条件を記載する
・その後の波括弧 {} の中に、条件が TRUE のときの処理内容を記載する
・その後に else を置き、else の後の波括弧 {} の中に条件が FALSE のときの処理内容を記載する

　ここでは途中にわかりやすくするために改行を入れています。［Source］欄の上記コード行をすべて選択して実行すると、［Console］欄に以下の内容が出力されます。

```
> a <- 3
> if(a%%2==0) {
+   paste(a,'は偶数です')
+ } else {
+   paste(a,'は奇数です')
+ }
[1] "3 は奇数です"
```

　aに偶数と奇数をそれぞれ入力してみて、結果が合っていることを確認しましょう。

　ifの後の丸括弧()内の条件文、ここではa%%2==0がTRUEのときは、その後の波括弧{}内に記載された処理文を実行します。反対に条件文a%%2==0がFALSEのときは、elseの後の波括弧{}内に記載された処理文が実行されます。必要のない場合にはelse以降は省略できます。

　次に条件が3つに分かれる場合を考えましょう。

　そのような場合は、else ifを使用します（Pythonのelifと同じ）。

▶ 例題 2

初期設定を以下のようにします。

bmi = 21.0

upper_limit = 25.0

lower_limit = 18.5

bmiの値を変えることで以下のように出力するコードを作成してください。

・bmi が upper_limit 以下かつ lower_limit 以上のとき、'標準です' と出力
・bmi が upper_limit より大きいとき、'肥満です' と出力
・bmi が lower_limit より小さいとき、'やせ型です' と出力

　ここで、上記の日本語のとおりにif ～ else if ～ else文を使用すると、非常にわかりにくいコードになってしまいます。まずコードの内容を以下のように変

更します。

> ・もし（if）bmi が lower_limit より小さいとき、'やせ型です' と出力
> ・それ以外でもし（else if）、bmi が upper_limit 以下のとき、'標準です' と出力
> ・それ以外（else）は、'肥満です' と出力

この内容に合わせてコードを変更すると、以下のようになります（[Console]欄イメージ）。

```
> bmi <- 21.0
> upper_limit <- 25.0
> lower_limit <- 18.5
> if (bmi < lower_limit) {
+   print('やせ型です')
+ } else if (bmi <= upper_limit) {
+   print('標準です')
+ } else {
+   print('肥満です')
+ }
[1] "標準です"
```

こちらのほうが基準値（lower_limit と upper_limit）を下から順番に比較していくため、理解しやすいコードとなっています。もちろんbmiが大きいほうから記載しても問題ありません。

if(〜else if〜else)文は複数の書き方が可能ですが、時間が経った後から見直してもわかりやすいコードで記載するように心がけましょう。そのためにはコメント文を挿入したり、わかりやすい変数名を付けることも大事です。

14-5 関数

　ここまで組み込み関数として、classやprintなどを使ってきました。
classは括弧内のデータ型を調べる関数、printは括弧内の値を出力する関数で
した。

　これらと同様に自身でも関数を定義して作成し、使用することができます。この
ときに使用するのがfunctionです。

　ここで、priceとtaxの2変数から税込価格を計算する関数 zeikomi(price, tax)
をfunction関数を使って作成してみましょう。

```
> zeikomi <- function(price, tax) {
+    result <- price * (1 + tax / 100)
+    return(result)
+ }
> zeikomi(150, 8)
[1] 162
```

　まず、最初の zeikomi <- function(price, tax)で、zeikomiが**引数**
(price, tax) を持つ関数であることを示し、その関数の内容をその後の波括弧{}内
に記載します。その下の行でzeikomi(150, 8)を実行すると、先ほど定義した関数
zeikomiが呼び出され、引数price=150, tax=8が関数に引き渡されます。関数側
では2つの引数から税込価格を計算し、戻り値としてzeikomi(150, 8)に格納され
ます。

　この場合、わざわざreturn(result)を使わずに以下のように、返却する値
をそのまま波括弧{}内に記述してもかまいません。

```
> zeikomi <- function(price, tax){
+    price * (1 + tax / 100)
+ }
> zeikomi(150, 8)
[1] 162
```

　むしろこちらのほうがRの使い方としては一般的です。return関数は、if文
を使用する場合など必要に応じて使用されます。

14

Rの基本

　ここでzeikomi(150, 8)は、普通の変数のように使用することができます。たとえば次のように入力できます。

```
> food <- 3000
> clothing <- 5000
> total <- zeikomi(food, 8) + zeikomi(clothing, 10)
> total
[1] 8740
```

　一度関数を定義すれば、そのプログラムを開いている間は何度でも関数を使用できます。ただし、一度プログラムを閉じてしまうと、function文を実行せずにその関数を呼び出すとエラーが発生することになります。

14-6 練習問題

さて、ここでこれまで学習してきた内容に関する練習問題を解いてみましょう。

Q1. ある通販会社では、送料が以下の設定となっているとします。送料込みの請求書を計算する関数 bill(price) を function を使って作成してください。

合計価格が2,000円以下の送料は一律600円
合計価格が2,000円〜4,000円の間の送料は(1200－価格＊0.3)
合計価格が4,000円以上の送料は無料

　作成したら、以下の内容を確認してください（小数点以下はあってもなくても正解とします）。

bill(1000)の結果：1600
bill(2000)の結果：2600
bill(3000)の結果：3300
bill(4000)の結果：4000
bill(5000)の結果：5000

A1. 解答例

```
> bill <- function(price) {
+    if(price<=2000) {
+      price + 600
+    } else if(price<=4000) {
+      price + (1200 - price*0.3)
+    } else {
+      price
+    }
+ }
> bill(1000)
[1] 1600
```

14-7 ベクトル（vector）とコロン（:）

　ここまでは、1つの変数には1つの値を代入してきました。Pythonと同様にRでも、複数の値を1つの変数に代入することができます。まずいちばん使用頻度の高いベクトル（vector）型の変数を紹介します。vectorは以下のとおり、ベクトル化関数cで値を囲んで代入します（cはConcatenation［連結］の頭文字）。

　この場合、すべての要素が同じデータ型である必要があります。

```
> score_math <- c(0, 10, 20, 30, 40)
> score_math
[1]  0 10 20 30 40
> score_eng <- 0:4 * 10
> score_eng
[1]  0 10 20 30 40
```

　上の例でscore_mathとscore_engは、同じ「0 10 20 30 40」の値を格納したvectorですが、代入方法が異なっています。score_mathは値をそのままc関数で囲んで代入したのに対し、score_engは最初に「0:4」の指定により、0から始まり4までの連続する整数のvectorを作成し、「*10」でそのすべての要素を10倍にしています。

　コロン（:）はn:mの形で使用され、nから始まりmで終わる連続する整数を表し、そのまま代入するとvectorとなります（m－1で終わるPythonと違って最後はmで終わります）。

```
> 1:10
 [1]  1  2  3  4  5  6  7  8  9 10
> x <- 5:-2
> x
[1]  5  4  3  2  1  0 -1 -2
```

　ベクトルの計算では、ベクトルの各要素に対応して以下のように四則演算が実行されます。

```
> score_math + 5              #全要素に5を加算
[1]   5 15 25 35 45
> score_math * 5              #全要素に5を乗算
[1]    0  50 100 150 200
> score_math + score_eng   #各要素ごとに加算
[1]  0 20 40 60 80
> score_math * score_eng    #各要素ごとに乗算
[1]    0  100  400  900 1600
```

　他の演算子についてもいろいろと確認してみてください。
　ベクトルの長さ、すなわち要素数は、length関数で出力できます。

```
> length(score_math)
[1] 5
```

　またclass関数でベクトルのデータ型を調べると、要素の型名が出力されます。

```
> class(score_math)
[1] "numeric"
```

　ベクトル同士の演算には互いの長さが一致していることが原則ですが、長いほうが短いほうの倍数の長さである場合（以下の例では、長さ6と長さ2のベクトルを

加算する場合）、その倍数だけ演算を繰り返します。

```
> score_hist <- 1:6 *10
> score_hist
[1] 10 20 30 40 50 60
> score_hist + c(0,5)
[1] 10 25 30 45 50 65
```

　ベクトルの一部を取り出すときは、角括弧[ ]を使って位置を指定します。Nの長さのベクトルの位置について最初は1、最後はNとなります（0で始まりN−1で終わるPythonとは異なります）。

```
> score_hist[1]
[1] 10
> score_hist[6]
[1] 60
```

　位置を指定して書き換えることもできます。

```
> score_hist
[1] 10 20 30 40 50 60
> score_hist[6] <- 70
> score_hist
[1] 10 20 30 40 50 70
```

　また、コロン（:）を使って部分指定も可能です。

```
> score_hist[1:3]
[1] 10 20 30
```

　数多くあるベクトル用関数の一部を紹介します。

関数	説明
length(x)	x の要素数を返す
append(x, y)	x の n 番目に y を追加
sort(x)	昇順に並べ替え(decreasing = Tで降順)
sample(x)	ランダムに並び替える
max(x)	最大値
min(x)	最小値
mean(x)	平均値
median(x)	中央値
sum(x)	総和
cumsum(x)	累積和 (cumulative sum)
prod(x)	総積 (product)
var(x)	不偏分散
sd(x)	標準偏差 (standard deviation)
cor(x, y)	相関係数
range(x)	範囲
sapply(x, function)	x に function を適用してベクトルを作成
order(x)	昇順に並べたときの位置をベクトル化

14-8 for ループ

Rには豊富な関数が用意されており、それらを利用することができるのであまりループ処理を使う機会はありませんが、念のために for ループの使い方をひととおり紹介しておきます。

for ループは以下の形で使われます。

```
for ( 変数  in  ベクトル ) {
    [処理コードブロック]
}
```

書き方はif文と似ていて、forの後に丸括弧( )を置き、その括弧中に「変数
in ベクトル」と記述します。そしてその後に処理コードを入れた波括弧{ }を置き
ます。見やすくするため、以下のように途中に改行を入れることができます。

```
> alphabet <- c('a', 'b', 'c')
> for(i in alphabet) {
+   print(i)
+ }
[1] "a"
[1] "b"
[1] "c"
```

14

R の基本

　ここでは、ベクトルalphabetの要素を先頭から順番に変数iに代入し、処理コー
ドをalphabetの要素の数だけ実行（ここではprint(i)を実行）して終了します。
ベクトルの代わりにコロン（たとえば0:2）も使えます。

```
> for(i in 0:2) {
+   print(i)
+ }
[1] 0
[1] 1
[1] 2
```

▶ 例題

　for文とfunction関数を使ってN!(階乗)を求める関数factorial(N)を作成し、
1から10までの階乗をベクトル化して出力してみましょう。

　初めに階乗を求める関数factorial(N)を作成します。N! ＝ N × (N − 1) × … × 2
× 1なので、N:1を使ってfor文で掛け算を繰り返せばうまくいきそうです。

　作り方としては、最初に初期値が1の変数を定義し、5:1で発生する数字を繰り
返して、for文で掛け算するコードを作成してみます。結果が5! ＝ 5 × 4 × 3 × 2

×1＝120となることを確認します。

```
> result <- 1
> for(i in 5:1) {
+   result <- result * i
+ }
> result
[1] 120
```

　5を他の整数に変更して、階乗の結果が出ることを確認してください。問題がなければこれをfactorial(N)と関数化した後、この関数を呼び出して結果を確認します。

```
> factorial <- function(N) {
+   result <- 1
+   for(i in N:1) {
+     result <- result * i
+   }
+   return(result)
+ }
> factorial(4)
[1] 24
```

　先ほど5!で確認したので、今回は4!で確認してみました。関数も問題なく作成されました。
　次に、for文を使って1から10までの階乗をベクトル化してみます。1から10までの数字は1:10を使用します。ベクトルの初期値はc( )とし、append関数を使用します。

```
> factorial_list <-c ()
> for(i in 1:10) {
+   factorial_list = append(factorial_list, factorial(i))
+ }
> factorial_list
 [1]       1       2       6      24     120     720    5040   40320  362880
[10] 3628800
```

　ここではappend関数の括弧内に直接factorial(i)を記載しています。もちろん別の変数にfactorial(i)を代入してその変数をこの位置に記入しても問題ありません。

　実はRの場合、以上の内容はforループを使用せずに1行で作成できます。ベクトルの総積を出力するprod関数と、ベクトルに関数を適用するsapply関数を使用します。

```
> factorial_list <- sapply(1:10, function(N) {prod(N:1)})
> factorial_list
 [1]       1       2       6      24     120     720    5040   40320  362880
[10] 3628800
```

　まず階乗の計算は、総積のprod関数を使用します。たとえば5!はprod(5:1)です。これを関数化したものがfunction(N) {prod(N:1)}です。sapply(x, function)は、ベクトルxにfunction関数を適用して新しいベクトルを作成する関数です。このxを1:10に置き換え、function(x) {prod(x:1)}を適用すれば上記の解答になります。

14-9 文字列のベクトル

　以下は文字列character型のベクトルでよく使われる関数です。

関数	説明
paste(x)	文字列の結合
strsplit(x, " ")	文字列の分割（この場合区切り文字はスペース" "）
grep(pattern, x)	部分一致検索
match(pattern, x)	完全一致検索
sub(pat1, pat2, x)	置換
substr(x, n, m)	nの位置からmの位置までを抽出
tolower(x)	小文字化
toupper(x)	大文字化
unlist(x)	リストからベクトルに変換

14

Rの基本

　これらの関数の一部を使って、文字列を分割／合成してみます。初めに1つの文章を変数purposeに代入します。

```
> purpose <- 'This chapter is for readers new to Python'
> purpose
[1] "This chapter is for readers new to Python"
```

　次に、"Python"を"R"に置き換えます。

```
> purpose <- sub('Python', 'R', purpose)
> purpose
[1] "This chapter is for readers new to R"
```

　この1つの文章を単語に分割しベクトル化してみます。

```
> purpose_split <- strsplit(purpose, ' ')
> purpose_split
[[1]]
[1] "This"    "chapter" "is"       "for"      "readers" "new"      "to"
[8] "R"
```

　さて、上記の出力には、これまで見なかった[1]が付いています。class関数で変数の型を調べてみます。

```
> class(purpose_split)
[1] "list"
```

　変数の型はlist（**リスト**）となっています。リストは、ベクトルと同様に複数の要素からなるデータ型ですが、ベクトルが1つのデータ型の要素のみで構成されているのに対し、リストは複数のデータ型での構成が許されます。
　さて、paste関数を使って、リストから元の文章に戻してみましょう。

```
> purpose_combined <- paste(purpose_split, collapse=' ')
> purpose_combined
[1] "c(\"This\", \"chapter\", \"is\", \"for\", \"readers\", \"new\", \"to\",
   \"R\")"
```

すると何やら訳のわからない文章に合成されたようです。

そこで1つ前に戻って、list型の変数 purpose_split を、unlist関数を使って一度リストからベクトルに変換します。

```
> purpose_split <- unlist(purpose_split)
> class(purpose_split)
[1] "character"              # ベクトルの場合は要素の型名が出力される
> purpose_split
[1] "This"    "chapter" "is"      "for"     "readers" "new"    "to"
[8] "R"
```

無事に vector 化できたようなので、これを再度 paste 関数で合成します。collapse=' ' は単語間をスペースで接続するという指示です。

```
> purpose_combined <- paste(purpose_split, collapse=' ')
> purpose_combined
[1] "This chapter is for readers new to R"
```

これで分割前の文章に復元することができました。

次に、長い文字列から数値のベクトルを取り出してみましょう。

```
> original <- '[75.1, 82.9, 65.0, 52.3, 99.8, 30.5]'
> data1 <- substr(original, 2, nchar(original)-1)
> data1 <- as.numeric(unlist(strsplit(data1, ', ')))
> data1
[1] 75.1 82.9 65.0 52.3 99.8 30.5
> class(data1)
[1] "numeric"
```

　以上は、'[75.1, 82.9, 65.0, 52.3, 99.8, 30.5]' という長い文字列のデータoriginalから、数値ベクトルdata1を取り出したものです。以下、詳しく解説します。

　まずoriginalの外側の角括弧[ ]を外すために、文字列を抽出するsubstr関数を使って、先頭の2番目から末尾の2番目nchar(original)-1までの文字列を取り出します。ncharは文字列の文字数をカウントする関数です。

```
> data1 <- substr(original, 2, nchar(original)-1)
> data1
[1] "75.1, 82.9, 65.0, 52.3, 99.8, 30.5"
```

　次に「,」を区切り文字として、この文字列をstrsplitで分割するとともに、unlistでベクトル化します。

```
> unlist(strsplit(data1, ', '))
[1] "75.1" "82.9" "65.0" "52.3" "99.8" "30.5"
```

　さらに上記をas.numeric関数で数値化します。

```
> data1 <- as.numeric(unlist(strsplit(data1, ', ')))
> data1
[1] 75.1 82.9 65.0 52.3 99.8 30.5
```

　最後にdata1が数値ベクトルであることを確認しています。

```
> class(data1)
[1] "numeric"
```

14-10　2次元のデータ構造とデータフレーム

Rには、2次元のデータ構造として以下のものがあります。

① **データフレーム（data.frame）**：各列に、長さの等しい複数のベクトルを配置したもの。統計や機械学習で使用される
② **マトリックス（matrix）**：行列の計算に用いられる。要素はすべて同じデータ型
③ **リスト（list）**：要素の型に制限がないので、要素にデータフレームやリストも格納できる便利なコンテナ
④ **アレイ（array）**：多次元のベクトル。要素はすべて同じデータ型

この節では、以上の4つのうち、①のデータフレームについて説明します。

14-10-1　ファイルの読み書き

Rのデータフレームも Python/pandas の DataFrame と同様に、外部データの読み込みから入るケースが一般的です。そこでここでも読み出し用関数 `read.csv` を使って手持ちの csv ファイルを読み込んでみましょう。

```
> df1 <- read.csv('xxxxx.csv')
> head(df1)      #データdf1の先頭部の5行表示
```

手持ちのファイルが表示できたでしょうか。この場合、読み込むファイルはこの章で最初に設定した作業ディレクトリ（Working Directory）と同じフォルダにあることが前提です。ファイルの有無は、RStudio ウィンドウの右下の欄の［Files］タブで確認できます。ファイルが別の場所にあるときは、'../zzz/yyy/xxxx.csv' のようにパスを指定することができます（../ は1つ上のフォルダの意味）。
編集後のファイルをフォルダに書き込む場合は、`write.csv` 関数を使います。

```
> write.csv(df1, 'ori.csv')
```

14-10-2　データフレームの作成

　それでは、データフレームを作成してみましょう。まずデータフレームにしたい同じ長さのベクトルをここでは6つ作成します。

```
> 性別 <- c('女', '男', '男', '女', '女', '女', '男', '男')
> 年齢 <- c(49, 64, 55, 58, 60, 49, 51, 51)
> 身長 <- c(145, 181, 160, 140, 152, 165, 170, 159)
> 体重 <- c(59, 66, 74, 55, 55, 56, 65, 51)
> 最高血圧 <- c(162, 150, 144, 132, 150, 162, 98, 120)
> 最低血圧 <- c(74, 74, 82, 84, 78, 78, 68, 76)
```

　次に`data.frame`関数でこれらの6つのベクトルをデータフレーム化します。行名は100:107とします。

```
> df1 <- data.frame(性別, 年齢, 身長, 体重,
+                    最高血圧, 最低血圧, row.names = 100:107, stringsAsFactors =
  TRUE)
> df1
    性別 年齢 身長 体重 最高血圧 最低血圧
100  女   49  145   59    162      74
101  男   64  181   66    150      74
102  男   55  160   74    144      82
103  女   58  140   55    132      84
104  女   60  152   55    150      78
105  女   49  165   56    162      78
106  男   51  170   65     98      68
107  男   51  159   51    120      76
```

　データフレームの関数の一部を紹介します。それぞれの機能を確認してください。

関数	説明
head(df)	先頭の5行を表示
tail(df)	末尾の5行を表示
nrow(df)	行数を表示
ncol(df)	列数を表示
dim(df)	行数と列数を表示
names(df)	列名を文字列ベクトルで返す
rownames(df)	行名を文字列ベクトルで返す
summary(df)	要約統計量の表示
aggregate()	集計用関数

14

Rの基本

summary関数の出力は以下のようになります。

```
> summary(df1)
 性別        年齢              身長              体重
女:4   Min.   :49.00    Min.   :140.0    Min.   :51.00
男:4   1st Qu.:50.50    1st Qu.:150.2    1st Qu.:55.00
       Median :53.00    Median :159.5    Median :57.50
       Mean   :54.62    Mean   :159.0    Mean   :60.12
       3rd Qu.:58.50    3rd Qu.:166.2    3rd Qu.:65.25
       Max.   :64.00    Max.   :181.0    Max.   :74.00
    最高血圧        最低血圧
 Min.   : 98.0    Min.   :68.00
 1st Qu.:129.0    1st Qu.:74.00
 Median :147.0    Median :77.00
 Mean   :139.8    Mean   :76.75
 3rd Qu.:153.0    3rd Qu.:79.00
 Max.   :162.0    Max.   :84.00
```

　文字の列ではカテゴリ別要素数が集計され、数値の列では最小値（Min.）、第1四分位数（1st Qu.）、中央値（Median）、平均（Mean）、第3四分位数（3rd Qu.）、最大値（Max.）が列ごとに集計されて出力されます。

　データフレームの列をベクトルとして抽出する場合は、データフレーム名の後に$を付け、その後に列名を記載します。

```
> df1$身長
[1] 145 181 160 140 152 165 170 159
> class(df1$身長)
[1] "numeric"
```

　文字列のベクトルは、データフレームでは stringsAsFactors = TRUE というオプ
ションにより**ファクター（factor）**型のベクトルに変換されています。

```
> df1$性別
[1] 女 男 男 女 女 女 男 男
Levels: 女 男
> class(df1$性別)
[1] "factor"
> as.numeric(df1$性別)
[1] 1 2 2 1 1 1 2 2
```

　ファクター型のベクトルとは、重複のないユニークな要素をLevelsとし、その
Levelsを数値化したものをベクトルの要素としています。上記のとおり、
as.numeric(df1$性別)により、そのLevelsの番号を確認することができます。
　データフレームの要素の抽出は、名前の後に角括弧[行 ,列]を付けて行います。
行と列は以下のとおり、行名／列名でも行番号／列番号のどちらでも使えます。R
の番号はPythonとは異なり、1から始まります。

```
> df1[6,3]
[1] 165
> df1[6,'身長']
[1] 165
> df1['105',3]
[1] 165
> df1['105','身長']
[1] 165
```

　以下のとおり、ベクトルやコロンを使って複数の要素を抽出することもできます。

```
> df1[c('101', '105'), c('性別', '体重')]
    性別 体重
101  男   66
105  女   56
> df1[1:3, 4:6]
    体重 最高血圧 最低血圧
100  59      162      74
101  66      150      74
102  74      144      82
```

行全体や列全体を抽出するときは、df1[, 列指定]やdf1[行指定,]のように記載します。試してみてください。

Python／pandasのDataFrameと同様に、Rにもデータフレームとベクトルの複数の位置指定によるデータ抽出方法が存在します。

df1['105',' 年齢 ']	data.frame を行名と列名で位置指定
df1[6,2]	data.frame を行番号と列番号で位置指定
df1$ 年齢 [6]	vector を番号で位置指定

では上記で作成したdf1に対して、身長と体重からBMI（体重/(身長/100)**2）を計算し新しい「bmi」という列を加えてみます。これもPythonのデータフレームと同様に1行で実行できます。

```
> df1$bmi <- df1$体重 / (df1$身長 / 100)**2
> head(df1, 3)          #先頭3行表示
    性別 年齢 身長 体重 最高血圧 最低血圧     bmi
100  女   49  145  59     162      74 28.06183
101  男   64  181  66     150      74 20.14591
102  男   55  160  74     144      82 28.90625
```

次にBMIの大きい順に3名抜き出してみましょう。これも1行で出力可能です。

```
> df1[order(df1$bmi, decreasing=T)[1:3],]
    性別 年齢 身長 体重 最高血圧 最低血圧      bmi
102  男   55  160   74    144      82 28.90625
100  女   49  145   59    162      74 28.06183
103  女   58  140   55    132      84 28.06122
```

　上記の内容について補足します。まずdf$bmiに対してベクトル化関数order
を使って大きい順（decreasing=T）で並び替え、その上から3つを[1:3]で抽
出します。

```
> order(df1$bmi, decreasing=T)[1:3]
[1] 3 1 4
```

　上記のorder関数のコードをdf1[,]の行指定の欄に記載し、列は指定せずに
実行すると上記と同じ結果になります。
　次にbmiが22以下の人を抜き出すにはどうすればよいでしょうか？　これは上記
の並べ替えよりも簡単にできます。

```
> df1[df1$bmi <= 22,]
    性別 年齢 身長 体重 最高血圧 最低血圧      bmi
101  男   64  181   66    150      74 20.14591
105  女   49  165   56    162      78 20.56933
107  男   51  159   51    120      76 20.17325
```

　上記の内容について補足します。まず「df1$bmi <= 22」を実行すると以下の結
果が得られます。

```
> df1$bmi <= 22
[1] FALSE  TRUE FALSE FALSE FALSE  TRUE FALSE  TRUE
```

　これはベクトルのdf1$bmiの各項目が22以下であるかどうかの真偽を、論理値
のベクトルとして出力しています。これをそのままdf1[,]の行指定欄に入れると、
TRUEの行だけ選択されます。
　次にbmiをA/B/Cのランクに分けて列を新たに追加します。判定のための
hantei関数の内容は以下のとおりです。

```
> hantei <- function(x) {
+   if(x < 22) {'A'}
+   else if (x <= 25) {'B'}
+   else {'C'}
+ }
```

上記のコードを実行した後、hantei関数をdf1$bmiに**sapply**関数で適用し、その結果を新列「判定」としてdf1に追加します。これも簡単に1行で実行できます。

```
> df1$判定 <- sapply(df1$bmi, hantei)
> df1
```

	性別	年齢	身長	体重	最高血圧	最低血圧	bmi	判定
100	女	49	145	59	162	74	28.06183	C
101	男	64	181	66	150	74	20.14591	A
102	男	55	160	74	144	82	28.90625	C
103	女	58	140	55	132	84	28.06122	C
104	女	60	152	55	150	78	23.80540	B
105	女	49	165	56	162	78	20.56933	A
106	男	51	170	65	98	68	22.49135	B
107	男	51	159	51	120	76	20.17325	A

続いて判定結果のA/B/Cのグループごとに身長と体重、bmiの平均値を出してみましょう。Rの場合、集計用の**aggregate**関数を使用します。

```
> aggregate(cbind(身長,体重,bmi)~判定, df1, mean)
  判定    身長      体重      bmi
1    A 168.3333 57.66667 20.29616
2    B 161.0000 60.00000 23.14838
3    C 148.3333 62.66667 28.34310
```

この集計用関数に指定する引数の意味は**aggregate**(集計対象列~グループ化するキー列, データフレーム名, 集計関数名)となります。集計対象列が複数の場合は、列を連結する**cbind**関数を使用します。

Rの集計方法としては、ほかにもplyrパッケージを使用する方法、data.tableのデータ構造を使用する方法があります。

14-11　NA、NaN、NULL

　次はNA、NaN、NULLに関する関数です。Rではそれぞれ以下のような定義となっています。

種類	英語	日本語	確認関数	備考
NA	Not Available	欠損値	`is.na()`	あるべきデータがない
NaN	Not a Number	非数値	`is.nan()`	0/0 のとき
NULL	null	空白	`is.null()`	もともと存在しない

　以下はnumeric型、character型、logical型のそれぞれのベクトルにNAを代入したものですが、NAはどのベクトルの中でも欠損値として存在することができます。

```
> a <- c(0, NA, 1)
> a
[1]  0 NA  1
> class(a)
[1] "numeric"
> is.na(a)
[1] FALSE  TRUE FALSE

> b <- c('ab', NA, 'cd')
> b
[1] "ab" NA   "cd"
> class(b)
[1] "character"
> is.na(b)
[1] FALSE  TRUE FALSE

> c <- c(T, NA, F)
> c
[1]  TRUE    NA FALSE
```

```
> class(c)
[1] "logical"
> is.na(c)
[1] FALSE  TRUE FALSE
```

　一方、NaN は非数値という意味なので、numeric 型のベクトルでしか存在できません。たとえば character 型のベクトルに代入すると、'NaN' という文字列と認識されます。また、logical 型のベクトルに代入すると、ベクトルが numeric 型になってしまいます。

　さらに、NULL に至っては代入することすらできません。このような内容については、上記 NA を NaN や NULL に書き換えるとどうなるか確認してください。

　次に、それぞれの値をデータフレーム df1 の要素に代入してみます。

```
> df1[2:3,2] <- NA
> df1[4,3] <- NaN
> df1[4,4] <- NULL
 x[[jj]][iseq] <- vjj でエラー:  replacement (置き換え) の長さが 0 です
> head(df1, 4)
    性別 年齢 身長 体重 最高血圧 最低血圧    bmi 判定
100   女   49  145   59      162       74 28.06183   C
101   男   NA  181   66      150       74 20.14591   A
102   男   NA  160   74      144       82 28.90625   C
103   女   58 NaN   55      132       84 28.06122   C
```

　以上のように、NULL 以外は代入可能です。そして、NULL による置き換えはエラーとなります。確認関数としては、is.na と is.null は df1 に使えますが、is.nan は数値型のみに適用可能なので、列を指定して使ってみます。

```
> is.na(df1)
     性別   年齢   身長   体重 最高血圧 最低血圧   bmi   判定
100 FALSE FALSE FALSE FALSE    FALSE    FALSE FALSE FALSE
101 FALSE  TRUE FALSE FALSE    FALSE    FALSE FALSE FALSE
102 FALSE  TRUE FALSE FALSE    FALSE    FALSE FALSE FALSE
103 FALSE FALSE  TRUE FALSE    FALSE    FALSE FALSE FALSE
104 FALSE FALSE FALSE FALSE    FALSE    FALSE FALSE FALSE
105 FALSE FALSE FALSE FALSE    FALSE    FALSE FALSE FALSE
```

```
106 FALSE FALSE FALSE FALSE    FALSE    FALSE FALSE FALSE
107 FALSE FALSE FALSE FALSE    FALSE    FALSE FALSE FALSE
> is.null(df1)
[1] FALSE
> is.nan(df1$身長)
[1] FALSE FALSE FALSE  TRUE FALSE FALSE FALSE FALSE
> is.nan(df1$年齢)
[1] FALSE FALSE FALSE FALSE FALSE FALSE FALSE FALSE
```

　is.naは、NAとNaNの両方をTRUEと認識するのに対し、is.nanはNaN
のみ認識しています。NAとNaNの両方を検出したい場合はis.naを実行すれば
よいことになります。
　次にこのデータを使って、NAとNaNの個数を確認します。
　sum(is.na(df1))で、df1に含まれるNAとNaNの個数がわかります。また、
colSums(is.na(df1))で列ごとの個数が、rowSums(is.na(df1))で行
ごとの個数がわかります。

```
> sum(is.na(df1))
[1] 3
> colSums(is.na(df1))
  性別     年齢     身長     体重 最高血圧 最低血圧    bmi   判定
     0       2        1        0        0        0      0      0
> rowSums(is.na(df1))
100 101 102 103 104 105 106 107
  0   1   1   1   0   0   0   0
```

　Rには豊富なパッケージがあり、欠損値処理に関する便利な関数も提供されてい
ます。**パッケージ**とはRに備わる追加オプションであり、RStudioの右下の欄の
［Packages］タブのウィンドウからインストールできます。
　以下は、追加のパッケージを使わないで欠損値を置換する例です。

・df1[is.na(df1)] <- 0：0で置換
・df1$年齢[is.na(df1$年齢)] <- mean(df1$年齢, na.rm = TRUE)：年齢の列に
　含まれる欠損値を年齢の平均で置換

　なお、na.rm = TRUEは、欠損値を無視して平均を計算するというオプションです。

14-12 可視化

　この節では、Rのグラフ用の関数について説明します。

　Rにはもともとサンプルデータが付属しています。ここではそのサンプルデータの中から、LifeCycleSavingsを使ってみます。これは1960年から1970年までの国別の貯蓄率に関するデータです。列名のうち、srは個人貯蓄の合計、pop15は15歳未満の人口の割合、pop75は75歳より上の人口の割合、dpiは実質1人あたりの可処分所得、ddpiはdpiの増加率です。

```
> df2 = data.frame(LifeCycleSavings)
> dim(df2)
[1] 50  5
> head(df2, 3)
             sr pop15 pop75     dpi ddpi
Australia 11.43 29.35  2.87 2329.68 2.87
Austria   12.07 23.32  4.41 1507.99 3.93
Belgium   13.17 23.80  4.43 2108.47 3.82
```

　histはベクトルのヒストグラムを描く関数です。グラフはRStudioの右下のplotsの画面に現れます。

```
> hist(df2$sr)
```

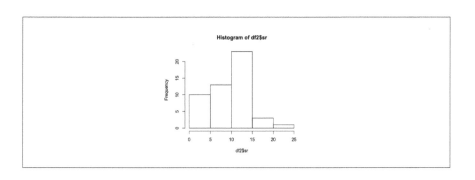

Histogram of df2$sr

　階級幅、階級数を指定するときは、ベクトルとしてhist関数の引数breaks に与えます（breaksに階級数を与えることも可能）。

```
> bins <- seq(0, 25, by = 2.5)
> hist(df2$sr, breaks = bins)
```

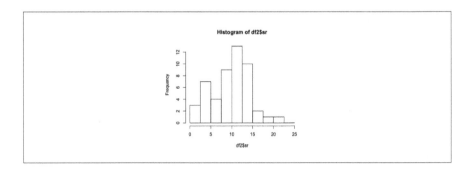

　seq(a, b, by = c)は、aからbまでcずつ増加するベクトルを生成する関数です。そのベクトルをbinsという変数に代入し、hist関数の引数breaksに binsを渡しています。

　複数のヒストグラムを同時に掲載する場合は、対象のグラフにadd = TRUEを 引数として追加します。

```
> bins <- seq(0, 50, by<-1)
> hist(df2$sr, col = "#ff00ff40", border = "#ff00ff",breaks = bins,
  main='HISTOGRAM', xlab='sr & pop15')
> hist(df2$pop15, col="#0000ff40", border="#0000ff", breaks=bins, add=T)
```

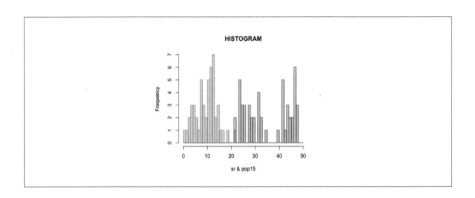

引数のcolはグラフの色（RRGGBBAA：AA=40で半透明）、borderは枠の色です。mainはタイトル名、xlabはx軸のlabelです。

箱ひげ図を描くには、boxplot関数を使用します。ここでは、スケールの関係から4列目のdpi以外の箱ひげ図をboxplot関数で描きます。

```
> boxplot(df2[,c(1,2,3,5)])
```

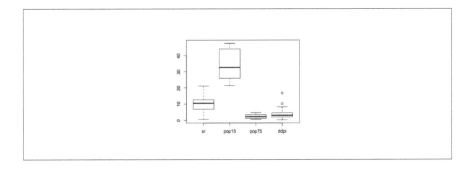

散布図の描画にはplot関数を使います。

```
> plot(df2$pop15, df2$pop75)
```

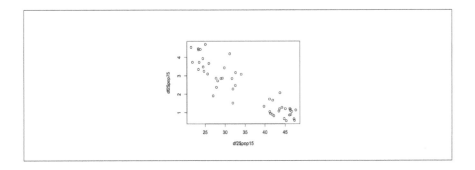

df2の散布図行列はplot(df2)で描けます。

```
> plot(df2)
```

14

Rの基本

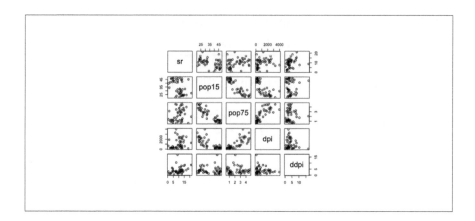

第 15 章

模擬試験

本章では、模擬試験問題を掲載します。問題数は 60、試験時間は 90 分です。
問題 19 ～ 23 の資料や解答の入手方法については、下記 URL の本書 Web ページをご覧ください。
https://book.impress.co.jp/books/1120101020

データ分析実務スキル検定（CBAS）プロジェクトマネージャー級
模擬試験問題

【問題数】60 問

【試験時間】90 分

【注意事項】（以下、実際の試験での注意事項です）

1. 問題 19 〜 23 は、Excel に入っているデータを使用して解いていただく問題です。設置されている PC の Excel ファイル（CBAS_excel_data_A.xlsx）のシート（問題 A 〜 E）を使用し、解答していただくようお願いいたします。

2. 問題 52 は、計算が必要な問題です。設置されている PC の Excel ファイル（CBAS_excel_data_A.xlsx）のシート（問題 52）を使用し解答していただくことをおすすめいたします。

3. 試験終了後は、問題用紙及び解答用紙を回収いたします。<u>絶対に持ち帰らないようお願いいたします。</u>

【模試】問題1 以下の目的に適する SQL 文はどれか。**ひとつ選べ。**

目的：会員名のリストを表示するために、会員テーブル（Kaiin）から会員名フィールド（kaiin_mei）のデータを重複なしに抽出する。

A) SELECT DISTINCT kaiin_mei IN Kaiin ;

B) SELECT DISTINCT kaiin_mei FROM Kaiin ;

C) SELECT kaiin_mei FROM Kaiin ;

D) SELECT UNIQUE kaiin_mei BY Kaiin ;

E) いずれでもない

【模試】問題2 以下の目的に適する SQL 文はどれか。**ひとつ選べ。**

目的：「30歳未満の男性（male）」あるいは「60歳以上の男性（male）」を抽出する。

A) SELECT * FROM Kaiin WHERE gender = 'male' AND (age >= 60 OR age < 30);

B) SELECT * FROM Kaiin WHERE gender = 'male' AND (age >= 60 AND age < 30);

C) SELECT * FROM Kaiin WHERE gender = 'male' AND age >= 60 OR age < 30;

D) SELECT * FROM Kaiin WHERE (gender = 'male' AND age >= 60) OR age < 30;

E) いずれでもない

[模試] 問題3　以下の実行結果を出力するSQL文はどれか。**ひとつ選べ。**

目的：ある用途で作成したテーブルである中間テーブル（chukan1）の会員ID（kaiin_id）に、
　　　会員基本情報テーブル（Kaiin）の情報を紐つけたテーブルを作成する。

中間テーブル（chukan1）

kaiin_id
A111
A113
A115
A116

会員基本情報テーブル（Kaiin）

kaiin_id	age	gender	last_login
A111	27	1	20201018
A112	32	2	20200926
A113	69	2	20200501
A114	27	1	20190205
A115	44	1	20190811
A116	34	3	20190614

kaiin_id	age	gender	last_login
A111	27	1	20201018
A113	69	2	20200501
A115	44	1	20190811
A116	34	3	20190614

A) SELECT C1.kaiin_id, KN.age, KN.gender, KN.last_login
　　　FROM chukan1 AS C1 INNER JOIN Kaiin AS KN
　　　　　IN C1.kaiin_id = KN.kaiin_id ;

B) SELECT C1.kaiin_id, KN.age, KN.gender, KN.last_login
　　　FROM chukan1 AS C1 INNER JOIN Kaiin AS KN
　　　　　ON C1.kaiin_id = KN.kaiin_id ;

C) SELECT C1.kaiin_id, KN.age, KN.gender, KN.last_login
　　　FROM Kaiin AS C1 INNER JOIN chukan1 AS KN
　　　　　IN C1.kaiin_id = KN.kaiin_id ;

D) SELECT C1.kaiin_id, KN.age, KN.gender, KN.last_login
　　　FROM Kaiin AS C1 INNER JOIN chukan1 AS KN
　　　　　ON C1.kaiin_id AND KN.kaiin_id ;

E) いずれでもない

[模試] 問題4　以下の実行結果を出力するSQL文はどれか。**ひとつ選べ。**

目的：各会員が初めてログインした年月日を出力するために、ログイン情報テーブル（Login）
にあるログイン年月日（login_date）の最小値を会員ごとに抽出する。

ログイン情報テーブル（Login）

Login_id	kaiin_id	login_date
B001	A111	20190201
B002	A112	20190202
B003	A113	20190202
B004	A111	20190202
B005	A114	20190203
B006	A115	20190203

kaiin_id	login_date
A111	20190201
A112	20190202
A113	20190202
A114	20190203
A115	20190203
A116	20190203

A) SELECT kaiin_id, MIN(login_date) FROM Login GROUP BY kaiin_id ;

B) SELECT kaiin_id, MIN(login_date) GROUP BY login_id FROM Login ;

C) SELECT kaiin_id, first_login FROM Login GROUP BY kaiin_id ;

D) SELECT kaiin_id, MIN(login_date) FROM Login IN login_id ;

E) いずれでもない

【模試】問題5　以下の実行結果を出力するSQL文はどれか。**ひとつ選べ。**

目的：2020年に入ってから1回以上ログインした会員を抽出するために、会員基本情報テーブル（Kaiin）の最終ログインフィールド（last_login）の値が20200101以上の場合に、activeというフィールドに1の値を与え、それ以外の場合には0の値を与える。

会員基本情報テーブル（Kaiin）

kaiin_id	age	gender	last_login
A111	27	1	20201018
A112	32	2	20200926
A113	69	2	20200501
A114	27	1	20190205
A115	44	1	20190811
A116	34	3	20190614

kaiin_id	age	gender	active
A111	27	1	1
A112	32	2	1
A113	69	2	1
A114	27	1	0
A115	44	1	0
A116	34	3	0

A) SELECT kaiin_id, age,gender, CASE WHEN last_login <= 20200101 THEN 1 ELSE 0 END AS 'active' FROM Kaiin ;

B) SELECT kaiin_id, age,gender, last_login CASE WHEN <= 20200101 THEN 1 ELSE 0 END AS 'active' FROM Kaiin ;

C) SELECT kaiin_id, age,gender, IF last_login >= 20200101 THEN 1 ELSE 0 END AS 'active' FROM Kaiin ;

D) SELECT kaiin_id, age,gender, CASE WHEN last_login >= 20200101 THEN 1 ELSE 0 END AS 'active' FROM Kaiin ;

E) いずれでもない

[模試] 問題6 以下の R スクリプトの解釈として**不適切**なものはどれか。**ひとつ選べ。**

R

```
getwd()
mydata<-read.csv("my_data.csv", header=TRUE)
head(mydata,2)
tail(mydata,3)
summary(mydata)
```

A) ワーキングディレクトリを設定している

B) データを読み込んでmydataという変数に代入している

C) データの先頭2行を確認している

D) データの末尾3行を確認している

E) データの要約統計量を確認している

[模試] 問題7 以下のRスクリプトの解釈として**不適切**なものはどれか。**ひとつ選べ。**

R

```
setwd("~/MyR")
mydata<-read.csv("myq.csv", header=TRUE)
dim(mydata)
mydata_naomit<-na.omit(mydata)
mytable<-table(mydata_naomit$q1,mydata_naomit$q2)
prop.table(mytable,margin = 2)
```

A) mydataにはq1という名前の列とq2という名前の列が含まれる

B) 欠損値を除外している

C) q1という列とq2という列でクロス表（度数分布表）を作成している

D) クロス表で行ごとに相対度数を計算している

E) 読み込んだデータの行数と列数を確認している

[模試] 問題8　以下のRスクリプトの解釈として**不適切**なものはどれか。**すべて選べ。**

R

```
setwd("~/MyR")
mydata<-read.csv("my_q.csv", header=TRUE)
colnames(mydata)
mean(mydata[,1])
mean(mydata[,2])
mydata$ave <- rowMeans(mydata[,c(3,4,5)])
```

A）データの列名を確認している

B）行ごとに1列目と2列目のデータの和を2で割った値を求めている

C）記載されたすべてのスクリプト実行後mydataにはaveという列が含まれる

D）ワーキングディレクトリを設定している

E）データの3列目, 4列目, 5列目それぞれの平均値を求めている

[模試] 問題9　会員基本情報データ（kaiinkihon.csv）と、購入履歴データ（kounyurireki. csv）をRで分析した。Rスクリプトの解釈として**不適切**なものはどれか。**ひとつ選べ。**

kaiinkihon.csv

kaiin_id	age	gender	last_login
1	29	f	2020/1/4 11:24
2	33	m	2020/1/6 9:02
3	40	m	2020/1/6 14:00
4	38	f	2020/1/4 11:14
5	31	f	2020/1/6 10:44

kounyurireki.csv

kounyu_id	Date	kaiin_id	kounyugaku
1	2020/1/3	4	1057
2	2020/1/3	2	1568
3	2020/1/3	5	531
4	2020/1/4	4	1536
5	2020/1/4	1	1244
6	2020/1/5	2	1866
7	2020/1/6	2	1489
8	2020/1/6	2	793
9	2020/1/6	3	1196
10	2020/1/6	5	1603

R

```
setwd("~/MyR")
kihon<-read.csv("kaiinkihon.csv",header=TRUE)
rireki<-read.csv("kounyurireki.csv",header=TRUE)

head(rireki,2)
head(kihon,2)
str(rireki)
str(kihon)
summary(rireki)
summary(kihon)

x <- kihon$age
kihon$age3[x >= 20 & x <= 29] <- "20 才台"
kihon$age3[x >= 30 & x <= 39] <- "30 才台"
kihon$age3[x >= 40] <- "40 才以上"

kihon_rireki = merge(kihon,rireki,all=T)
kihon_rireki<-na.omit(kihon_rireki)
table(kihon_rireki$age3)
table(kihon_rireki$age3,kihon_rireki$gender)
mean(kihon_rireki$kounyugaku[kihon_rireki$age3 =="20 才台"])
mean(kihon_rireki$kounyugaku[kihon_rireki$age3 =="30 才台"])
mean(kihon_rireki$kounyugaku[kihon_rireki$age3 =="40 才以上"])
```

A) 読み込んだデータのデータ型を確認している

B) 年代（age3）ごとに度数を数えている

C) 2つのデータフレームを結合している

D) age が 52 歳の会員の age3 列の値は NA になる

E) 平均値の算出にあたっては欠損値を含む行を除外したデータを用いた

[模試] 問題10　以下のRスクリプトの解釈として**適切**なものはどれか。**ひとつ選べ。**

R

```
setwd("~/MyR")
mydata<-read.csv("my_q.csv", header=TRUE)
colnames(mydata)
cat(mean(mydata[,1:3]),sd(mydata[,1:3]))
boxplot(Q2 ~ gender, data = mydata, ylim = c(0, 10), col=4:5,names = c("F", "M"))
mean(mydata[,1])
order(mydata$Q2)
```

A）データの行名を確認している

B）1列目と3列目のみデータの型を確認している

C）箱ひげ図に対して色の指定はされていない

D）Q2列のデータをgender列の値ごとに箱ひげ図にしている

E）Q2列の要素を基準に降順に並び替えて表示している

[模試] 問題11　以下のPythonスクリプトの出力値として正しいものはどれか。**ひとつ選べ。**

Python

```
for i in range(1,15,3):
    print(i)
print(i)
```

A）　1　　　15　　　3

B）　1　　　1　　　15　　　15　　　3　　　3

C）　1　　　4　　　7　　　10　　　13　　　13

D）　1　　　3　　　6　　　9　　　12　　　15　　　15

E）　1　　　1　　　4　　　4　　　7　　　7　　　13　　　13

[模試] 問題12 Pythonスクリプトで関数を以下の通り定義した。関数の実行結果として出力されるものはどれか。**ひとつ選べ。**

Python

```
def listcheck(nums):
    for i in range(len(nums)):
        if nums[i] % 5 == 0:
            print(nums[i])
nums = [3, 10, 11, 0, 25]
listcheck(nums)
```

A) [ ]

B) 3   0

C) 10   25

D) 10   0   25

[模試] 問題13 Pythonスクリプトの出力値として正しいものはどれか。**ひとつ選べ。**

Python

```
mylist = [2, 3, 4, 3]
mylist.append(1)
mylist.remove(3)
mylist.sort()
print(mylist)
```

A) [1,2,4]

B) [4,2,1]

C) [1,2,3,4]

D) [1,2,3,3,4]

[模試] 問題14　Pythonスクリプトの出力値として正しいものはどれか。**ひとつ選べ。**

Python

```
myprice = {'商品 A':500, '商品 B':300, '商品 C':800 }
print(list(myprice.values()))
```

A)　['商品A', '商品B', '商品C']

B)　[500, 300, 800]

C)　(500, 300, 800)

D)　いずれでもない

[模試] 問題15　以下のPythonスクリプトで意図されていることはどれか。**すべて選べ。**

Python

```
import numpy as np
import pandas as pd
df = pd.read_csv('MyPy/data.csv', encoding = 'utf-8')

age_matome=pd.DataFrame(df[['age']].isnull().sum(axis=0),columns=['null'])
age_matome['mean']=np.mean(df[['age']], axis=0)
print(age_matome)
```

A)　age列の平均値を出力する

B)　age列の欠損（null）の総数を出力する

C)　age列のうち欠損のないデータを合計して出力する

[模試] 問題16 以下のPythonスクリプトの解釈として**適切**なものはどれか。**すべて選べ。**

Python

```
import pandas as pd
df = pd.read_csv('MyPy/tenpo_sample.csv', encoding = 'utf-8')
print(df.tail(10))
print(df.dtypes)
print(df.describe())
df = pd.get_dummies(df)
print(df)
```

A）MyPyディレクトリにあるデータを読み込んでいる

B）データの先頭10行を確認している

C）列ごとにデータの型を確認している

D）質的変数の要約統計量を確認している

E）元のデータの列はすべて残した状態で、質的変数をダミー変数に変換した列を元のデータ
  に追加している

[模試] 問題17　以下のPythonスクリプトの解釈として**不適切**なものはどれか。**ひとつ選べ。**

myq.csv

q1	q2	q3	q4
1	3	8	1
3	8	2	2
8	8	3	3
8	6	8	2
7	9	6	1

q4_qlist.csv

q4_list	q4_contents
1	bad
2	normal
3	good

Python

```
import pandas as pd
import matplotlib.pyplot as plt
df1 = pd.read_csv('MyPy/myq.csv', encoding = 'utf-8')
df2 = pd.read_csv('MyPy/q4_qlist.csv', encoding = 'utf-8')

df_q4cts = pd.merge(df1,df2,left_on = 'q4', right_on='q4_list',how='left').
drop(columns='q4_list')
q1avebyq4 = df_q4cts.groupby('q4_contents').mean()['q1']
q2avebyq4 = df_q4cts.groupby('q4_contents').mean()['q2']

fig, axes = plt.subplots(nrows=2, ncols=1, figsize=(6, 6))
plt.subplots_adjust(hspace=0.6)
q1avebyq4.plot.barh(ax=axes[0],color = ['blue'])
axes[0].set_ylabel('q4')
axes[0].set_xlabel('q1_ave')

q2avebyq4.plot.barh(ax=axes[1],color = ['blue'])
axes[1].set_ylabel('q4')
axes[1].set_xlabel('q2_ave')
```

A) グラフにはq4の値ごとの平均値が使われる

B) グラフは2つ表示される

C) 横棒グラフが出力される

D) 出力したグラフにはすべて軸ラベルが表示される

E) df_q4ctsは6列のデータである

[模試] 問題18 以下のPythonスクリプトの解釈として**不適切**なものはどれか。**ひとつ選べ。**

Python

```
from sklearn.linear_model import LinearRegression
import pandas as pd
df = pd.read_csv('MyPy/mydata.csv', encoding = 'utf-8')
df.head()
df.info()
y_train = df['uriage']
x_train = df.drop('uriage',axis=1)
lm = LinearRegression()
lm.fit(x_train,y_train)
coef = pd.DataFrame(x_train.columns)
coef = coef.rename(columns={0 : 'coef'})
coef['coef']=(lm.coef_)
print(coef)
print(lm.score(x_train,y_train))
```

A) 読み込んだデータの各列のデータ型を確認している

B) 線形回帰モデルを初期化している

C) 学習データの目的変数はy_trainに代入されている

D) 学習データの説明変数は読み込んだcsvファイルの1列目を用いている

E) 作成した回帰モデルの決定係数を確認している

[模試] 問題19 第1四半期に商品Bの売上が最も高かった支店はどれか。**ひとつ選べ**。与えられたExcelファイルのSheet**問題A**を自由に分析して答えよ（Excelファイルの入手方法はhttps://book.impress.co.jp/books/1120101020を参照）。

A) 東京

B) 新橋

C) 新宿

[模試] 問題20 売上の範囲（最大値と最小値の差）が最も大きい支店はどこか。**ひとつ選べ**。与えられたExcelファイルのSheet**問題B**を自由に分析して答えよ（Excelファイルの入手方法は問題19と同じ）。

A)　　東京

B)　　新橋

C)　　新宿

D)　　目黒

E)　　恵比寿

F) 渋谷駅前

G) 渋谷中央

[模試] 問題21 2020年2月の総売上が最も高かった商品はどれか。**ひとつ選べ**。与えられたExcelファイルのSheet**問題C**を自由に分析して答えよ（Excelファイルの入手方法は問題19と同じ）。

A) 商品A

B) 商品B

C) 商品C

D) 商品D

E) 商品E

F) 商品F

G) 商品G

[模試] 問題22 購買金額を以下の表のような階級に分けるとき、最も度数の多い階級はどれか。**ひとつ選べ。** Excel ファイルの Sheet **問題D** を自由に分析して答えよ（Excel ファイルの入手方法は問題19と同じ）。

階級
2,000 円未満
2,000 円以上 4,000 円未満
4,000 円以上 6,000 円未満
6,000 円以上 8,000 円未満
8,000 円以上 10,000 円未満
10,000 円以上

A) 2,000円未満
B) 2,000円以上4,000円未満
C) 4,000円以上6,000円未満
D) 6,000円以上8,000円未満
E) 8,000円以上10,000円未満
F) 10,000円以上

[模試] 問題23 EC サイトの会員ごとに当月の購入商品のデータが与えられている。会員A と共通した商品を5種類以上購入している会員は何名いるか、適切なものを**ひとつ選べ。** 与えられた Excel ファイルの Sheet **問題E** を自由に分析して答えよ（Excel ファイルの入手方法は問題19と同じ）。

A) 1
B) 2
C) 3
D) 4
E) いずれでもない

[模試] 問題 24　以下 CASE ①〜③はそれぞれ同一のデータの可視化である。グラフタイトルに照らして、より適切なグラフの組合せはどれか。**ひとつ選べ。**

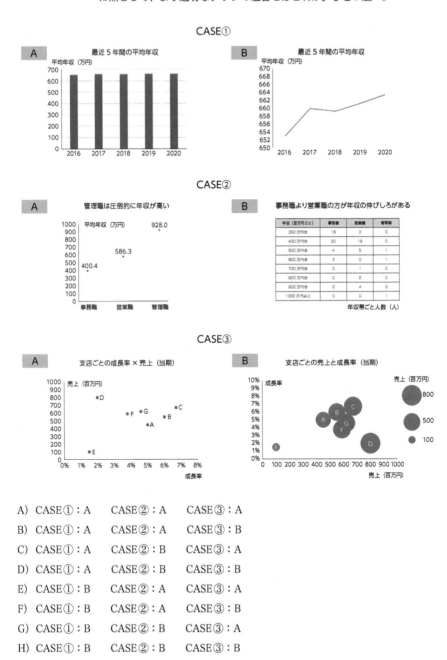

A) CASE①：A　　CASE②：A　　CASE③：A

B) CASE①：A　　CASE②：A　　CASE③：B

C) CASE①：A　　CASE②：B　　CASE③：A

D) CASE①：A　　CASE②：B　　CASE③：B

E) CASE①：B　　CASE②：A　　CASE③：A

F) CASE①：B　　CASE②：A　　CASE③：B

G) CASE①：B　　CASE②：B　　CASE③：A

H) CASE①：B　　CASE②：B　　CASE③：B

[模試] 問題25 あるメーカーでは、店舗販売員（A〜J）向けに商品セミナーを企画して、理解度テスト（Q1からQ4の4題で各問題9点満点）の点数の変化を把握するために、以下のとおり3つの可視化を行った。

以下の図・表から言えることとして**適切**なものはどれか。**すべて**選べ。

図1：Q1〜Q4の合計点数の箱ひげ図

図2：スコア7点以上をH、4点〜6点をM、スコア3点以下をLとした後、各問題ごとにHの人数とLの人数を可視化したもの

図3：スコア7点以上をH、4点〜6点をM、スコア3点以下をLとした後、Q1とQ2〜Q4のクロス集計表を作成したもの

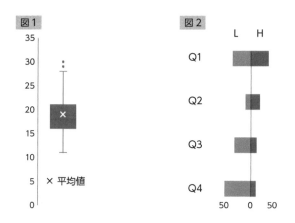

図3

Q1	Q2			Q3			Q4		
	H	M	L	H	M	L	H	M	L
H	18	13	5	4	20	12	0	16	20
M	9	19	1	4	16	9	1	10	18
L	2	32	0	5	20	9	10	13	11

A) 半数以上は合計点が20点に満たなかった

B) スコアが中心（4〜6点）に集中しているのはQ1だ

C) Q1と正の相関関係が最も強いのはQ2だ

[模試] 問題26　ある企業は部署人数が多い部署Aと部署Bを対象にして、10年前に入社した社員のうち、どの程度の社員が離職したのかを調査し以下3つの可視化をした（部署間の異動は考えないものとする）。

図①は10年前を1とした場合の部署ごとの在籍者割合の推移である。**表②**は10年間における部署ごとの離職率を表にした。**表③**は10年間における離職者に占める部署ごとの割合を表にした。これらの図・表から言えることはどれか。**すべて選べ。**

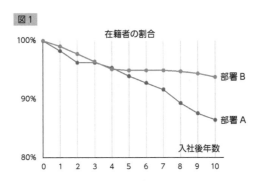

図1

表2

部署	離職者	在籍者	合計
部署A	13%	87%	100%
部署B	6%	94%	100%

表3

部署	10年間の離職者	現在の在籍者数
部署A	59%	38%
部署B	41%	62%
合計	100%	100%

A) 部署Bと比べると部署Aは10年間中で各年の離職者数が概ね一定だった

B) 部署Aの方が部署Bに比べて10年間における離職率が2倍以上高い

C) 10年前も現在も部署Aと部署Bでは部署Bの方が人数が多い

[模試] 問題27　ある企業では、営業担当向けに商品理解度をあげるための研修を企画した。研修成果は、研修前の2020年3月時点における商品理解度テスト（100点満点）と研修終了月である2020年5月時点における商品理解度テスト（100点満点）のスコアを比較して検討された。なお対照群として2020年3月時点で商品理解度テストを受験して、かつ研修に参加しなかった営業担当にも

2020年5月時点で商品理解度テストを受験させている。以下の報告とともに提示すべき表・グラフを**3つ挙げる**とすればどれか。**3つ選べ**。

報告

当該研修を受けた営業担当については、2020年3月時点と比べて商品理解度テストのスコアが上がった人がかなりの程度多かった。とくに、もともと商品理解度テストのスコアが高かった人ほど研修後にスコアを伸ばしたようだ。ただし、商品理解度テストのスコアがもともと高かった人というのは入社後年数が長い人、というわけではない。研修参加者の内訳を見ると、入社後年数5年以内が多かった。

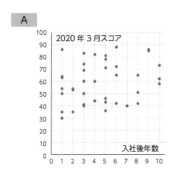

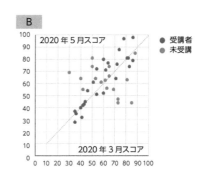

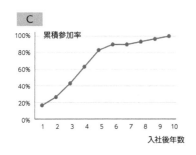

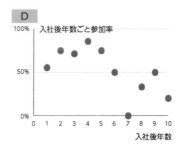

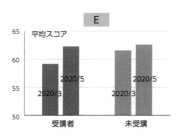

A) グラフA

B) グラフB

C) グラフC

D) グラフD

E) グラフE

【模試】問題28　A社は課金型のゲームアプリの会員属性と売上の関係について当期のデータを分析した。アプリはスマホからもPCブラウザからもログイン可能なアプリである。以下の報告とともに提示すべきグラフを**3つ挙げる**とすればどれか。**3つ選べ。**

報告

> ログイン傾向についてログイン方法別で見ると「スマホからのみログイン」の方が「PCブラウザとスマホからログイン」と比べて頻繁にログインしやすい傾向が見られた。売上についても同じくログイン方法別で見ると「スマホからのみログイン」の方が「PCブラウザとスマホからログイン」よりも平均売上が大きかった。また年代で見ると20代が最も平均売上が大きかったが、20代は「スマホからのみログイン」の割合が多いため、年代ごとの差がログイン方法別の割合に起因している可能性があった。そこでログイン方法別に分けて年代ごとの傾向を確認したところ、どちらのログイン方法でもやはり20代の平均売上が最も大きかった。

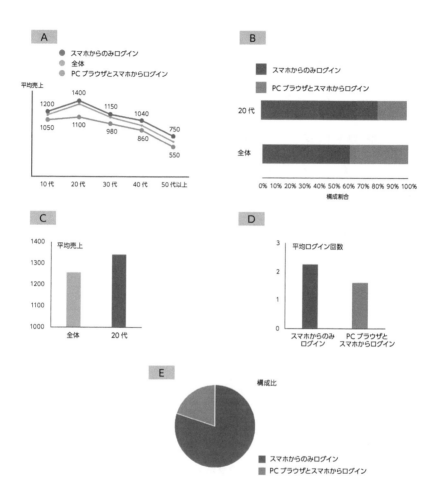

A)　グラフA

B)　グラフB

C)　グラフC

D)　グラフD

E)　グラフE

[模試] 問題29　式A～式Cで与えられている変数の要素分解について、各式の空白に当てはまる演算記号として**最も適切な**組合せはどれか。**ひとつ選べ。**

A	当社売上	①	当社シェア率		=	市場規模
B	商品回転率	②	平均在庫高		=	売上
C	当日申込者数	③	予約申込者数	－ 欠席者数	=	イベント参加者数

A) ①×　②×　③－
B) ①×　②×　③＋
C) ①×　②÷　③－
D) ①÷　②×　③＋
E) ①÷　②÷　③＋

[模試] 問題30　コンビニエンス・ストアAでは、今後の店舗運営を考えるために以下のようなKPIツリーを作成した。ただし「売上」「レシート枚数」「レシート単価」についてはPOSから当月のデータが参照できるが、「のべ来店者数」及び「のべ来店者数」の内訳については、店舗のシステムで管理していないため、あらたにデータを取得する必要がある。そこで、前もって適当な1週間を決め、1週間の間中、店舗入場者数を数えるとともに、退店者に店舗前で属性をヒアリングした。ただし属性は単一回答として、複数の属性に該当する人にもただ1つだけを選んでもらった。属性ごとの割合はヒアリングデータから得られた割合を推定値として使い、「のべ来店者数」については店舗入場者数を4倍することで当月の推定値とした。このKPIツリーについての説明として、適切なものはどれか。**すべて選べ。**

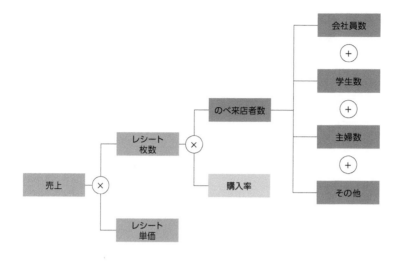

POS データ項目

項目	データ
売上	2,025,000
レシート枚数	1,350
レシート単価	1,500

店舗前ヒアリング項目

項目	人数	割合
会社員数	210	30%
主婦数	245	35%
学生数	175	25%
その他	70	10%
合計	700	100%
1週間来店者数	800	—

A)「会社員」兼「学生」など複数の属性に同時に属する人がいることを想定して、店舗前ヒアリングにおける回答を複数可にしていた場合、単一回答のみを許す場合と比べて購入率の推定値は小さくなる

B) 当月の購入率の推定値は48.2%である

C) 本日ののべ来店者数が50名ならば、本日の売上の推定値は75,000円である

[模試] 問題31 飲食店AはPOSレジに蓄積された以下の注文履歴データ（表1）を元にして、図1〜図3の3つのKPIツリーを作成した。これらのKPIツリーについての説明として、適切なものはどれか。**すべて選べ。**

表1：POSレジデータ（一部）

取引ID	レシートID	商品ID	商品名	単価（税込）	個数	小計	合計	客数	取引日時
1	1	67A	コーヒー	600	1	600	1150	2	2021/10/2 10:00 AM
2	1	24A	ティー	550	1	550	1150	2	2021/10/2 10:00 AM
3	2	24A	ティー	550	1	550	1600	3	2021/10/2 10:15 AM
4	2	35A	ミルクティー	550	1	550	1600	3	2021/10/2 10:15 AM
5	2	50A	麦茶	500	1	500	1600	3	2021/10/2 10:15 AM
6	3	68A	ココア	600	1	600	5200	4	2021/10/2 10:27 AM
7	3	49B	カレーライス	1200	3	3600	5200	4	2021/10/2 10:27 AM
8	3	60B	ピラフ	1000	1	1000	5200	4	2021/10/2 10:27 AM
9	4	05A	天然水	500	1	500	500	1	2021/10/2 10:38 AM
10	5	67A	コーヒー	600	1	600	600	1	2021/10/2 10:42 AM

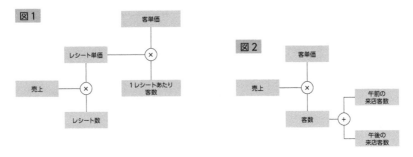

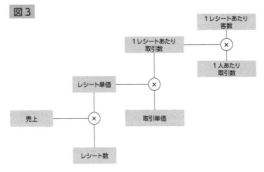

A) ［レシート単価］＝［客単価］×［1レシートあたり取引数］÷［1人あたり取引数］

B) ［午前来店客数］を1.2倍にすれば［売上］も1.2倍になる

C) ［1レシートあたり取引数］は変わらない状態で［取引単価］が0.8倍になり、［売上］が1.2倍になった。この時［レシート数］は1.5倍になっている

［模試］問題32 以下のデータ分析業務委託契約の契約条項を前提とした場合、受託者の行動として契約条項に反するものはどれか。**すべて選べ。**

データ分析業務委託契約

第1条 目的
本契約は、・・・委託者のビジネス課題解決の契機とすることを目的とする。
第2条 業務の委託
1. 委託者は受託者に対し、・・・委託者が提供するデータを分析する業務を委託し、受託者はこれを受託するものとする。
2. 受託者は委託者が適当と認める場所で委託業務を行うものとする。
・・・
第3条 ・・・
・・・・
第12条 秘密保持
1. 本契約において「秘密情報」とは、本契約に関連して、一方当事者が、相手方より口頭、書面その他の記録媒体等により提供若しくは開示されたか又は知り得た、相手方の技術、営業、業務、財務、組織、その他の事項に関する全ての情報を意味する。ただし、以下の（1）-（5）については、秘密情報から除外する。
（1）相手方から提供若しくは開示がなされたとき又は知得したときに、既に一般に公知となっていた、又は、既に知得していたもの
（2）相手方から提供若しくは開示がなされた後又は知得した後、自己の責に帰せざる事由により刊行物その他により公知となったもの
（3）提供又は開示の権限のある第三者から秘密保持義務を負わされることなく適法に取得したもの
（4）秘密情報によることなく単独で開発したもの
（5）相手方から秘密保持の必要なき旨書面で確認されたもの
2. 本契約の当事者は、秘密情報を本契約の目的のみに利用するとともに、相手方の書面による承諾なしに第三者に相手方の秘密情報を提供、開示又は漏洩しないものとする。
・・・

A) 受託者は第三者である友人に口頭で委託者のWEBサイトURLを伝えた
B) 受託者はオンラインMTG用のシステムを用いて、第三者に当該データ分析の結果について画面共有を行った。ただし本システムには録画機能はついていなかった
C) 受託者は第三者とのMTGの際、当該データの画面を見せた。ただし、見せたのはデータだけであり、分析結果は見せなかった

[模試] 問題33　小規模な英会話スクールが全会員10名分の顧客データを流出した。データ
を手にした人物Xにはこの英会話スクールに通う知人Yがいる。XがYについて「38歳男性」であるということを知っている場合に言えることはどれか。**すべて選べ。**

会員No.	性別	年齢	クラス	回数/月	担当講師	入会時期
1	男性	33	B	3	佐藤	2020/3
2	男性	38	B	1	佐藤	2020/4
3	男性	24	A	3	佐藤	2020/1
4	女性	49	C	3	田中	2020/4
5	女性	33	C	1	田中	2020/4
6	男性	48	C	4	田中	2020/3
7	男性	38	B	2	佐藤	2020/2
8	男性	38	A	3	佐藤	2020/4
9	女性	47	A	2	佐藤	2020/5
10	女性	42	C	1	田中	2020/4

A) リストに載っているのが「年齢」ではなく10歳刻みの年代（20代，30代，40代）であったならば、Xから見てYに該当する候補者は当初より多くなる

B) Xが追加でYの「クラス」を知った場合とXが追加でYの「クラス」と「担当講師」を知った場合とでは、後者の方がXから見てYに該当する候補者は少ない

C) Xが追加でYの「回数/月」を知ったならば、Xから見てYに該当する候補者は1人に絞られる

[模試] 問題34　1 ～ 10点の10段階評価のアンケートデータを分析する場合の欠損処理についての考え方として適切なものはどれか。**すべて選べ。**

A) アンケート用紙の文字が小さかったためか、回答に欠損が見られたのは70歳以上の人のアンケート回答ばかりだった。そこで欠損箇所については全体平均で補完することとした

B) ある質問項目Aが無回答だった人のうち半数に電話をかけて、質問項目Aの回答について電話ヒアリングを行った。その結果、質問項目Aの回答については無回答者と回答者で大きな違いがなく5点を中心に分布していたため、電話ヒアリングを行っていない無回答者については質問項目Aの回答を回答者の平均値で補った

C) 質問項目が多かったせいか、どこかしらの質問について無回答になってしまっている人が多かった。そこで質問項目に1つでも無回答がある人のデータは削除してからすべての分析を行った

[模試] 問題35　コンピュータ上で受験を行う形式の資格試験の運営会社Aは、受験者のデータのうち、途中退席したであろう受験者のデータ及び、受験意思を放棄して適当に回答をした受験者のデータを除外した上で平均スコアを計算したいと考えている。この時、除外するのが良いデータの特徴として適切なものはどれか、**すべて選べ。**

なお、試験は100問あり、全問選択問題であり、試験ログは全問を解き切った時点又は受験時間の100分が終了した時点で記録されるものとする。記録されるログの内容は受験者ごとの回答率（いずれかの選択肢が選択されている問題の割合）、得点、正解率、回答時間である。

A) 回答時間が明らかに短いデータを除外するのが良い

B) 回答時間が明らかに長いデータを除外するのが良い

C) 回答率が明らかに低いデータを除外するのが良い

D) 正解率が明らかに低いデータを除外するのが良い

E) 正解率が明らかに高いデータを除外するのが良い

F) 回答が1,2,1,2,・・・などのように規則的なデータを除外するのが良い

G) 回答が1,1,1,1,・・・などのように単調なデータを除外するのが良い

[模試] 問題36　二峰性の分布の例として適切なものはどれか。**すべて選べ。**

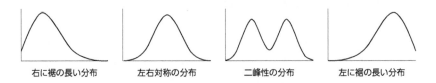

右に裾の長い分布　　左右対称の分布　　二峰性の分布　　左に裾の長い分布

A) 30代男性の身長の分布

B) 選択的週休3日制を導入している1000人規模の企業の年間出勤日数の分布

C) 新卒採用を中心として社員雇用をしている1000人規模の企業の入社時年齢の分布

D) ある家族向け外食チェーン店舗における時間帯ごと客数の分布

[模試] 問題37　データ数の見積り方法として、以下の選択肢の中で適切なものはどれか。**すべて選べ。**

A) 平均年収800万円の企業において年収1600万円以上の社員の割合は5割以下である

B) 年収の分布を正規分布と仮定する場合、平均年収800万円、年収の標準偏差100万円の企業では年収600万円以下の社員数は全体の25%以下である

C) 年収の中央値が500万円の企業では社員の約半数は年収500万円以上である

D) 年収の最頻値が452万円の企業では、社員の約半数が年収400万円代である

[模試] 問題38 ある消耗品Ａについて、フリマアプリで出品されている販売価格を調査した。ほとんどは定価よりやや低い値で出品されていたが、パッケージ損傷のためなどの理由で、０円に近い価格で販売されている場合も稀にあった。商品Ａの出品価格分布があてはまるのは、以下４種類の分布の型のうちどれか。**ひとつ選べ。**

右に裾の長い分布　　　左右対称の分布

二峰性の分布　　　左に裾の長い分布

A) 右に裾の長い分布

B) 左右対称の分布

C) 二峰性の分布

D) 左に裾の長い分布

[模試] 問題39 小売店Ａでは会員カードによって取得したデータを元に会員属性が購入金額に与える影響を調査した。購入金額と最も関連の強い変数はどれか。**ひとつ選べ。**

登録店舗	購入金額		データ数
	平均値	標準偏差	
A	15,602	8,929	124
B	15,271	9,071	136
C	16,284	8,704	119
D	16,073	9,037	121

年代	購入金額		データ数
	平均値	標準偏差	
20代	9,140	5,968	200
30代	15,252	6,747	116
40代	21,000	5,965	101
50代以上	26,217	6,414	83

職業	購入金額		データ数
	平均値	標準偏差	
会社勤務	16,926	8,959	137
学生	16,231	9,180	209
主婦	14,202	8,395	124
その他	14,066	8,338	30

A) 登録店舗

B) 年代

C) 職業

[模試] 問題40　ある企業では、部署や学歴によって年収に差があるかを調べるために、所属部署（A, B, C）、学歴、年齢および年収のデータを用いて重回帰モデルを作成した。重回帰モデルに使われた目的変数と説明変数の説明および作成された重回帰モデルのアウトプットは以下の通りである。アウトプットの解釈として正しいものはどれか。**すべて選べ。**

モデル要約

重相関	決定係数	自由度調整済決定係数	標準誤差	データ数
0.757	0.574	0.556	149.452	100

回帰係数

変数	回帰係数	標準誤差	t	P-値
切片	34.366	64.418	0.533	0.595
大卒以上	87.203	30.974	2.815	0.006
年齢	13.436	1.216	11.052	0.000
部署A	84.659	37.478	2.259	0.026
部署B	52.708	45.463	1.159	0.249

目的変数	単位・補足
年収	単位：万円

説明変数	単位・補足
大卒以上	学歴のダミー変数（大卒以上 :1, その他 :0）
年齢	単位：歳
部署A	部署のダミー変数(部署A所属 :1　部署BまたはC所属 :0)
部署B	部署のダミー変数(部署B所属 :1　部署AまたはC所属 :0)

A) モデルを回帰係数の検定の観点から改善するならば「年齢」は説明変数から除去した方が良い。ただし有意水準は5%とする

B) 学歴（大卒以上かそれ以外か）でデータを分けて、それぞれで重回帰モデルを作成する場合、切片の差は、約87になる

C) 重回帰係数の推定値を正しいとするならば、他の条件が同じ場合、部署Cより部署Aの方が年収がおおよそ高い

[模試] 問題41 TV俳優Aの認知に対して、ある雑誌の購読の有無がどの程度影響を与えているかを調査するため、雑誌の購読者の中から120名と雑誌を購読していない人を130名、それぞれ公募で集め、TV 俳優Aを知っているかどうかをヒアリングした。また、年齢の影響を調べるために、ヒアリング後のデータを若年層とミドル層に分けて集計もした。ヒアリング結果が以下の表のようになったとき、表の解釈として適切なものはどれか。**すべて選べ。**

※問題文の「公募」は、募集に応じる人の属性に影響しないと仮定する（ランダムサンプリングと仮定する）と考えてください。

雑誌購読	知っている	知らない	計
有	65	55	120
無	52	78	130

雑誌購読	若年層			ミドル層		
	知っている	知らない	計	知っている	知らない	計
有	60	40	100	5	15	20
無	20	10	30	32	68	100

A) 一般消費者全体では、TV俳優Aを知っている人のおよそ55.6%が雑誌を購読しているだろう

B) 年齢層関係なく雑誌を購読している方がTV俳優Aをよく知っている

C) 若年層はミドル層よりも雑誌を購読しやすい

[模試] 問題42　X社では、基本的に年功によって昇給していく。年功の影響度を数値化する
ために重回帰モデルが作成された。目的変数は「年収」であり、説明変数と
して使われた変数は、「年齢」と「職務」、これまでの「異動回数」と現状の「所
属部署」である。「年齢」は「年収」との相関が非常に高い。「職務」は総合
職1、一般職0のダミー変数としてモデルに用いられた。なお、総合職の方
が若干平均年収が高いことがわかっている。X社ではほとんどの社員が4, 5
年に1回異動を行うため、その回数を「異動回数」として説明変数に使った。
また「所属部署」は部署ごとのダミー変数を作成して説明変数に使っている。
部署はA～Dまでの4部署があるため、部署A～Cへの所属を示す列を作
成して、すべての列が0の時に部署Dへの所属を表すようにした。さて、重
回帰分析によって作成された年収の予測モデルを見ると、「年齢」について
回帰係数の検定結果が非有意になっていた。このような時にモデルから除外
することを検討する説明変数はどれか。**ひとつ選べ。**

A) 「異動回数」

B) 「職務」

C) 「所属部署」のうちいずれか1つ

D) 「所属部署」の全て

[模試] 問題43　以下の問題のうち、回帰モデル（数値予測モデル）を適用すべきなのはどれか。
すべて選べ。

A) 近隣配布したチラシの枚数に応じて店舗売上はどのように変わるか

B) これまでの動画視聴履歴から考えられる、次に視聴するであろう動画のジャンルが「スポー
ツ」「ニュース」「エンタメ」「その他」のどれか

C) ニュース記事を内容に応じて10個のクラスターに分ける

[模試] 問題44 以下の問題のうち、分類モデルを適用すべきものはどれか。**すべて選べ。**

A) メール文中に含まれている単語の情報をもとに、受信メールを迷惑メールか必要なメールに振り分ける

B) 直近60日前までの株価や経済指標を利用して明日の株価を予測する

C) アプリの使用時間や使用状況などに応じて来月の契約継続確率がどう変わるか

[模試] 問題45 学歴や収入などの属性情報、携帯電話の平均利用時間や現状の携帯会社についての満足度などの携帯電話の利用状況アンケート結果、携帯電話会社Aへの乗り換えの有無（乗り換え有り：1, 乗り換え無し：0）が与えられた顧客データから乗り換え予測モデルを作成する場合に適切な手法はどれか。**ひとつ選べ。**

A) 携帯電話会社Aへの乗り換えの有無を目的変数、属性情報やアンケート結果を説明変数とした重回帰分析

B) 携帯電話会社Aへの乗り換えの有無や属性情報を説明変数、アンケート結果を目的変数とした決定木分析

C) 携帯電話会社Aへの乗り換えの有無を目的変数、属性情報やアンケート結果を説明変数としたロジスティック回帰モデル

D) 属性情報やアンケート結果を用いた主成分分析

E) 属性情報やアンケート結果を用いたクラスター分析

[模試] 問題46 以下の表は、様々な路線ごとに人気の物件（アパート・マンション）を調べ、物件の各属性が記載されたデータ（n=30）に対して標準化を行った後に主成分分析を適用した結果の主成分負荷量の表である。表の解釈として適切なものはどれか。**すべて選べ。**

主成分負荷量

変数	主成分1	主成分2
最寄り駅から基幹駅までの駅数	-0.24	-0.36
最寄り駅からの距離（分）	0.12	-0.54
部屋の広さ	0.54	-0.10
バルコニーの広さ	0.54	0.14
築年数	-0.16	0.23
周辺の施設数	0.21	0.49
治安レベル	0.52	0.50

A) 第1主成分は物件（アパート・マンション）の広さと特に強い関係がある

B) 第2主成分得点が高い物件（アパート・マンション）は周辺環境が良い物件と言える

C) 主成分負荷量の表に加えて各物件の変数ごとの標準化された値がわかれば、その物件の主成分得点が求められる

[模試] 問題47 あるゲームアプリのユーザーをログイン回数や課金売上など独自の基準に基づいてヘヴィ・ユーザーとノーマル・ユーザーに分けた後、ヘヴィ・ユーザーとノーマル・ユーザーを年齢（AGE）や性別（GENDER）などの属性を用いて分類する決定木分析を行った。以下のアウトプットの解釈として適切なものはどれか。**すべて選べ。**

分類	%	n
ヘヴィ・ユーザー	51%	139
ノーマル・ユーザー	49%	133

AGE

≤40 / >40

分類	%	n
ヘヴィ・ユーザー	86%	92
ノーマル・ユーザー	14%	15

分類	%	n
ヘヴィ・ユーザー	28%	47
ノーマル・ユーザー	72%	118

GENDER

MALE / FEMALE

分類	%	n
ヘヴィ・ユーザー	32%	30
ノーマル・ユーザー	68%	63

分類	%	n
ヘヴィ・ユーザー	24%	17
ノーマル・ユーザー	76%	55

AGE

≤60 / >60

分類	%	n
ヘヴィ・ユーザー	30%	21
ノーマル・ユーザー	70%	50

分類	%	n
ヘヴィ・ユーザー	41%	9
ノーマル・ユーザー	59%	13

以下略

A) 男性（MALE）と女性（FEMALE）のユーザー割合は約56％と約44％である

B) 年齢（AGE）が40才より高く、60才以下のユーザーの30％程度がヘヴィ・ユーザーである

C) 年齢（AGE）が40才以下のユーザーのヘヴィ・ユーザーは86％程度である

....

［模試］問題48 k-meansアルゴリズムを用いたクラスター分析の適用シーンとして適切なものはどれか。**すべて選べ。**

A) アプリユーザーを課金金額の多さに応じて、上位20％をヘヴィ・ユーザー、下位20％をライト・ユーザー、それ以外をノーマル・ユーザーに分類する

B) 店舗面積とスタッフ数、商品取り扱い数などの観点から似ている店舗を指定した数のグループに分ける

C) 従業員アンケートの結果を用いて抽出した7つの要因（成長意欲、協調性、リーダーシップ、・・・など）について、各従業員ごとのスコアを算出する

[模試] 問題49　ある金融機関がこれまでの融資結果データを用いて融資判定モデルを作成した。判定モデルは決定木を用いて作成し、最終ノードで「回収可能と判別」した場合に融資判定を行うことにする。出来上がったモデルが以下の場合に、適切な記載はどれか。**すべて選べ。**

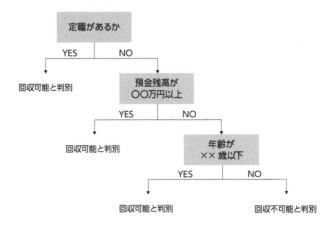

A)　「定職がある」ならば融資判定を行う

B)　「定職がなし」かつ「預金残高が〇〇万円以上」ならば融資判定を行う

C)　「年齢が××歳以下」ならば融資判定を行う

[模試] 問題50 以下の文章の空欄に当てはまる言葉の組合せとして適切なものはどれか。**ひとつ選べ。**

> 機械学習モデルについて、「モデルの解釈のしやすさ」と「予測精度」は（①）ということがよく言われる。例えば、回帰モデルはモデルの解釈がしやすいが、多層のニューラルネットワークなどと比べると一般に予測精度が低い。しかし、（②）などはモデルのアウトプットが見やすく解釈がしやすいと言えるが、ハイパーパラメータを適切に調整しないと訓練データにおける予測精度も非常に高くなる。また、大きく分けて言えば、線形モデルと非線形モデルでは（③）の方が精度は高いが解釈がしにくいと言える。

A) ①トレードオフである　②決定木モデル　　　　　③線形モデル

B) ①トレードオフである　②決定木モデル　　　　　③非線形モデル

C) ①トレードオフである　②ロジスティック回帰モデル　③線形モデル

D) ①トレードオフである　②ロジスティック回帰モデル　③非線形モデル

E) ①正の相関がある　　②決定木モデル　　　　　③線形モデル

F) ①正の相関がある　　②決定木モデル　　　　　③非線形モデル

G) ①正の相関がある　　②ロジスティック回帰モデル　③線形モデル

H) ①正の相関がある　　②ロジスティック回帰モデル　③非線形モデル

[模試] 問題51 以下の文章の空欄に当てはまる語句の組合せはどれか。**ひとつ選べ。**

> 機械学習において、訓練データに含まれるある変数を予測するものを（①）といい、そうでないものには（②）や強化学習などがある。（①）で予測する対象を（③）、（③）を予測するのに用いる変数を説明変数などという。

A) ①教師あり学習　　②教師なし学習　　③目的変数

B) ①教師あり学習　　②教師なし学習　　③制御変数

C) ①教師あり学習　　②連合学習　　　　③交絡変数

D) ①教師なし学習　　②教師あり学習　　③目的変数

E) ①教師なし学習　　②教師あり学習　　③制御変数

[模試] 問題52　4つの迷惑メールフィルタ（A〜D）を作成してランダムサンプリングした1,000件のメールを使ってテストしたところ、以下の表のような結果となった。迷惑メールを普通のメールと誤って判定してしまうコストよりも、普通のメールを誤って迷惑メールと判定してしまうコストの方が2倍高いとするとき、条件を満たす迷惑メールフィルタはどれか。**ひとつ選べ。**計算はExcelを用いて良い。

A	実際：迷惑メール	実際：普通のメール
予測：迷惑メール	55件	5件
予測：普通のメール	10件	930件

B	実際：迷惑メール	実際：普通のメール
予測：迷惑メール	35件	5件
予測：普通のメール	30件	930件

C	実際：迷惑メール	実際：普通のメール
予測：迷惑メール	35件	23件
予測：普通のメール	30件	912件

D	実際：迷惑メール	実際：普通のメール
予測：迷惑メール	60件	3件
予測：普通のメール	5件	932件

条件

- 迷惑メールを、正しく迷惑メールと判定できる割合が80%以上であること
- 普通のメールを、誤って迷惑メールと判定してしまう割合が1%以下であること
- あらたにランダムにサンプリングした1000件のメールでテストした場合に予想されるコストが最も低いこと

A) A

B) B

C) C

D) D

予測モデル作成に際して行われる一般的な工夫として、以下の文章の空欄に当てはまる語句の組合せはどれか。適切なものはどれか。**ひとつ選べ。**

（①）とは、統計学や機械学習において、訓練データに対しては学習されているが、未知データに対しては適合できていない状態、すなわち（②）できていない状態を指す。

予測モデルを作成するにあたっては、手元のデータを、特徴量の選択とパラメータ推定に用いるデータである訓練データと、モデルの精度を検証するために確保しておくデータである検証用データに分けることで、作成したモデルがどの程度（②）できているかを検証する。このような方法を（③）と呼ぶ。

A) ①過学習　　　②汎化　　③教師あり学習

B) ①過学習　　　②複雑化　③交互検証法

C) ①過学習　　　②汎化　　③交差検証法

D) ①教師あり学習　②複雑化　③汎化

15

[模試] 問題54　登録ユーザーが毎月月額使用料を支払うアプリケーションを運営している企業が機械学習モデルを導入しようとしている。以下の各ステップを正しい分析フローの順に並び替えたものはどれか。**ひとつ選べ。**

(a) **問題認識**：企業は既存ユーザーの定着率を上げるか、新規ユーザーを獲得することで月額使用料の合計を増やすことができるが、コスト面から、まずは既存ユーザーの定着率を上げる施策が検討されることになった。

(b) **データ分析（モデリング）**：想定されたデータのうち、利用可能なものだけに絞っても相当数の候補が挙がったので、StepWiseアルゴリズムなどを用いて、モデリングを行った。

(c) **データ収集**：会議で挙がった変数について、ログデータや会員データから収集された。データ取得時期が直近2年間のものが使用されることとなった。

(d) **事例のレビュー**：定着率を上げるためには定着率に大きく影響を与えている要因を改善すれば良いと言える。定着率を説明するモデルとしてロジスティック回帰モデルや決定木モデルなど多様なモデルが 既に使われていることがわかったので、これらを候補とした。

(e) **モデルと変数の想定**：特徴量としては幅広いタイプの変数が使えることから、関係者によるブレーンストーミングによって利用可能な変数が列挙された。例えばアプリの使用頻度、アプリ内のプロフィールを記載しているかどうかなどのほか、ユーザーの年齢や性別などの属性情報が挙がった。

(f) **結果の説明と展開**：モデル作成後の会議では、定着率と関連の強い変数のうち、何らかの施策を実行できるような変数が注目された。

A) (a) → (c) → (d) → (e) → (b) → (f)

B) (a) → (c) → (e) → (d) → (b) → (f)

C) (a) → (d) → (c) → (e) → (b) → (f)

D) (a) → (d) → (c) → (e) → (f) → (b)

E) (a) → (d) → (e) → (c) → (b) → (f)

F) (a) → (d) → (e) → (c) → (f) → (b)

[模試] 問題55 これまでの購入履歴からある特定商品の将来的な購入を予測する予測モデルを作成する。モデルから特定商品を購入すると予測された会員には、架電あるいはダイレクトメールによってアプローチを行う予定である。作成したモデルをテストデータに適用した場合の混同行列（Confusion Matrix）を以下とするとき、場面①〜③それぞれで重視すべき指標の正しい組合せはどれか。**ひとつ選べ。**

実際	予測	
	購入する	購入しない
購入する	A	B
購入しない	C	D

場面

①架電やダイレクトメールにはコストが発生するためアプローチした顧客の購入割合は高くしたいが、テストデータにおける購入済みの顧客も高い正解率で予測したい
②テストデータにおける正解率を最大化したい
③実際の購入者を正しく購入者と予測できる割合も、実際の購入しない人を正しく購入しない人と予測できる割合も同等の重要性を持つとして評価したい

A) ① $\dfrac{A}{A+B}$　　② $\dfrac{A+D}{A+B+C+D}$　　③ $\dfrac{1}{2}\left(\dfrac{A}{A+B}+\dfrac{D}{C+D}\right)$

B) ① $\dfrac{A}{A+B}$　　② $\dfrac{A-B+D-C}{A+B+C+D}$　　③ $\dfrac{1}{2}\left(\dfrac{A}{A+C}+\dfrac{D}{B+D}\right)$

C) ① $\dfrac{1}{2}\left(\dfrac{A}{A+B}+\dfrac{A}{A+C}\right)$　② $\dfrac{A+D}{A+B+C+D}$　　③ $\dfrac{1}{2}\left(\dfrac{A}{A+B}+\dfrac{D}{C+D}\right)$

D) ① $\dfrac{1}{2}\left(\dfrac{A}{A+B}+\dfrac{A}{A+C}\right)$　② $\dfrac{A+D}{A+B+C+D}$　　③ $\dfrac{1}{2}\left(\dfrac{A}{A+C}+\dfrac{D}{B+D}\right)$

[模試] 問題56 以下には予測モデルの指標としてMSE（平均二乗誤差）、MAE（平均絶対誤差）、決定係数のいずれかを使用する場面が記載されている。MAEを使用する場面はどれか。**ひとつ選べ。**

A) イベント客数の予測モデルにおいて、予測値と実測値の差が1人違う場合よりも10人違う場合の方が100倍損失が大きいと評価する場合

B) 中古販売商品の適切価格予測モデルにおいて、予測値と実測値の差が200円違う場合の方が予測値と実測値の差が100円違う場合よりも、2倍損失が大きいと評価する場合

C) 線形回帰分析によって作成した様々な需要予測モデルを0～1までの値をとる指標によって比較したい場合

[模試] 問題57 以下の文章について、下線部を変更すると、より多くのサンプルが必要となる場合を記載したものはどれか。**すべて選べ。**

　商品パッケージのデザイン新案を作成した。モニターを募集して、モニターアンケート（10段階）の結果に応じて現デザインを継続して使うか、新デザインを使うかを決定しようとしているため、モニターの募集人数を決めようとしている。判断は仮説検定を用いて行うが、新デザインの採用にあたっては様々な部分に影響が波及してコストが発生するため「帰無仮説：現デザインと新デザインでアンケートスコアの母平均に差はない」が棄却されない場合には、現デザインの使用を継続することとする。また、現デザインと新デザインでアンケートスコアの母平均に差がないにも関わらず、帰無仮説を棄却してしまう確率は5%　(A) に抑えたい。一方、新デザインの方が現デザインよりもアンケートスコアの母平均が1%　(B) 以上高い場合に、80%　(C) の確率で帰無仮説が棄却されるようにしたい。なお、応募したモニター人数に対して、当日キャンセルを行うモニターが5%　(D) 程度いると仮定している。

A) 下線部（A）を10%に変えてその他は変更しない場合

B) 下線部（B）を2%に変えてその他は変更しない場合

C) 下線部（C）を90%に変えてその他は変更しない場合

D) 下線部（D）を10%に変えてその他は変更しない場合

[模試] 問題58 会員制のECサイトを運営しているある会社では、キャンペーン用のバナーとして、デザインの異なる2種類のバナーA及びBを作成した。どちらのバナーの方がクリック率が高いかをテストしたいと考えているが、2種類のバナーをランダムに表示したり、ユーザーごとに表示するバナーを指定する技術がない。また、クリック率は曜日、時間帯に加え、月の前半か後半かで影響を受けることが経験的にわかっている。この時の考え方としてもっとも適切なものはどれか。**ひとつ選べ。**

A) 同日内で午前中にバナーAを表示して、午後にはバナーBを表示する

B) 必ずバナーAとバナーBを表示させる回数を一致させなければいけない

C) モニター会員を何名か集めて、どちらのバナーが好ましいかインタビューをする

D) 1週間ごとに表示するバナーを変更してクリック率を比べる

[模試] 問題59 ある企業では3年前に顧客属性や購入履歴を特徴量とする会員データに対してクラスター分析を行った。新規会員は、入会時の属性データと入会後半年時点の購入履歴データを元に、このクラスター分析の結果得られた10タイプのクラスターのペルソナの中でどのペルソナに近いかを基準としていずれかのクラスターに紐づけられる。企業は各クラスターに応じてオファーを使い分けると言う形で、クラスター分析の結果を利用している。この企業があらためてクラスター分析を行うタイミングについて、適切なものはどれか、**すべて選べ。**

A) 明らかにいずれのクラスターのペルソナとも似ていない会員が多数現れるようになった

B) クラスター分析に用いていた顧客属性のうち、クラスター分析への影響が大きいいくつかの変数を今後入会する会員については取得しないこととなった

C) 今期はクラスターに応じてオファーを使い分けるのではなく、購買金額の累計額に応じてオファーを分けることになった

[模試] 問題60　WEBサイト内に設置したバナーデザインを2種類用意してクリック率に関してA/Bテストを行った結果、デザインBの方がクリック率が高かった。なお母比率についての両側検定では、有意水準1%で帰無仮説が棄却された。検定結果からの判断として適切なものはどれか。**ひとつ選べ。**

A) 一般的にデザインAよりもデザインBの方が好まれるだろう

B) 一般的にデザインAよりもデザインBの方がクリックされやすいだろう

C) 一般的にデザインAよりもデザインBの方が好まれる可能性が高いが、検定結果からは判断を保留する

D) サイト訪問者にとってはデザインAよりもデザインBの方がより好まれるだろう

E) サイト訪問者にとってはデザインAよりもデザインBの方がよりクリックされやすいだろう

F) サイト訪問者にとってはデザインAよりもデザインBの方がよりクリックされる可能性が高いが、検定結果からは判断を保留する